農薬の科学

― 生物制御と植物保護 ―

桑野栄一
首藤義博
田村廣人
編著

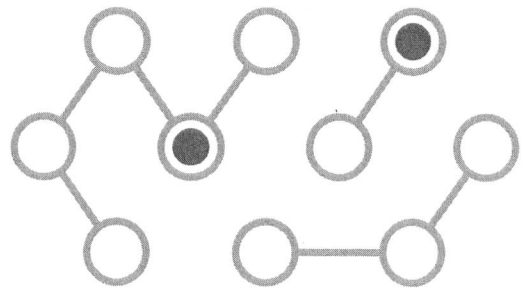

朝倉書店

執 筆 者

梅津 憲治　大塚化学ホールディングス株式会社

尾添 嘉久　島根大学生物資源科学部 生命工学科

桑野 栄一　九州大学大学院農学研究院 生物資源開発管理学部門

田村 廣人　名城大学農学部 生物環境科学科

首藤 義博　愛媛大学農学部 生物資源学科

多和田真吉　琉球大学農学部 生物資源科学科

吉川 博道　福岡工業大学工学部 生命環境科学科

貞包 眞吾　三共アグロ株式会社

大力 啓司　日本曹達株式会社

福原 信裕　三井化学株式会社

高木 正見　九州大学大学院農学研究院 生物資源開発管理学部門

清水　進　九州大学大学院農学研究院 生物資源開発管理学部門

（執筆順）

はじめに

　21世紀に入り世界人口は63億人を越え，今世紀半ばには100億に達すると予想されている．現在でも発展途上国においては数億の人々が食糧不足の状態にあるといわれているが，近い将来，世界規模の食糧不足の到来も危惧されている．しかし，食糧増産に向けてこれまで以上に耕地面積を増やすことは，地球環境保全の面から極めて困難な状況となっている．むしろ，気候の温暖化や栽培適地の変遷による耕地面積の減少が危惧されていることから，十分な食糧を確保するためには，単位面積当たりの生産性をさらに向上させることが急務である．また，これまで発生していなかった病害虫・雑草による被害の増大も懸念されており，これらによる被害から作物を守る農薬の役割はさらに重要なものとなっている．すなわち，農薬は，食糧生産の安定を通じて食生活環境の維持・向上に寄与し，ひいては人々の健康の保護に貢献する役割をもつ有用な資材である．

　しかしながら，農薬に対する社会の認識はレーチェル・カーソンの「沈黙の春」が出版された40年ほど前とくらべそれほど変わっていないように思われる．実際には，近年の農薬の発展はめざましいものがあり，40年前に比べ効力は数十倍から数百倍以上に向上するとともに，人畜に対して安全性が高く，環境中で容易に分解され，作物への残留性の少ない薬剤が開発され使用されるようになっている．そこで，農薬についての正しい理解を深めていただくために本書を企画した．

　農薬学は昆虫，微生物，植物を主な対象とした生命および人を含むあらゆる環境に関する総合科学である．狭義には，殺虫剤，殺菌剤，除草剤，植物生長調節剤等の農薬は，それぞれ昆虫，微生物，植物に特異的に作用する生理活性物質，つまり農作物を害するあらゆる生物を合理的に制御する化学物質であり，農薬学はそのための学問（生物制御化学）とも換言できる．また，農薬はその発展の歴史において，生命現象を分子レベルでより深く解明するための道具としても貴重な役割を果たし，基礎生物学の飛躍的進展にも貢献してきた．

　以上のような観点から，本書では，農薬に関する基礎的知識を平易に解説する

とともに，農薬がどのような対象病害虫・雑草に効果があるのかを羅列するのではなく，どのようにしてその効果を発現するのかという作用機構を生化学的・有機化学的にできるだけ詳しく説明するように務めた．特に，近年の分子生物学的研究手法の発展により明らかにされてきた農薬と作用部位との相互作用についての最新の知見も紹介しており，農薬の作用機構についての分子レベルでの理解に役立てていただけるものと考えている．

また，今後，植物保護技術において重要な地位を占めることになるであろう遺伝子組換え植物と生物的防除にも相当なスペースをさいて解説している．

本書が理系特に農学部学生と農学系大学院生のほか，農薬について学びたい多くの方々の教科書・参考書として利用され，農薬についての理解を深めるのに役立てていただければ幸いである．

最後に，ご多忙のなか，快くご執筆していただいた先生方に謝意を表するとともに，刊行にあたってお世話になった朝倉書店編集部にお礼申し上げる．

2004年9月

編著者一同

目　　次

1. 農薬とは ……………………………………………………〔梅津憲治〕…1
1.1 農薬の定義 ……………………………………………………1
1.2 農薬の歴史・変遷 ……………………………………………3
1.3 農薬の分類 ……………………………………………………6
1.4 農薬の有効性 …………………………………………………9

2. 農薬の開発と安全性 ……………………………………〔梅津憲治〕…13
2.1 農薬の研究開発の概要 ………………………………………13
2.2 農薬の登録制度 ………………………………………………17
2.3 安全性評価と作物残留に関する基準 ………………………18
2.4 農薬の安全性 …………………………………………………21
2.4.1 農薬の安全性に対する基本的な考え方 …………………21
2.4.2 農薬の急性毒性面から見た安全性 ………………………22
2.4.3 農薬の作物残留の実態とリスク …………………………23
2.4.4 人の残留農薬摂取の実態 …………………………………25
2.4.5 農薬と発がん性 ……………………………………………27
2.4.6 農薬の環境影響 ……………………………………………28
2.4.7 ゴルフ場農薬の安全性 ……………………………………32
2.4.8 内分泌かく乱化学物質（環境ホルモン）と農薬 ………33

3. 殺虫剤・殺ダニ剤・殺線虫剤 ……………………………………36
3.1 神経系作用性薬剤 ……………………………………〔尾添嘉久〕…36
3.1.1 神経情報伝達の基本的な仕組み …………………………37
3.1.2 電位依存性ナトリウムイオンチャネル不活性化阻害剤と遮断薬 …42
3.1.3 ニコチン性アセチルコリン受容体アゴニストとアンタゴニスト …47
3.1.4 アセチルコリンエステラーゼ阻害剤 ……………………52

3.1.5 GABA およびグルタミン酸依存性塩素イオンチャネル（GABA 受容体と抑制性グルタミン酸受容体）のアンタゴニストと活性化薬 ……………………………………………………………………59
3.1.6 オクトパミン受容体アゴニスト ………………………63
3.1.7 神経系作用性と推察されるその他の殺虫剤・殺ダニ剤 ……64
3.2 エネルギー代謝阻害剤—呼吸鎖電子伝達系と酸化的リン酸化の阻害剤 …………………………………………………〔尾添嘉久〕…66
　3.2.1 複合体Ⅰ（NADH-CoQ レダクターゼ）阻害剤 ………67
　3.2.2 複合体Ⅲ（CoQ-シトクロム c レダクターゼ）阻害剤 …69
　3.2.3 H^+ 輸送 ATP シンターゼ（F_1F_0-ATP アーゼ）阻害剤 …70
　3.2.4 酸化的リン酸化の脱共役剤 ……………………………70
3.3 昆虫成育制御剤 …………………………………〔桑野栄一〕…72
　3.3.1 JH 活性物質 ……………………………………………72
　3.3.2 脱皮ホルモン活性物質 …………………………………74
　3.3.3 キチン合成阻害剤 ………………………………………75
　3.3.4 その他の脱皮・変態阻害剤 ……………………………77

4. 殺　菌　剤 ……………………………………〔田村廣人〕…79
4.1 殺菌剤の分類 ……………………………………………………81
　4.1.1 処理法による分類 ………………………………………81
　4.1.2 薬剤の移行による分類 …………………………………81
4.2 殺菌剤の作用機構 ………………………………………………82
　4.2.1 細胞膜および細胞壁の阻害剤 …………………………82
　4.2.2 電子伝達系阻害剤（硫黄，アニリド，ストロビルリン，フルアジナムなど）……………………………………………………93
　4.2.3 紡錘糸形成阻害剤（ベンズイミダゾール系・負相関交差耐性剤）…99
　4.2.4 SH 酵素阻害剤 …………………………………………102
　4.2.5 宿主抵抗性誘導剤 ………………………………………104
　4.2.6 その他の作用機構 ………………………………………107

5. 除草剤 ……………………………………………………………………110
5.1 除草剤の分類 …………………………………………〔首藤義博〕…111
5.2 除草剤の作用機構 ……………………………………〔首藤義博〕…111
5.2.1 光合成系への作用 ………………………………………………112
5.2.2 光色素生合成阻害 ………………………………………………115
5.2.3 栄養代謝阻害剤 …………………………………………………119
5.2.4 ホルモン作用かく乱型除草剤 …………………………………126
5.2.5 その他の除草剤 …………………………………………………127
5.3 除草剤の選択性 ………………………………………〔首藤義博〕…129
5.3.1 植物の形態に基づく選択性 ……………………………………130
5.3.2 薬剤の吸収と移動に基づく選択性 ……………………………130
5.3.3 植物体内における代謝解毒に基づく選択性 …………………131
5.4 他感作用物質 …………………………………………〔多和田真吉〕…136

6. 植物生長調節剤 ……………………………………………〔吉川博道〕…142
6.1 植物ホルモンと類似な構造を持つ植物生長調節剤 ………………143
6.1.1 オーキシンおよび関連化合物 …………………………………143
6.1.2 ジベレリンおよび関連化合物 …………………………………147
6.1.3 サイトカイニン …………………………………………………151
6.1.4 アブシジン酸 ……………………………………………………154
6.1.5 エチレンおよび関連化合物 ……………………………………155
6.1.6 ブラシノライド …………………………………………………156
6.1.7 ジャスモン酸と関連化合物 ……………………………………158
6.2 植物ホルモン以外の植物生長調整剤 ………………………………160

7. 農薬の代謝・分解 …………………………………………〔貞包眞吾〕…163
7.1 生物が関与する代謝・分解 …………………………………………164
7.1.1 酸化 ………………………………………………………………164
7.1.2 加水分解 …………………………………………………………166
7.1.3 還元 ………………………………………………………………166
7.1.4 抱合 ………………………………………………………………166

7.2 生物が関与しない分解（光分解）……………………………167
7.3 農薬の代謝・分解例……………………………168
　7.3.1 フェニトロチオン……………………………168
　7.3.2 フェンバレレート……………………………169
　7.3.3 ヒドロキシイソキサゾール……………………………171
　7.3.4 ベンスルフロンメチル……………………………172
　7.3.5 ピラゾレート……………………………173
　7.3.6 ミルベメクチン……………………………174

8. 農 薬 製 剤……………………………〔大力啓司〕…177
8.1 農薬製剤の分類……………………………177
　8.1.1 粉　剤……………………………179
　8.1.2 粒　剤……………………………179
　8.1.3 水和剤……………………………179
　8.1.4 乳　剤……………………………179
　8.1.5 フロアブル，エマルション，サスポエマルション……………180
　8.1.6 マイクロカプセル剤……………………………180
　8.1.7 くん煙剤……………………………181
8.2 製剤化による効果……………………………181
　8.2.1 付着量の増加……………………………181
　8.2.2 植物への浸透量の増加……………………………182
　8.2.3 粒子径による効力増強……………………………183
8.3 省　力　化……………………………183
　8.3.1 施用量の減少……………………………184
　8.3.2 育苗箱処理……………………………184
　8.3.3 種子処理……………………………184
　8.3.4 水田投げ込み処理……………………………184
　8.3.5 水田への原液散布……………………………184
8.4 高機能性製剤……………………………185
　8.4.1 水面浮上性粒剤……………………………185
　8.4.2 放出制御製剤……………………………186

8.5 散布方法の動向 188
     8.5.1 少量散布 188
     8.5.2 常温煙霧法 189

9. **遺伝子組換え作物** 〔福原信裕〕 191
   9.1 GM作物の普及状況 191
   9.2 開発動向 192
     9.2.1 除草剤に対する抵抗性を付与した作物 193
     9.2.2 害虫抵抗性を付与した作物 194
     9.2.3 病害抵抗性を付与した作物 196
     9.2.4 ストレス耐性を付与した作物 198
   9.3 組換え作物の生態系への安全性評価 199
     9.3.1 GM作物における遺伝子拡散 199
     9.3.2 微生物への水平伝播 200
     9.3.3 GM作物における遺伝子拡散以外の影響 200
     9.3.4 リスク評価 200
   9.4 組換え技術の課題と展望 201

10. **挙動制御剤（フェロモン剤）** 〔桑野栄一・首藤義博〕 203
    10.1 フェロモン 203
    10.2 性フェロモンの生合成 204
    10.3 性フェロモンの利用 205
      10.3.1 発生予察 208
      10.3.2 大量誘殺 208
      10.3.3 交信かく乱 208
    10.4 フェロモン剤による実際の防除および問題点 209
    10.5 これからの展望 210

11. **生物的防除** 212
    11.1 生物的防除の方法 〔高木正見〕 212
      11.1.1 伝統的生物的防除 213

11.1.2　天敵の放飼増強 …………………………………………213
　　11.1.3　天敵の保護利用 …………………………………………214
　　11.1.4　生物農薬 …………………………………………………214
　11.2　天 敵 農 薬 ……………………………………………〔高木正見〕…215
　　11.2.1　天敵昆虫の大量増殖 ……………………………………215
　　11.2.2　天敵農薬として利用されている天敵昆虫とダニ ……217
　11.3　微生物的防除 …………………………………………〔清水　進〕…221
　　11.3.1　微生物による害虫防除 …………………………………221
　　11.3.2　微生物による病害防除 …………………………………229
　11.4　線虫による害虫防除 …………………………………〔清水　進〕…230

巻末付録：農薬に関連するWebページ ………………………………………231
索　　引 …………………………………………………………………………232

1. 農薬とは

1.1 農薬の定義

　農薬に対する社会の関心が高まるなかで，ふだん何気なく使用されている「農薬」という用語について，改めてその意味・定義を問われるとなかなか答えにくいものがある．

　農薬は一般には，農作物を保護する薬剤の意味で「土壌の消毒をはじめ，種子の消毒・発芽から結実に至るまでの病害虫の被害を防除するもの」を指すものとされていたが，その後，広義に解釈されるようになり，病害虫に限定せず「農作物を害する病害虫，線虫，雑草，ネズミ・モグラなどを防除あるいは制御して作物を保護し，あるいは植物の生長を調整し，農業の生産性を高めるために使用する薬剤」を指すようになったと考えられる．一方，法律的には農薬取締法でその目的および定義が以下のように規定されている．

　（目的）
　　第一条　この法律は，農薬について登録の制度を設け，販売及び使用等の規制等を行うことにより，農薬の品質の適正化とその安全かつ適正な使用の確保を図り，もって農業生産の安定と国民の健康の保護に資するとともに，国民の生活環境の保全に寄与することを目的とする．
　（定義）
　　第一条の二　この法律において「農薬」とは，農作物（樹木及び農林産物を含む．以下，「農作物等」という．）を害する菌，線虫，ダニ，昆虫，ねずみ，その他の動植物又はウイルス（以下，「病害虫」と総称する．）の防除に用いられる殺菌剤，殺虫剤，その他の薬剤（その薬剤を原料又は材料として使用した資材で当該防除に用いられるもののうち政令で定めるものを含む．）

及び農作物の生理機能の増進又は制御に用いられる成長促進剤，発芽抑制剤，その他の薬剤をいう．
　2　前項の防除のために利用される天敵は，この法律の適用については，これを農薬とみなす．
注：本文中の下線は筆者が解説のために加筆

　定義の文面に，"除草剤"の文字が見当たらないが，定義中の「その他の動植物（下線部分）」に"雑草"が含まれ，「その他の薬剤（下線部分）」に"除草剤"が該当すると解釈される．定義の冒頭にある「農作物等」の"等"には，キノコ類，タケノコなどの農産物も含まれる．また，昨今の科学技術の進歩に伴い，フェロモンなどの誘引剤や忌避剤，害虫を食べる昆虫や植物病原菌に拮抗する有用微生物をはじめとする生物農薬などの新しい病害虫防除技術が開発されているが，これらも農薬に含められるようになった．ゴルフ場で使用される農薬についても当初は農薬取締法の範ちゅう外であったが，現在では同法の規制を受けるようになった．このように，**農薬**とは農薬取締法で規定されている殺虫・殺菌・除草・生育調節活性などを有する薬剤で，薬効・薬害・残留分析・安全性・製造法などの膨大な試験を実施し，厳密な審査を受け，合格し，国の登録を取得した薬剤である．

　したがって，"農薬登録"を有していない薬剤は農薬とはみなされない．たとえば，収穫後の作物に農薬が使用される"ポストハーベスト使用"の場合には，当該薬剤は農薬とみなされず，「食品添加物」の扱いを受け食品衛生法の規制の対象となる．一方，農薬と同じ有効成分を含むものであっても，ハエ，ダニ，蚊，ゴキブリ，シロアリなどの衛生害虫の防除を目的として一般家庭や畜舎などで使用される薬剤は農薬取締法の対象とはならない．これらは，薬事法などの対象となる"農薬と同じ有効成分を含む薬剤"ということができよう．さらに，環境保全型農業が普及するにつれ，天然物，植物抽出物，漢方薬，無機物などが農薬の代替資材として使用される場合があるが，これらの薬剤も農薬登録を有しておらず農薬とはみなされない．

　ところで，法律上並びに学術上の農薬の定義は上述のとおりであるが，一般の人々は農薬をもっと広い意味でとらえる傾向にあり，衛生害虫の防除を目的として一般家庭や畜舎などで使用される薬剤やアリの駆除剤をも農薬と認識してい

る．また，収穫後に農作物に散布される薬剤（ポストハーベスト使用），農薬登録を有していないにもかかわらず病害虫や雑草の防除に違法に用いられる薬剤（無登録農薬），過去に登録を有していたが何らかの理由で登録を失った薬剤（登録失効農薬）などのように，農薬登録を有していないか登録範囲外の目的で使用される薬剤でも農薬ととらえるようである．一方，明らかに農薬に属する無機由来の農薬（硫黄剤など）は農薬ではないと認識する場合が多い．

このように農薬の概念や定義に関する人々の受け止め方はさまざまであり，農薬の安全性を理解するうえで混乱をもたらしている．

1.2 農薬の歴史・変遷

人類が農業を始めたのは1万年前とされるが，人類はそれ以来今日まで絶えず病害虫や雑草の被害に悩まされ続けてきた．農耕地の生態系は自然の生態系とはまったく異なり，単一植物の集約的栽培であり，かつ自然に変遷を起こさないように管理されている．また，栽培植物も自然の植物とはまったく異なり，収量・味覚・栄養学的見地から育種・選抜されてきており，原種（野生種）とはかけ離れた環境で栽培されている．したがって，野生種が他の植物と混在する自然（野生）の状態とは異なり，農耕地においては病害虫の発生が起きやすい環境となっている．農業，すなわち食糧（作物）生産とは，元来このように人工的なものであり，病害虫や雑草の被害を受けやすいのは構造的宿命である．

さて，これといった病害虫防除や雑草防除のすべを持たなかった時代には，ひたすら神仏に悪虫や悪疫の退散を祈る以外になすすべがなかった．江戸時代中期以降に全盛を迎えた"虫送り（虫追い）"はその典型的事例である．また，当時は各地の神社の"虫除け札"が，竹などで吊るされて農地に立てられた．

一方，歴史上で技術的な病害虫防除法が登場したのは江戸時代であり，寛文10年（1670年）に鯨油や菜種油を水稲のウンカ類の防除に使用したのが農薬の始まりと思われる．油を水田に注いで水面に油の皮膜を作り，その上に害虫を払い落とし，害虫の気門をふさいで窒息死させるという当時としては画期的な害虫防除法（図1.1）であった．一方，ヨーロッパでは1690年にタバコを害虫駆除に用いた記録がある．

わが国においてその効果をはっきり認めて農薬が用いられるようになったの

(大蔵永常:除蝗録 1826)

図1.1 寛文年間(江戸時代)における害虫防除法

は,西欧文化と新しい科学技術が導入された明治・大正時代になってからである.天然物(除虫菊,硫酸ニコチン,デリスなどの植物,ヒ酸鉛,マシン油,石灰硫黄合剤などの鉱物)や簡単な無機化合物(ボルドー液:硫酸銅+石灰,塩素酸塩類など)が農薬として使用されるようになった.大正7年(1918年)には,貯蔵米の害虫であるコクゾウムシの駆除にクロルピクリンが卓効を示すことが確認され,大正10年(1921年)にその製造が国産化された.これがわが国における農薬工業の始まりとされている.

その後,第二次世界大戦終了とともに殺虫剤のDDT,BHC,パラチオンを皮切りに多くの有機合成農薬が相次いで欧米諸国より導入され,それらが今日の優れた有機合成農薬の礎(いしずえ)となった.DDTは,当初は防疫薬として導入されたが,昭和22年(1947年)から稲作の害虫防除剤として使われ始めた.当時,水稲のサンカメイガの防除には,刈り株を焼き払うことによる幼虫の駆除,あるいは種まき時期や田植え時期を遅らせるという消極的な防除方法がとられていたが,DDTの登場によって初めて薬による防除法が確立した.

その後もしばらくの間は,わが国の農業に適合した使用方法を開発することによって,海外から導入された農薬原体が主に使用されていた.しかし,昭和30年代以降からは,公的研究機関や企業の本格的な農薬の研究・開発が積極的に推進されるようになり,わが国独自の新しい農薬が続々登録されるようになった.

初期には，わが国で開発された農薬は国内市場向けのものが大部分であったが，順次海外にも普及するようになった．現在では日本で開発された農薬が，国内のみならず世界の植物保護と食糧増産に大きく貢献している．

ところで，現時点で振り返ってみると，DDT，BHC，パラチオンをはじめとする初期の有機合成農薬の中には，薬効に重点が置かれていたため，人畜や環境に対する安全性への配慮に欠けたものも含まれていた．しかしながら，その後の農薬科学の進歩には目覚ましいものがあり，薬剤の安全性は著しく改善され，昨今の最新科学技術を駆使して生み出された有機合成農薬は，以下のような特徴を有するようになった．

① 人や動物に対する毒性が著しく軽減されている．
② 環境中で容易に分解し，作物にもほとんど残留しない．また，生物濃縮もない．
③ 効能が著しく向上し，単位面積当たりの投下量が大きく減少している（環境へ放出される農薬量の減少，すなわち低投入型）．
④ 多種類の生物を同時に殺してしまわず，目的とする病害虫や雑草だけに効果を発現する（選択性の向上）．

現在わが国で使用されている農薬の多くは有機合成農薬であるが，昨今では病害虫や雑草を侵す病原体（細菌，糸状菌，ウイルス），線虫，捕食性ダニおよび寄生バチなどを利用した生物農薬も開発され，使用されるようになった．また，誘引作用や交信かく乱作用などを有す種々のフェロモン剤や各種天然物も農薬として登録・使用されている．

なお，DDT が使用されるようになった翌年の昭和 23 年（1948 年）に農薬取締法が制定され，農薬の登録制度が開始された．制定当初の農薬取締法は，食糧増産を目指した農薬消費者（農家）保護の色彩の強い法律であった．表示の有効成分の保証，量目の保証，散布性や乳化性（物理化学性）の良好な農薬の供給，使用者への安全喚起を明記するなど，農薬という化学物質を製造販売する側の基本を明確にしたものであった．その後，度重なる改正を経て，農作物の消費者に対する安全性（健康）や環境保護をも取り入れた現行の農薬取締法へと変化を遂げた．

ところで，昨今のバイオテクノロジーの発展に伴ない"どんな草でも枯らす非選択性除草剤に耐性を示す作物"，"植物ウイルスの感染に抵抗性を示す作物"，

あるいは"殺虫性のタンパク質を生産し害虫に耐性を示すワタなどの作物(トランスジェニック作物,GM作物:genetically modified crop)"が創り出され,米国などですでに実用に供されている.これらのトランスジェニック作物は農薬そのものとは一線を画すものであるが,安全性に対する不安が解消された暁には,わが国においても植物保護分野への応用が進む可能性が高いと思われる.

1.3 農薬の分類

現在使用されている農薬は,用途すなわち使用対象に応じて分類されている.また,用途以外でも組成,剤型(製剤),毒性並びに使用方法などによって分類することができる.

a. 用途による分類

農薬はその用途・役割に応じ,**表1.1**に示したように,殺虫剤,殺ダニ剤,殺菌剤,殺線虫剤,除草剤,殺虫殺菌剤,植物生長調節剤,忌避剤などに分類される.

b. 組成による分類

農薬はその組成により化学農薬と生物農薬に大別される.大部分の農薬は化学農薬に属するが,その化学農薬は有機合成化合物,天然化合物,抗生物質,無機化合物に分類される.有機合成農薬(化合物)は,さらにその化学構造の系列に

表1.1 農薬の種類[1]

種 類	役 割
殺虫剤	農作物の有害昆虫(害虫)の防除
殺ダニ剤	農作物に寄生して,加害するダニ類の防除
殺線虫剤	農作物の根の表面または組織内に寄生増殖し,加害する線虫類の防除
殺菌剤	農作物を植物病原菌(糸状菌および細菌)の有害作用から守る
除草剤	農作物や樹木に有害な作用をする雑草類の防除
殺虫殺菌剤	殺虫成分と殺菌成分を混合して,害虫,病菌を同時に防除
殺そ剤	農作物を食害するネズミ類の駆除
植物生長調整剤	農作物の品質などを向上させるため,植物の生理機能を増進または抑制
忌避剤	動物が特定のにおい,味を忌避する性質を利用し,農作物の鳥獣害を防ぐ
誘引剤	動物・昆虫が特定の臭気などの刺激で誘引される性質を利用し,有害動物などを一定の場所に誘い集める
展着剤	農薬を水で薄めて散布するときに,薬剤が害虫の体や作物の表面によく付着するように添加

表1.2 農薬の化学組成別分類表[4]

用途別分類	化学組成による分類		代表的農薬の有効成分名
殺虫剤 殺ダニ剤 殺線虫剤	天然化合物		ピレトリン,マシン油,ナタネ油など
	有機合成化合物	有機塩素系	ケルセン,ベンゾエピンなど
		有機リン系	クロルピリホス,アセフェート,フェニトロチオン,マラチオンなど
		カーバメート系	ベンフラカルブ,メソミル,カルバリル,エチオフェンカルブなど
		ピレスロイド系	エトフェンプロックス,シクロプロトリン,ブフェントリンなど
		クロロニコチル系	イミダクロプリド,アセタミプリド,ニテンピラムなど
		ベンゾイルウレア系	フルフェノクスロン,テフルベンゾロンなど
		その他	フィプロニル,クロルフェナピル,カルタップ,フェンピロキシメート,テブフェンピラド,ピリダベン,ブプロフェジンなど
	抗生物質		ミルベメクチン,アバメクチン,エマメクチンなど
	生物農薬		BT剤,DCV剤など
殺菌剤	天然化合物		酢酸,マシン油,ナタネ油など
	無機化合物		無機硫黄,次亜塩素酸塩,炭酸水素ナトリウムなど
	有機合成化合物	有機銅系	オキシン銅,ノニルフェノールスルホン酸銅など
		有機硫黄系	ジネブ,マンネブ,チウラム,ジラム,キャプタンなど
		有機塩素系	クロロタロニル,フサライド,ジクロフルアニドなど
		ベンゾイミダゾール系	チオファネートメチル,ベノミル,チアベンダゾールなど
		酸アミド系	メタラキシル,フルトラニル,メプロニルなど
		ジカルボキシイミド系	イプロジオン,プロシミドン,ビンクロゾリンなど
		アゾール系	トリフルミゾール,ビテルタノール,トリアジメホンなど
		ストロビルリン系	アゾキシストロビン,クレソキシムメチルなど
		アニリノピリミジン系	メパニピリム,ピリメタニル,シプロジニルなど
		ピロールニトリン系	フルジオキソニル,フェンピクロニルなど
		その他	プロベナゾール,カルプロパミド,ジクロシメット,イプロベンホス,ジエトフェンカルブ,イソプロチオラン,オキソリニック酸など
	抗生物質		ストレプトマイシン,カスガマイシン,ポリオキシンなど
	生物農薬		アグロバクテリウム,ラジオバクターなど
除草剤	無機化合物		塩素酸塩,シアン酸塩など
	有機合成化合物	アミノ酸系	グリホサート,グルホシネート,ビアラホスなど
		ビピリジニウム系	パラコート,ジクワットなど
		スルホニルウレア系	ベンスルフロンメチル,ピラゾスルフロンエチルなど
		イミダゾリノン系	イマゼタピル,イマザメタベンズメチル,イマザキンなど
		ピリミジニルサリチル酸系	ピリチオバックナトリウム塩,ピリミノバックメチルなど
		尿素系	ジウロン,ダイムロン,イソウロンなど
		酸アミド系	テニルクロル,メフェナセット,プレチラクロールなど
		カーバメート系	エスプロカルブ,ピリブチカルブ,フェンメディファムなど
		トリアジン系	アトラジン,シメトリン,メトリブジンなど
		ダイアジン系	ベンタゾン,ターバシル,レナシルなど
		フェノキシ酢酸系	2,4-D,トリクロピル,クロメプロップなど
		ジフェニルエーテル系	CNP,クロメトキシニル,ビフェノックスなど
		その他	トリフルラリン,ジチオピル,ジカンバ,ブタミホスなど

より「有機塩素系」,「有機リン系」,「カーバメート系」などに適宜分類される．表1.2に殺虫剤（殺ダニ・殺線虫剤を含む），殺菌剤並びに除草剤ごとの組成による分類と代表的な農薬の有効成分名を示した．

c. 剤型（製剤）による分類

化学的に合成された化合物（原体）がそのまま農薬として直接田畑に散布されることはなく，通常，製剤の形にされてから使用される．したがって，製剤の善し悪しがその化合物の農薬としての効能や安全性を決定づける．表1.3に示したように，農薬製剤は粉剤，粒剤，水和剤，ドライフロアブル剤，乳剤，EW剤，マイクロカプセル剤などに分類される．さらに，その他の製剤として，くん蒸剤，水溶剤，塗布剤などがある（詳細については本書8章を参照のこと）．

表1.3 農薬の剤型と特徴[3]

剤 型	特 徴
粉 剤	農薬原体を担体（主にクレー）に混合した粉末状（粒径が40 μm以下）の剤．散布の際，漂流飛散（ドリフト）が多く，最近では，微細部分を除いて漂流飛散性を少なくしたドリフトレス粉剤が普及している．
粒 剤	粒径が1700～300 μmの心材に農薬原体を含浸または吸着させた剤．有効成分が水田水や土壌に溶出し，直接に，あるいは根部から吸収などにより標的生物へ到達する．
水和剤	中心粒径を4～5 μm程度に微粉砕した農薬固体原体を，補助成分である湿潤剤，分散剤および微粉クレー（5 μm以下）などと混合した．液体原体の場合は，高吸油性担体に吸着させる．水に懸濁して散布する．殺菌剤や適当な溶剤の少ない原体では水和剤にすることが多い．
顆粒水和剤 （ドライフロアブル剤）	固体農薬原体（液体原体の場合は高吸油性担体に吸着させる）を微粉砕し，湿潤剤，分散剤などと混合スラリー状にする．これを乾燥顆粒化する．水和剤と異なり，水希釈時に粉じんが立たない．
懸濁剤 （フロアブル剤）	農薬原体（水不溶性固体）を，湿式微粉砕し水に分散させたスラリー状の剤．補助成分として，湿潤剤，分散剤，凍結防止剤，増粘剤などを使用する．ゾル剤とも称される．
乳 剤	水に溶けにくい農薬原体を適当な溶剤に溶かし，乳化剤を加えた剤．水に希釈するとエマルション（乳化）になる．殺虫剤では一般的な製剤である．
EW剤 (Emulsion, oil in water)	農薬原体（水不溶性液体または溶液）を，補助成分である乳化剤，凍結防止剤，増粘剤，防腐剤および水などと混合した剤．乳剤とは異なり，溶剤に起因する欠点がない．
マイクロカプセル剤 (CS剤：Capsule Solution)	農薬原体をマイクロカプセル化し，水に懸濁させた剤．補助成分として，乳化剤，凍結防止剤，防腐剤などを使用する．一般には放出制御製剤として研究されている．

製剤化に際し有効成分の生物効果を最大限に発揮させる製剤設計が必要とされるが，製剤中で有効成分が長期間安定であることも要求される．有効成分が種々の要因によって分解を起こしやすいときには製剤の工夫により安定性を付与し，薬害を生じやすい場合には薬害の軽減も可能である．さらに，人畜や水棲生物に対する毒性軽減が達成される場合も多い．

d．毒性による分類

農薬の毒性試験の大部分はその原体の毒性，言い換えれば潜在的な人や環境への影響を把握するために実施される．その中で"薬物が大量かつ急激に摂取されたときに何が起こるかを知る"目的で行われる各種の試験を**急性毒性試験**と総称する．農薬の主たる摂取経路として，口，皮膚，呼吸器があげられるが，そのうち口から農薬を摂取させる（経口投与による）急性経口毒性試験の結果により毒性分類（ランク付け）が行われる．

急性経口毒性試験は 2 種類の動物，マウスおよびラットで実施される．通常，動物に経口投与を行い，投与された半数の動物が死亡する薬剤の量（LD_{50} 値：体重 1 kg 当たりの薬量（mg）で表す）を求め，その値により以下のように「毒物」，「劇物」，「普通物」に分類する（注：「毒物及び劇物取締法」には「普通物」という定義はなく，「普通物」は便宜上使用されている定義である）．

毒　物：LD_{50} 値が 50 mg/kg 以下（2003 年以前は 30 mg/kg 以下）のもの
劇　物：LD_{50} 値が 50 mg/kg（2003 年以前は 30 mg/kg）を超え，300 mg/kg 以下のもの
普通物：LD_{50} 値が 300 mg/kg を超えるもの

なお，原体が劇物であっても，実際に田畑に施用する製剤においては，製剤上の種々の工夫により，また原体の含有量が少ないことから毒性が軽減される場合が多い．この場合は，「毒物及び劇物取締法」に基づく「劇物指定除外」を受けることにより「普通物（相当）」として取り扱われる．

1.4　農薬の有用性

わが国では飽食の時代といわれて久しく，消費者は望むままに極めて多種の食物を容易に入手できる．そのような状況下「食糧確保」，「食糧危機」という言葉は死語となってしまった感があるが，実はわが国を含め世界的な食料不足が近未

来に起きるとの警告も出されている．わが国の食糧自給率はカロリーベースで40％を切っており，先進国の中で際立って低く，穀物の自給率に限れば28％という危機的状況にある．

このような状況に対処すべく食糧増産を図るには，"地球環境の保全"の観点から耕地面積を増加させることは困難であり，単位面積当たりの生産性の向上以外に方策は見当たらない．その際には，バイオテクノロジー技術を駆使した育種面での新しい技術とともに，農薬による病害虫防除と雑草の防除技術が重要な役割を担う．

世界の農産物の生産量と病害虫並びに雑草による被害を正確に示すデータは少ないが，ドイツのCramerのデータが活用可能である（**表1.4**）．それによれば，被害の程度は作物により差があるが，穀物（全穀類）の場合，害虫による被害は潜在生産量の13.9％，2億トンにもなり，病気によって9.2％，雑草によって11.4％，合計で34.5％，実に5億トンもの損失に達している．穀物以外の作物においても同様である．農薬が使用されていない地域において農薬が使用できれば，被害が大幅に軽減され，食糧の大幅な増産が可能になると思われる．

図1.2にはわが国において，現在の栽培体系のもとで実際に農薬を使用しない

表1.4 世界の農産物の生産量と病害虫・雑草による損失量

(単位：百万トン)

作物	実生産量	潜在生産量	損失量			
			虫害	病害	雑草	計
コムギ	265.5	355.1	17.8 (5.0)	33.3 (9.5)	34.5 (9.8)	85.6 (24.4)
イネ	232.0	438.8	120.7 (27.5)	39.4 (9.0)	46.7 (10.6)	206.8 (47.1)
トウモロコシ	218.5	339.5	44.0 (13.0)	32.7 (9.6)	44.3 (13.1)	121.0 (35.7)
その他の穀類	245.1	338.1	21.0 (6.2)	29.9 (8.8)	41.9 (12.4)	93.0 (27.4)
全穀類	961.1	1 467.5	203.7 (13.9)	135.3 (9.2)	167.4 (11.4)	506.4 (34.5)
ジャガイモ	270.8	400.0	23.8 (6.0)	88.9 (22.2)	16.5 (4.1)	129.2 (32.3)
テンサイ・サトウキビ	694.6	1 330.4	228.4 (17.2)	232.3 (17.5)	175.1 (13.2)	635.8 (47.9)
野菜	201.7	279.9	23.4 (8.4)	31.1 (11.1)	23.7 (8.5)	78.2 (28.0)
果樹	141.7	197.2	11.3 (5.7)	32.6 (16.5)	11.6 (5.9)	55.5 (28.1)
香料・し好品	10.2	16.5	1.9 (11.5)	2.6 (15.8)	1.8 (10.9)	6.3 (28.2)
油科作物	94.7	137.0	14.5 (10.6)	13.5 (9.9)	14.3 (10.4)	42.3 (30.9)
繊維作物	16.0	23.2	3.0 (12.9)	2.6 (11.2)	1.6 (6.9)	7.2 (31.0)
天然ゴム	2.3	3.0	0.1 (3.3)	0.5 (16.7)	0.1 (3.3)	0.7 (23.3)

注：（ ）内は潜在生産量に対する損失量（％）
出典：Cramer（1967）

1.4 農薬の有用性

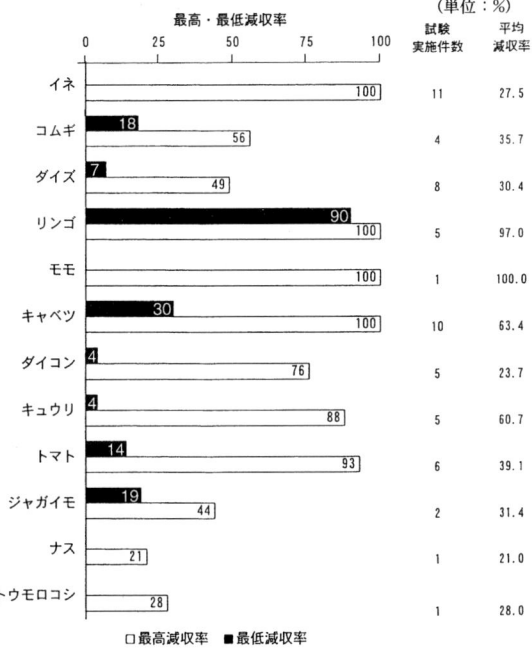

図 1.2 農薬を使用しない場合の主要作物の減収率[3),7)]

で作物を栽培した場合の病害虫による被害の実態調査結果を示した．試験は日本植物防疫協会が 1990 年から 1992 年の 3 か年にわたり，公開試験の形で実施したものである．イネ（水稲）の場合，11 件の試験例がある．1991 年の長崎の試験では減収率 100%（最高減収率），収穫皆無であったが，1992 年・福井の試験では減収率 0%（最低減収率）であり，平均減収率は 27.5% であった．イネでは条件に恵まれ病害虫の発生が少ない場合には，農薬を使用しなくても比較的高い収穫量が得られるようである．一方，リンゴ，モモではすべての試験においてほぼ収穫皆無の状態であった．野菜では，ダイコン（平均減収率 23.7%）のような根菜は比較的軽度の被害であったが，総体的には大きな被害を受けている．特にキャベツ（平均減収率 63.4%）のような葉菜は大きな被害を受けるようである．

一般に，イネ（水稲）では 10% の減収で作況指数の"著しい不良"（2003 年

の天候不順による作況指数が該当する）にあたるが，今回の無農薬栽培における被害の実態調査で示された平均27.5%の減収は"凶作"に相当する．しかも，いずれの試験においても農薬の種子への処理や農薬による育苗期防除を実施したうえでの結果であるので，これを実施しない場合はさらに被害が増大すると思われる．

参考文献

1) 佐々木満・梅津憲治・坂 齊・中村完治・浜田虔二編：日本の農薬開発，日本農薬学会 (2003)
2) 上路雅子，山本広基，中村幸二，星野敏彦，片山新太編：農薬の環境科学最前線，日本農薬学会監修，ソフトサイエンス社 (2004)
3) 梅津憲治：農薬と人の健康―その安全性を考える―，日本植物防疫協会 (1998)
4) 本山直樹編：農薬学事典，朝倉書店 (2001)
5) レスター・ブラウン：だれが中国を養うのか？―迫まりくる食糧危機の時代―，ダイヤモンド社 (1995)
6) 梅津憲治：農薬と食：安全と安心―農薬の安全性を考える―，ソフトサイエンス社 (2003)
7) 「農薬を使用しないで栽培した場合の病害虫等の被害に関する調査結果」, (社)日本植物協会 (1993.7.31)

2. 農薬の開発と安全性

　農薬の歴史をさかのぼってみると，第二次世界大戦後に有機合成農薬が登場して以来，農薬は農業生産と食糧供給に大きく貢献してきたにもかかわらず，社会的には常にマイナスのイメージで受け止められてきた．農薬は"怖いもの"，"毒性が強く人の健康に悪影響を及ぼしている"，"がんの主な原因である"といったイメージが社会一般に定着している．しかしながら，これらについて科学的・客観的に検証してみると事実と反するか，著しく誇張されている場合が多い．

　農薬の開発過程において，人に対して安全性が高く，作物への残留などによる人の健康に対する影響をなくすための研究に膨大な労力と経費が費やされている．また，同時に環境に対する影響を最小限にするための研究が精力的に行われている．さらには，製造，販売，使用に至るすべての過程を「農薬取締法」によって厳しく規制することにより農薬の安全性が確保されており，その中心に国が定める「登録制度」がある．

　本章では，農薬の安全性確保のための農薬登録制度の概要，並びに農薬の残留基準の設定の仕組みについて述べる．また，農薬が使用される際の人や環境に対する安全性について述べる．

2.1　農薬の研究開発の概要

　一般に農薬の開発には極めて多岐にわたる研究と長い歳月，膨大な経費を要する．図2.1には，農薬の研究開発の全体像と開発手順を簡潔に示した．

　通常何らかの形で農薬になり得る物質（多くの場合は低分子有機化合物）のデザイン・合成から，あるいは農薬様の生理活性を有する天然物をモデルとして農薬の研究開発が開始される．目的に応じてスクリーニングを行い，農薬としての手掛かりとなる生物活性を発見すると，それを基礎に化学構造の修飾を行うことにより，より活性の高い，安全性の高い，あるいは選択性の高い（たとえば，害

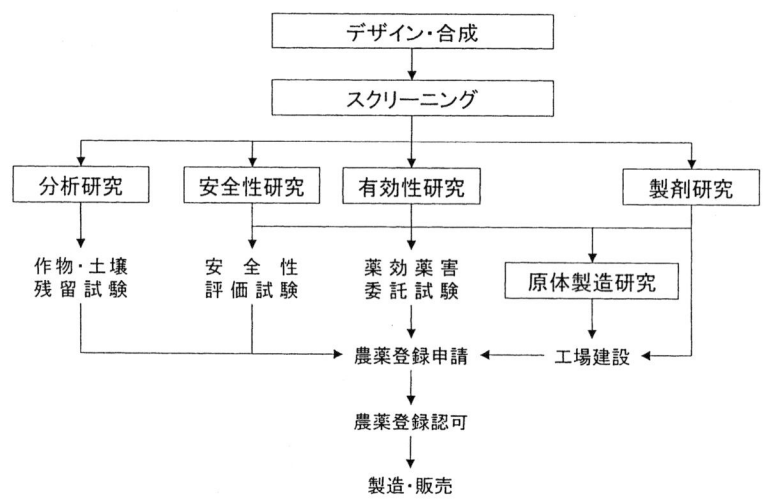

図 2.1 新しい農薬が誕生するまでのプロセス

虫を殺す力は強いが，人畜に対する毒性は低い），環境に対する影響の少ない化合物が検索される．このような生物活性並びに安全性に関するスクリーニングを経て，農薬としての開発候補化合物が選抜される．

候補化合物が選抜された後は，殺虫・殺菌・除草などの薬効あるいは薬害試験，作用特性あるいは作用機作に関する研究，公的試験機関での薬効委託試験，剤型・処方などの製剤検討，原体並びに製剤の分析法の確立，土壌あるいは作物残留試験などが年を追って実施されていく．このような農薬の研究開発のプロセスにおいて，安全性を確保するための試験，すなわち「農薬の使用に伴い，人や環境に極力悪影響が出ない製品を開発するための研究」は最も重要なプロセスである．

表 2.1 には候補化合物に対して実施されるマウス，ラット，イヌ，ウサギ，モルモット，ニワトリなどの実験動物を用いた安全性試験（急性毒性，短期毒性，長期毒性，生殖毒性，遺伝毒性，特殊毒性，動物代謝試験）のリストを示した．毒性面で潜在的に考え得るあらゆる問題点を探るため，膨大な数の試験が実施される．また，表 2.2 には農薬の代謝や分解並びに残留に関する試験項目を，表 2.3 には農薬の環境や生態系に対する影響を評価するための試験項目をそれぞれ示した．両分野においても，開発候補化合物が人の健康や環境に及ぼす影響に関

2.1 農薬の研究開発の概要

表 2.1 農薬の安全性試験（毒性試験）の種類

項　目	試験の種類
急性毒性	（1）経口毒性試験（ラット，マウス，犬） （2）経皮毒性試験（ラット） （3）吸入毒性試験（ラット） （4）眼刺激性試験（ウサギ） （5）皮膚刺激性試験（ウサギ） （6）皮膚感作性試験（モルモット） （7）急性神経毒性試験（ラット） （8）急性遅発性神経毒性試験（ニワトリ）
短期毒性 （亜急性毒性）	（9）90日間反復経口投与試験（ラット，マウス，犬） （10）21日間反復経皮毒性試験（ラット） （11）90日間反復吸入毒性試験（ラット） （12）反復経口投与神経毒性試験（ラット） （13）28日間反復経口投与遅発性神経毒性試験（ニワトリ）
長期毒性 （慢性毒性）	（14）1年間反復経口投与試験（ラット，犬） （15）発がん性試験（ラット，マウス）
生殖毒性	（16）2世代繁殖毒性試験（ラット） （17）催奇形性試験（ラット，ウサギ）
遺伝毒性	（18）復帰変異原性試験（細菌） （19）染色体異常試験（哺乳類培養細胞） （20）小核試験（ラット，マウス）
特殊毒性	（21）生体機能影響試験（ラット，マウス，犬，モルモット） （22）解毒・治療に関する試験（ラット，犬）
動物代謝試験	（23）動物体内運命に関する試験（ラット）

表 2.2 農薬の代謝や分解並びに残留に関する試験項目

1. 植物代謝試験
　適用を受ける植物群から試験に用いる作物を選択
2. 土壌代謝試験
　好気的湛水土壌中運命試験，好気的および嫌気的土壌中運命試験
3. 水中運命試験
　加水分解運命試験*，水中光分解試験*
4. 残留分析法の確立
　すべての適用作物および2種類以上の土壌
5. 作物残留試験
　適用を受けるすべての農作物について，2例以上
6. 土壌残留試験
　容器内試験，圃場試験（各2例以上）
　後作物残留性試験
7. 水質汚濁性試験

〔備考〕 *2000年11月24日付で新たに追加された試験項目

表 2.3 農薬の環境や生態系に対する影響評価に関する試験項目

1. 有効成分の性状，安定性，分解性に関する試験
 色調，形状，臭気，スペクトル，融点，沸点，蒸気圧，水や有機溶媒に対する溶解度，土壌吸着性，オクタノール/水分配係数，密度，加水分解性，解離定数，熱に対する安定性，水中光分解性
2. 水産動植物への影響に関する試験
 魚類急性毒性
 ミジンコ類急性遊泳阻害および繁殖毒性*
 藻類生長阻害*
3. 水産動植物以外の有用生物への影響に関する試験
 ミツバチおよび蚕影響試験
 天敵昆虫等影響試験（ハエ目，ハチ目，カメムシ目，コウチュウ目，アミメカゲロウ目，ダニ目，クモ目の中から少なくとも2目3種選定）
 鳥類影響試験（強制経口および混餌投与試験）

〔備考〕 *2000年11月24日付で新たに追加された試験項目

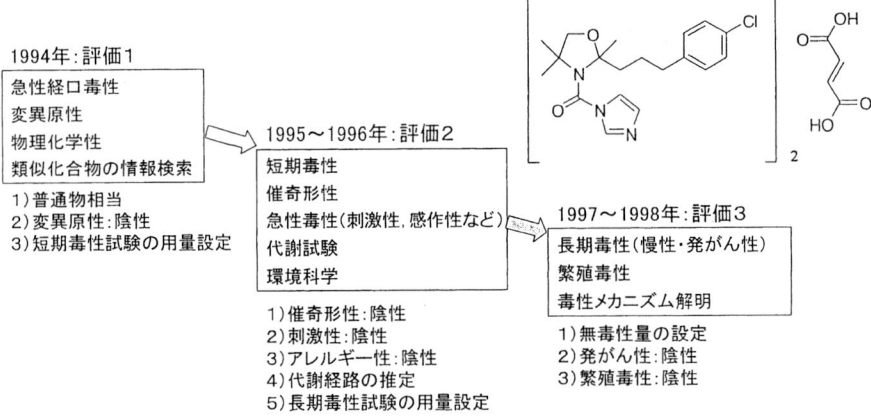

図 2.2 殺菌剤オキスポコナゾールフマル酸塩の安全性試験の流れ

する潜在的問題点を確認するための膨大な数の試験が実施される．

　図 2.2 には，これらの安全性試験の流れを最近（2000年4月）登録が得られた殺菌剤オキスポコナゾールフマル酸塩を例にとって示した．1994年に第一段階の評価が行われ，急性経口毒性試験や変異原性試験（微生物を用いた遺伝子への影響確認）などにより，当該化合物が普通物に相当すること，変異原性がないことなどが判明した．直ちに第二段階の評価試験（1995～1996年）が実施された結果，催奇形性（子供の奇形），眼や皮膚への刺激性，アレルギー性などは認められなかった．また，動物，植物，土壌中などにおける代謝物が同定され，そ

れらの化合物について評価1と同様の試験が実施され，特に問題のないことが確認された．環境に対する影響を評価する試験においても，特に問題は認められなかった．さらに，これらのデータと短期（亜急性）毒性試験のデータを加味して長期毒性試験の用量が設定され，第三段階の長期試験（1997～1998年）が行われた．マウス，ラット並びにイヌを用いた試験において発がん性や特に問題となる影響は認められなかった．繁殖毒性も認められなかった．

以上のような各種の安全性試験の結果を総合的に評価し，人の健康や環境に対する安全性が十分に確保できると判断された場合にのみ，当該化合物は次の登録作業のステップへ進められる．たとえ薬効的に優れていても，毒性や環境中での挙動の面において農薬としてふさわしくないデータが得られた場合には，その時点で，その候補化合物の開発が中止される．農薬としてデザイン・合成された化合物のうち，数万個～十万個に1個の割合でしか最終製品として日の目をみることはないといわれている．

2.2　農薬の登録制度

農薬の開発プロセスは，最終的に農薬として登録されることで完結する．すなわち，農薬には図2.3に示したような国が定める登録制度があり，開発作業をすべて終了した農薬であっても，登録されるまでは販売も使用もできない．

農薬の登録は農薬取締法に基づいて行われる．登録の申請にあたっては，農薬製造者または輸入業者は品質を確保するための資料に加え，前項で述べた各種試験の資料を農林水産省に提出し，検査を受けなければならない．その際の検査項目は，大別すると以下のとおりである．

① 品質・薬効・薬害
② 製造，流通や使用時（農作業従事者）における安全性
③ 消費者に対する安全性（作物へ残留した農薬の人の健康への影響）
④ 環境に対する安全性（有用生物・水産生物への影響，環境中での残留，環境中での挙動）

提出された試験成績に基づいて，農林水産省は厚生労働省，環境省並びに内閣府食品安全委員会の協力を得ながら総合的な検査を進める．検査の過程において，必要に応じて追加データの作成・提出が求められることがあるが，当該農薬

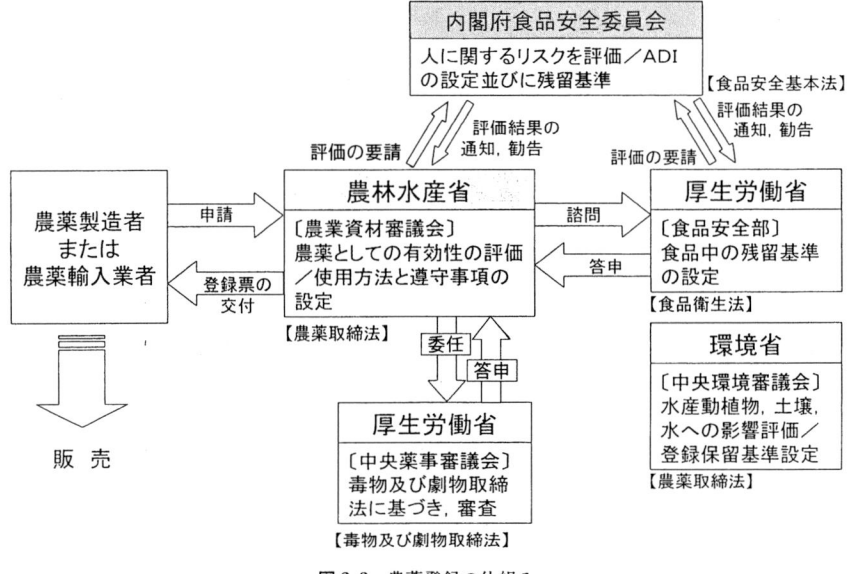

図 2.3 農薬登録の仕組み

の安全性データが不備,または安全性を確保できないと認定された場合は,農薬として登録されない.

なお,内閣府食品安全委員会は,2003年7月1日付けで各行政官庁から独立した形態で創設された,食の安全確保を総合的につかさどる組織である.

2.3 安全性評価と作物残留に関する基準

これまで述べたように,農薬が登録されるまでには膨大な各種の安全性試験が行われ,その結果に基づいて当該農薬を安全に使用するための種々の基準や注意事項が決定される.図2.4には,農薬の安全性評価の流れを示した.

各種の毒性試験データは農林水産省より厚生労働省経由で内閣府食品安全委員会に提出され,農薬専門調査会において評価を受ける.まず,動物を用いた長期毒性試験およびその他の毒性試験に基づき"無毒性量"(その動物が一生涯にわたり摂取し続けても何らの影響を及ぼさない最大の薬量;以前は"最大無作用量"と呼ばれていた)を設定する.この無毒性量に実験動物と人との種差並びに個体差などを考慮し,安全係数を乗じて"1日摂取許容量(ADI:Acceptable

2.3 安全性評価と作物残留に関する基準

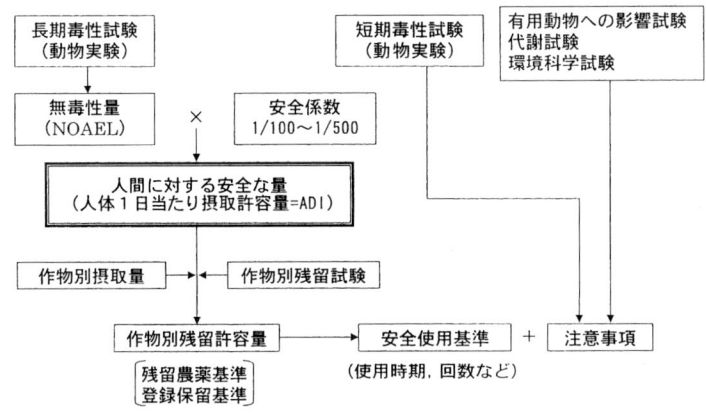

図 2.4 農薬の安全性評価の流れ

Daily Intake)"を求める．この ADI に人の平均体重（日本人では約 50 kg，欧米人の場合は 60〜70 kg）を乗じた値は，"その人が毎日その量を一生涯にわたり摂取し続けても，人体に何らの影響を及ぼさない（許容される）量"を表している．このようにして求められた ADI 案について食品安全委員会からパブリックコメントを求めた後に，ADI として設定される．

また，厚生労働省において当該農薬の ADI および農産物の1日総摂取量，並びにその農産物への農薬残留量に関するデータを基に残留に関する基準値案が検討され，世界貿易機関（WTO：World Trade Organization）通報並びにパブリックコメントなどを経て残留基準値として施行される．内閣府食品安全委員会という新組織の発足直後の現時点において ADI と残留基準との関係に不確定な面もあるが，2003 年7月の委員会設置以前は以下の考え方であった．"厚生労働省が実施する国民栄養調査により求められる各々の農産物の摂取量に，当該農薬のそれぞれの作物における残留量（登録を取得しようとするすべての作物について，当該農薬を使用して得られる作物別残留試験データ）を乗じたうえで合計し，残留農薬の摂取量を求める．この残留農薬の総摂取量が ADI 以下になるように残留に関する基準（残留農薬基準あるいは登録保留基準）を設定する．"今後，この考え方を基に細部の詰めが行われるものと思われる．

表 2.4 に記載したように，残留農薬基準は"食品中における許容される農薬の残留上限値"であり，厚生労働省が食品衛生法に基づいて設定する．食品衛生法

表2.4 農薬登録にかかわる基準

残留農薬基準	食品中に残留する農薬の許容上限値を規制した基準で，厚生労働省が食品衛生法第7条に基づいて設定する．2003年1月現在，229農薬について，それに適用のある約130種の農産物について定められている．
登録保留基準	以下の四つの基準があり，環境省が設定する．この基準を満たさないものは農薬として登録されない． 1) 作物残留に係る農薬登録保留基準 　農作物に農薬が残留するとしても，どの位の量まで許容されるかを定める基準であり，食品衛生法で定められていない農薬について設定する（農薬取締法第3条第1項第4号）．約160農薬について，それに適用のある野菜，果実といった食品群ごとに設定されている． 2) 土壌残留に係る農薬登録保留基準 　農地で以前に使用した農薬が土壌に残留し，農作物を通して人畜に悪影響を及ぼすことがないように定められた基準（同5号）．半減期（使われた農薬が土壌中で半分以下になる期間）が1年以上の農薬は原則として登録されない． 3) 水産動植物に対する毒性に係る登録保留基準 　水田で使われる農薬が河川などへ流出し，そこに生息する魚介類に被害を及ぼすことがないように定められた基準（同5号）．48時間でのコイの半数致死濃度が0.1 ppm以下で，かつ毒性の消失日数が7日以上の農薬は原則として登録されない． 4) 水質汚濁に係る農薬登録保留基準 　公共用水が農薬で汚染されないように設定された基準（同7号）．水田水中での農薬の150日間の平均濃度が，水質汚濁に係る環境基準（健康項目）の10倍を超える農薬は原則として登録されない．

に基づく残留農薬基準は，施行と同時に，環境省が設定する作物残留にかかわる登録保留基準としても設定される．なお，登録保留基準には今述べた作物残留にかかわるもの以外に，土壌残留，水産動植物，並びに水質汚濁にかかわるものもある（表2.4参照）．なお，2003年7月以前に登録された農薬の登録保留基準は「食品中での残留農薬が残留基準以下になるように定められた個々の作物中における残留濃度の上限値」として環境省より設定され，現在も残留基準として広く使用されている．

　農薬安全使用基準は「作物中での残留農薬が登録保留基準以下になるように農薬使用者らが守るべき使用基準」であり，農林水産省が決定する．一方，急性毒性試験，短期毒性試験，有用生物への影響試験，動植物や土壌を用いた代謝試験，並びに環境科学に関する試験などを参考に，農作業従事者の安全性に関する注意事項（マスク，手袋，メガネ，長袖シャツの着用など），さらにその他の注意事項が設定される．

以上のように，各種の膨大な試験成績が各分野の専門家によって十分検討された結果として，それぞれの農薬について1日摂取許容量並びに使用上の注意事項が決定される．したがって，このような評価がなされた農薬は，科学的には"安全使用基準を守って適正に使用することにより，たとえ作物あるいは環境中に微量に残留したとしても人あるいは環境に悪影響を及ぼさない"といえる．

2.4 農薬の安全性

2.4.1 農薬の安全性に対する基本的な考え方

農薬の研究開発において，安全性を確保するための試験は最も重要なプロセスである．一般に農薬の安全性や毒性影響の評価対象，並びにそのために実施される主要な安全性試験は以下の三つに大別される．

① 農薬の製造や散布に携わる人への影響試験：各種急性毒性試験，刺激性試験，アレルギー性試験，神経毒性試験．

② 作物に残留する微量の農薬を摂取する消費者への影響試験：慢性毒性試験，発がん性試験，繁殖毒性試験，催奇形性試験，遺伝毒性試験，動物・植物代謝試験，作物残留性試験．

③ 環境に対する影響試験：水質汚濁性試験，土壌代謝試験等の環境科学試験，土壌残留性試験，野生生物に対する各種影響評価試験．

①の目的で実施される急性毒性試験の結果により，農薬は劇物，毒物，普通物（相当）に分類されるが，この分類は，農薬に直接触れる可能性のある農薬の製造者や散布者（農家）に対する毒性影響を念頭に置いたものである．農薬そのものや散布された農薬に直接触れる機会の少ない一般消費者にとっては，その農薬が急性毒性によりどの毒性クラスに属するかはあまり問題ではなく，②に示した発がん性などの「長期にわたり残留農薬を微量ずつ摂取し続けた場合の慢性的な毒性影響」が心配すべき対象である．当該農薬の急性毒性が強くても，慢性毒性面で問題がなければ作物を摂取する消費者には安全であり，逆に急性毒性が弱く普通物であっても，慢性毒性的な影響があれば，消費者にとってはゆゆしき問題となるからである．また，③の環境や環境生物に対する影響評価試験結果に基づく"環境に対し極力影響のない農薬（活性成分）や製剤の開発並びに製剤の施用法の工夫"も極めて重要である．

2.4.2 農薬の急性毒性面から見た安全性

前述したように,一般消費者の間には"農薬は怖いもの","農薬には毒性があり,人々の健康に悪影響を及ぼしている"というイメージが定着している.しかしながら,農薬と合成化学物質あるいは天然にごく普通に存在する天然化学物質の毒性とを比較した場合に,農薬が特に毒性が高いという事実は見当たらない.

表2.5には,代表的な農薬原体と我々の身の回りに存在する化学物質の急性経口毒性を示した.農薬にはLD$_{50}$(動物の半数が死亡する薬量)値が24 mg/kgと経口毒性の高いEPNから,10000 mg/kg以上のフルトラニルまでさまざまな毒性のものが存在するが,ボツリヌス菌毒素,テトロドトキシンなどの天然毒素や青酸カリよりはるかに毒性が低い.また,穀類・豆類に生えるカビが産生する

表2.5 農薬と身の回りの化学物質の急性経口毒性[1]

物　質　名		LD$_{50}$ (mg/kg)	
ボツリヌス菌毒素		マウス	0.00000032
破傷風菌毒素		マウス	0.000017
テトロドトキシン	(フグ毒)	マウス	0.01
α-アマニチン	(テングダケ毒)	マウス	0.3
EPN	(殺虫剤)	マウス	24
メソミル	(〃)	ラット	50
ダイアジノン	(〃)	ラット	250
MEP	(〃)	ラット	330
カルタップ	(〃)	ラット	380〜390
ピレトリン	(〃)	マウス	800
アセフェート	(〃)	ラット	945
ブプロフェジン	(〃)	ラット	2198
イソプロチオラン	(殺菌剤)	ラット	1190
ベノミル	(〃)	ラット	>5000
フルトラニル	(〃)	ラット	>10000
青酸カリ	(化学物質)	ラット	10
アルキルベンゼンスルホン酸ナトリウム	(界面活性剤)	ラット	2000
アフラトキシン	(穀類・豆類に生えるカビ毒)	ラット	7
パツリン	(リンゴ果汁に生えるカビ毒)	ラット	15
ニコチン	(タバコの一成分)	ラット	50〜60
カプサイシン	(トウガラシの辛味成分)	ラット	60〜75
カフェイン	(医薬品,茶の一成分)	ラット	174〜210
アスピリン	(医薬品)	ラット	1000
食塩	(調味料)	ラット	3000
砂糖	(甘味料)	ラット	29700
エチルアルコール	(酒)	ラット	7000

毒素であるアフラトキシンは，強力な発がん性物質であることが知られているが，急性毒性も7 mg/kgと極めて高い．リンゴやリンゴ果汁から検出されることのあるカビ毒，パツリンの急性毒性も極めて高い．一方，お茶やコーヒーに含まれるカフェインあるいはトウガラシの辛味成分であるカプサイシン，さらには食塩（LD_{50}値 3000 mg/kg）より毒性の低い農薬も少なくない．

また，農薬では原体がそのまま作物に散布されることはない．有効成分を0.数～数％含んだ粉剤，1～10％程度含んだ粒剤，10～40％程度含んだ乳剤あるいは水和剤などの製剤の形で使用される．乳剤や水和剤では散布時に千～数千倍に水で希釈して使用されるので，毒性はさらに低くなっている．

農薬を含め，"人が人工的に作り出したものであるか否か"あるいは"天然由来であるか否か"を問わず，その化学物質それぞれについて個々に毒性を検討したうえで，その危険性を議論する必要がある．

無論，農薬の原体や製剤の製造工場で働いている労働者は高濃度の化学物質に暴露する可能性があるので，その作業に際して厳しい濃度規制が必要である．また，農薬の散布者も急性中毒になる可能性があるので，防護具の着用が必要である．なお，わが国においては作物に残留する農薬による中毒事故はこれまでに1件も発生していない．

2.4.3 農薬の作物残留の実態とリスク

消費者が農薬に対して抱く最大の不安は「農作物に農薬が残留しているのではないか．それを食べ続けた場合，いつか人の健康に悪影響があるのではないか」ということと思われる．そこで，ここでは，先に述べた農薬の残留基準と対比しながら，実際の農薬使用現場における残留の実態について検証する．

1990年代の初めに東京都立衛生研究所が実施した国内産の野菜と果実に残留している農薬（有機塩素系，並びに有機リン系農薬など計40農薬について各30検体）の実態調査結果によれば，総検体1200のうちわずか13検体で農薬が検出されたに過ぎず，検出率は1.1％であった．13件の検出事例のうち，3件は残留基準（登録保留基準）を超えており，1件は食品衛生法違反に該当したが，全体として農薬の検出率並びに検出量が極めて低く，人の健康にはまったく問題がなかった．

表2.6には，コープネット商品検査センターが最近（2000年3月から2001年3月）実施した67種の農薬に関する残留農薬検査結果を示した（原表には検出された作物名も記載されているが，紙面の都合上割愛した）．2,4-Dやカルベン

表2.6 コープネット商品検査センターによる残留農薬検査結果[4]

(2000.3.21～2001.3.20)

農薬名	用途	検体数	検出数	検出濃度(ppm)	検出率(%)	農薬名	用途	検体数	検出数	検出濃度(ppm)	検出率(%)
2,4-D	除草剤	67	5	0.01-0.02	7.46	ピリダフェンチオン	殺虫剤	610	4	0.02-0.10	0.66
カルベンダジム	殺菌剤	44	2	0.07-0.16	4.55	フサライド	殺菌剤	610	4	0.01-0.04	0.66
チオファネートメチル	殺菌剤	44	2	0.16-0.38	4.55	フェノチオカルブ	殺虫剤	610	4	0.22-1.73	0.66
メチダチオン	殺虫剤	610	24	0.01-0.80	3.93	EPN	殺虫剤	610	3	0.23-1.49	0.49
ジコホール	殺ダニ剤	610	21	0.01-2.25	3.44	フルバリネート	殺虫剤	610	3	0.12-0.04	0.49
クロルピリホス	殺虫剤	610	21	0.01-0.45	3.44	アクリナトリン	殺虫剤	610	3	0.01-0.56	0.49
イプロジオン	殺菌剤	610	20	0.02-1.09	3.28	シペルメトリン	殺虫剤	610	3	0.05-0.14	0.49
プロシミドン	殺菌剤	610	18	0.01-0.34	2.95	トリアジメノール	殺菌剤	610	3	0.01-0.04	0.49
クロルフェナピル	殺虫剤	610	17	0.01-0.44	2.78	フェンバレレート	殺虫剤	610	3	0.02-0.72	0.49
メソミル	殺虫剤	54	1	0.03	1.85	プロチオホス	殺虫剤	610	3	0.02-0.05	0.49
TPN	殺菌剤	610	10	0.01-0.31	1.64	エスフェンバレレート	殺虫剤	610	2	0.03-0.05	0.33
フルジオキソニル	殺菌剤	610	10	0.02-0.17	1.64	テブフェンピラド	殺虫剤	610	2	0.02-0.05	0.33
アゾキシストロビン	殺菌剤	610	9	0.02-0.42	1.48	トラロメトリン	殺虫剤	610	2	0.03-0.16	0.33
クロルピリホスメチル	殺虫剤	610	9	0.01-0.14	1.48	トリフルラリン	除草剤	610	2	0.05-0.09	0.33
ジエトフェンカルブ	殺菌剤	610	9	0.01-0.14	1.48	トルクロホスメチル	殺菌剤	610	2	0.04-0.37	0.33
ビテルタノール	殺菌剤	610	9	0.01-0.32	1.48	パラチオン	殺虫剤	610	2	0.02-0.03	0.33
フルフェノックスロン	殺ダニ剤	610	9	0.01-0.21	1.48	ピリダベン	殺ダニ剤	610	2	0.04-0.13	0.33
フェニトロチオン	殺虫剤	610	8	0.02-1.21	1.31	ペンディメタリン	除草剤	610	2	0.01-0.03	0.33
キナルホス	殺虫剤	610	7	0.01-0.84	1.15	クロルフェンビンホス	殺虫剤	610	2	0.01-0.02	0.33
キャプタン	殺菌剤	610	6	0.03-0.26	0.98	ピリミホスメチル	殺虫剤	610	2	0.02-0.05	0.33
ミクロブタニル	殺菌剤	610	6	0.01-0.12	0.98	ホスチアゼート	殺虫剤	610	2	0.02-0.04	0.33
トリフルミゾール	殺菌剤	610	6	0.01-0.47	0.98	DDT	殺虫剤	610	1	0.01	0.16
フェントエート	殺虫剤	610	6	0.01-1.32	0.98	β-CVP	殺虫剤	610	1	0.01	0.16
フェンプロパトリン	殺虫剤	610	6	0.03-0.14	0.98	ジクロフルアニド	殺菌剤	610	1	0.03	0.16
ペルメトリン	殺虫剤	610	6	0.03-0.56	0.98	シフルトリン	殺虫剤	610	1	0.06	0.16
エチオン	殺虫剤	610	6	0.01-0.17	0.98	ダイアジノン	殺虫剤	610	1	0.02	0.16
ポリカーバメート	殺菌剤	110	1	3.51	0.91	フェナリモル	殺菌剤	610	1	0.01	0.16
マンゼブ	殺菌剤	110	1	0.31	0.91	フェニソブロモレート	殺ダニ剤	610	1	0.15	0.16
クレソキシムメチル	殺菌剤	610	5	0.01-0.89	0.82	プロピコナゾール	殺菌剤	610	1	0.05	0.16
ビフェントリン	殺虫剤	610	5	0.01-0.23	0.82	テトラジホン	殺ダニ剤	610	1	0.03	0.16
ブプロフェジン	殺虫剤	610	5	0.02-0.16	0.82	トリアジメホン	殺菌剤	610	1	0.02	0.16
マラソン	殺虫剤	610	4	0.03-0.13	0.66	シアノホス	殺虫剤	610	1	0.19	0.16
テブコナゾール	殺菌剤	610	4	0.02-0.10	0.66	シプロコナゾール	殺菌剤	610	1	0.09	0.16
ベンゾエピン	殺虫剤	610	4	0.01-0.08	0.66	合計			349		

ダジムのように検出率が4%を超える農薬も認められるが，多くの農薬で検出率が1%以下であり，平均検出率は0.93%であった（データを基に筆者が計算）.また，残留農薬基準あるいは登録保留基準を超える品目はそれぞれわずか4品目であった.

一方，厚生労働省が集計した1998年度の全国の残留農薬検査結果（総検体数476 237，検査対象農薬数276，検査対象作物は国産品および輸入品）によれば，農薬検出事例は国産品で1050件（0.48%），輸入品で1369件（0.54%），合計2419件（0.51%）であり，基準値を超えて検出された事例は国産品で22件（0.02%），輸入品で63件（0.05%），合計85件（0.03%）であった．国産品あるいは輸入品を問わず，わが国で流通している農産物における農薬の検出率，すなわち農薬の残留レベルは極めて低い．1999年の結果（2002年に公表）もほぼ同様であり，総検体数が392752で，検出率は0.70%（検出数：2763）であった．さらに，最近出版された作物残留に関する詳細な報告書（章末参考文献5)）においても同様の結果である．

ところで，上述の農薬の残留調査結果には基準を超えて農薬が残留している事例も含まれ，これらの極めてまれな事例のみが問題視される傾向にある．しかしながら，残留基準は「その濃度の残留農薬を一生涯にわたり毎日摂取し続けても健康に何らかの影響（たとえば，体重や特定の酵素レベルの若干の低下など）も現れないという観点から設定されている」こと，並びに基準を超えて農薬が残留している農作物は取り締まりの対象となり継続して市場に出回らないことから，ある人が残留基準を超えた作物（1998年度の厚生労働省の集計では0.03%）を一生涯毎日食べ続ける可能性，そしてそのために健康に悪影響を受ける可能性はほぼ皆無といえよう．

以上のように，残留農薬が人の健康へ悪影響を及ぼす恐れは極めて低いと判断される．

2.4.4 人の残留農薬摂取の実態

厚生労働省は，日常の食事を通じて我々日本人が摂取している残留農薬の量を明らかにするために，国民栄養調査を基礎としたマーケットバスケット調査方式による「農薬1日摂取調査」を実施している．すなわち，食品摂取量の調査結果を基に，市場で流通している農産物について，通常行われている調理方法に準じ

た調理を行った後に化学分析に供し，対象となる農薬の摂取量を調べている．具体的には，農産物のほか，加工食品，魚介類，肉類，飲料水などの全食品86品目を対象に，これらの食品を通じて日本人が実際に摂取している農薬の量を調査し，全国12の地域ブロックごとに，農薬の1日摂取量を算出している．調査は1991年から開始され，適宜データが公表されている．

調査対象になった94農薬のうち実際に残留農薬が検出されたのは17種にすぎなかった．残りの77種については，作物から残留農薬が検出されなかった．**表2.7**には，残留分析において残留農薬が検出された17農薬に関する1日摂取量データを示した．その結果，ADIに対する割合の最も高い臭素でも16.3%で，その他の農薬では5%程度かそれ以下とADIを大きく下回っている．臭素は海産物，味噌，しょうゆなどの食品の中に天然成分として含まれているために，摂取量が多くなっていると考えられる．残り77食品群については検査において残留農薬が検出されなかった（検出限界以下であった）が，安全を期すため"検出限界値の20%に相当する農薬が残留している（含まれている）"ものと仮定して摂取量が算出される．このため，見かけ上比較的高い摂取量並びに対ADI比が

表 2.7 日本人の一人1日当たりの農薬摂取量調査結果集計表[6]
〜いずれかの食品群において検出された17農薬〜
(1991〜1998年（平成3〜10年度）)

農薬名	平均1日摂取量 (μg)	対ADI比 (%)
1. DDT	2.97	1.19
2. EPN	2.25〜2.82	1.96〜2.46
3. アジンホスメチル	3.21	1.28
4. アセフェート	6.99〜21.93	0.46〜1.46
5. エンドルスファン	3.46	1.15
6. クロルピリホス	1.07〜2.16	0.21〜0.43
7. クロルピリホスメチル	0.95〜2.17	0.19〜0.43
8. シペルメトリン	2.59〜21.62	0.10〜0.86
9. ジメトエート	1.60〜3.04	0.16〜0.3
10. 臭素	6 037.50〜8 150.28	12.8〜16.30
11. バミドチオン	20.89	5.22
12. フェニトロチオン	0.77〜7.12	0.31〜2.85
13. フェントエート	1.26〜4.06	1.67〜5.41
14. フェンバレレート	45.07	4.51
15. プロチオホス	2.16〜2.35	2.88〜3.13
16. マラチオン	1.03〜2.16	0.10〜0.22
17. メタミドホス	2.84〜3.72	1.42〜1.86

算出される場合が多いが、この場合でもほとんどがADIの10%以下であり、50%を超える農薬は認められない。

以上のように、市場で流通している農作物の残留分析結果や実際に消費者がとっている食事を分析した1日摂取量調査結果は、たとえ微量の農薬の残留があったとしても（無論、望ましくは"農薬残留ゼロ"ではあるが）人の健康に悪影響を与えるレベルではないことを明確に示している。

ところで、残留農薬の分析には洗浄・加工などの処理を行っていない農作物が供されるが、消費者は食事の際には、農作物を洗浄後に、皮むき、加熱（煮る、炒める、焼く、蒸す、揚げる）、漬けるなどの調理を行ったうえで、摂食する。また、すでに加工済みの食品を購入する場合も多い。このような農作物の洗浄・調理・加工の過程において、相当量の残留農薬が消失あるいは分解している（多くの場合、数分の一から十分の一程度まで減少）ことが明らかにされている。したがって、実際に消費者の口に入る残留農薬量は、残留分析値を基に算出される量よりもはるかに少ないと思われる。

2.4.5 農薬と発がん性

農薬の毒性が話題になる際には、急性毒性とともに発がん性が問題にされることが多い。わが国においては年間約30万人ががんで亡くなり、死亡原因の第一位を占めている。がんの原因として種々の要因が考えられるが、社会一般の風潮として農薬あるいは食品添加物が発がん要因として最も危ぐされる傾向にある。

しかしながら、すでに述べたように農薬の開発の際には、候補化合物についてラット、マウス、犬などの実験動物を用いた発がん性試験が実施され、少しでも発がん性の兆候が見られる化合物は排除されている。したがって、最近の農薬、少なくとも厳しい安全基準のもとで1980年代以降に開発された農薬で発がん性を有するものは存在しない。それ以前に農薬として登録が取られ、現在ほど厳密な発がん性試験が行われていない農薬もあるが、そのような農薬は、禁止されて順次使用できなくなっている。

また、人々が日ごろ飲食している食べ物の中の何ががんを引き起こすかを「疫学的な手法」（注：疫学とは病気の発生・流行などの諸条件を明らかにし、予防・防止を研究する学問）によって調べている疫学者も、農薬はがんの発生と無関係と結論づけている。ちなみに、疫学者があげる食事の発がん要因とは、①

植物繊維の摂取不足，②過食，③脂肪の取りすぎ，④食塩の取りすぎ，⑤発がん性を有する必須微量元素の摂取などであり，農薬そのもの，あるいは作物に微量に残留する農薬は含まれていない．

2.4.6 農薬の環境影響

a．環境とは，環境影響とは

農薬の環境に対する影響について考察するに際して，まず環境の定義を考える必要がある．ここでは，人間を取り巻く水域，土壌，大気などやそこに生息する野生生物を環境と定義し，それらに対する農薬の影響を考える．

農薬は，水田・畑・果樹園などの農地やゴルフ場などの野外の場，すなわち環境中に散布という形態で直接放出されるので，何らかの形で環境に影響を与え，そこに生息する環境生物（野生動植物，水生生物，土壌微生物など）にも多かれ少なかれ何らかの影響を与える．一方，環境中に放出された農薬は環境のさまざまな働き（化学的分解や微生物，動植物などによる生分解）により代謝・分解され，その濃度は時間とともに減少する．

このような条件のもとで環境中における農薬の存在量と存在時間をできるだけ少なくし，農薬を散布しても生態系や生物相が持続可能であること，すなわち農薬散布の影響が許容範囲内にとどまることが重要である．初期の農薬の中には，"環境中において分解しにくい"，あるいは"水生生物などに対する毒性が強い"などの理由により，この条件を満たさないものも存在したが，農薬科学の進歩により昨今の多くの農薬は条件を満たすようになった．

b．農薬の環境中における挙動

すでに述べたように，農薬はその目的や散布対象に応じて乳剤，水和剤，粉剤，粒剤，フロアブル剤などの製剤の形で田畑にまかれる．図2.5には散布された農薬の散布後の挙動に関する模式図を示した．田畑に散布された農薬は作物の葉，茎，果実などに付着し，その一部は作物体内へ吸収される．他の一部は風に乗って大気中に飛散拡散し，最終的にその近くの土壌や水（田面水など）に落ち，一部は地下（土壌中）へ浸透する．茎葉に付着した農薬は日光により分解され，雨や風で洗い流される．作物体に吸収された農薬は，作物体中で代謝・分解されていく．また，土壌表面または土壌中に散布された農薬は一部が作物の根より吸収され，作物体中で代謝・分解される．土壌表面に残った農薬や土壌中に浸

2.4 農薬の安全性

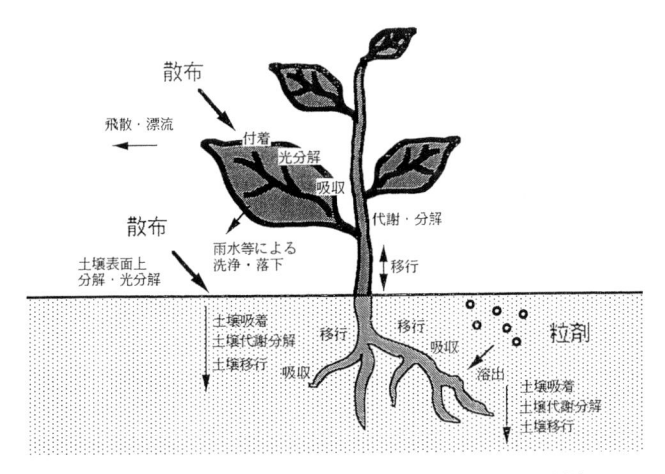

図 2.5 散布された農薬の環境中における挙動（畑地の場合）

透してくる農薬は，光や微生物の働きにより代謝・分解される．水系（水田など）に散布された農薬も，光分解，加水分解などの化学的分解および作物や微生物による分解を受ける．水田に散布された農薬や地下に浸透した農薬のごく一部は排水路などを経由して河川，湖沼などの公共用水に流出する．

このような経緯を経て，環境や作物中の農薬の残留量は環境生物（野生生物）や人の健康に影響を及ぼさないレベルまで低下するのが一般的である．しかし，農薬の開発においては，土壌などの環境中で分解しにくい化合物や土壌中での浸透移行性が大きく地下水汚染の可能性がある化合物などは，開発の段階で排除される（土壌中での半減期が1年以上の農薬は原則として登録されない．最近登録される農薬は半減期が30日以内のものが多い）．また，水生生物や有用生物に極力影響の少ない化合物が農薬として選抜される．このような環境影響の少ない化合物を選抜するためにも，表2.2ならびに表2.3に示した農薬の「代謝・分解並びに残留」や「環境や生態系に対する影響評価」に関する試験の実施は極めて重要である．

c. 環境中における農薬残留の実態

農薬を含む化学物質の水質規制は，厚生労働省，環境省，農林水産省に所管がまたがっているが，水道水に関する各種水質基準，公共用水域に関する各種水質環境基準やゴルフ場排水口での（暫定）指導指針値などがある．環境省は1984年以来毎年，農薬の成分を含む750種を超える化学物質について環境中の濃度を

全国的に調査している．その結果によれば，極めて低い頻度で，DDT（日本では現在使用されていない）などの有機塩素系化合物が微量に魚介類から検出されるに過ぎない．ほとんどの農薬が環境中に残留していないか，残留したとしてもごくわずかであり，社会一般が農薬残留に対して抱く不安との間に大きな乖離が認められる．

農薬の水田から河川への流出についても多くの調査結果がある．一例をあげれば，丸は5年間にわたり22農薬（殺虫剤6，殺菌剤4，除草剤12）について4～9月の間，水田水路中の濃度推移を調査している（図2.6）．水田で農薬を使用した場合には当然ながら，水田や用水路の水から農薬が検出される．殺虫剤のフェノブカルブとフェニトロチオンの場合の農業用水路における濃度推移を見ると，フェノブカルブは地上散布（5月下旬）後に濃度上昇が認められ，7月末の空中散布直後に一時的に水質基準（20 ppb）を若干超えているが，速やかに濃度は減少している．フェニトロチオンの場合は，空中散布の直後に水質基準の3

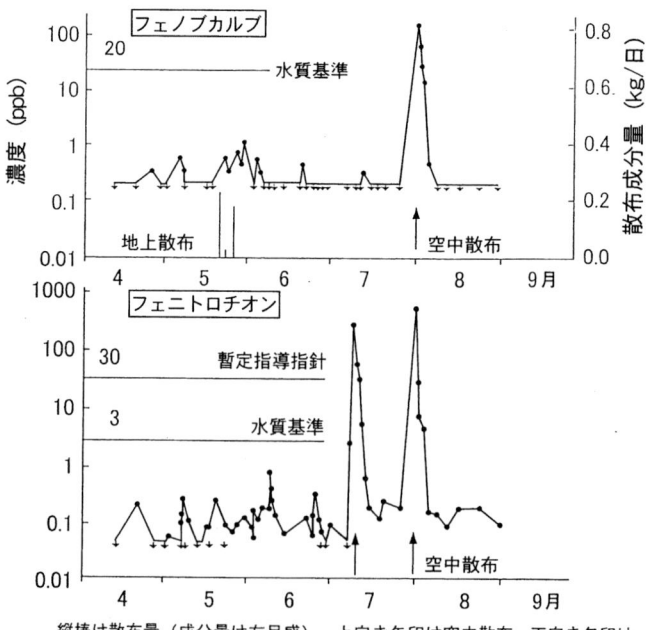

縦棒は散布量（成分量は右目盛），上向き矢印は空中散布，下向き矢印は検出限界以下，横線は水質基準または評価指針値

図 2.6 農業用排水路における農薬の濃度推移[10]

ppbおよび暫定指導指針30 ppbを超えているが，短期間で低下し，基準以下となっている．殺菌剤や除草剤の場合も同様の傾向にあり，除草剤の場合は基準を上回る農薬が検出されることはほとんどない．水田に農薬が散布された場合，農薬や製剤の特性あるいは施用方法の違いにも左右されるが，施用直後に一時的に濃度が急上昇するが，短期間で基準値以下に減少するのが一般的であり，持続的に基準値を超えることはないと考えられる．

散布された農薬の土壌中の濃度についても多くの分析データが公表されている．一般の人々の中には，"永年にわたり農薬を使用すると，土壌中に農薬が蓄積し土が死んでしまう"との不安を抱く人も多い．しかしながら，先に述べたように土壌中の半減期が1年以上の農薬は登録されず（多くの農薬の半減期は60日以下，最近登録の農薬の多くは30日以下），土壌中の農薬残留量が年々増大することはない．

d. 農薬の環境生物への影響

農薬の環境影響の正確な評価は，環境自体が極めて複雑であり，かつ農薬以外で環境に影響を及ぼす要因が多く容易ではない．第二次世界大戦後の有機合成農薬の使用の増大と平行して，工業用地，商業用地，宅地などの造成，コンクリートで固めた河川や用水路，各種道路，ゴルフ場などの建設が全国的に行われ，環境生物の生息に適した環境が大きく損なわれた．また，工場や家庭からも多種多様の化学物質が排出されるようになった．このような生息環境の変化や各種の化学物質の氾濫の結果として，野鳥やトンボ（昆虫），メダカ，ドジョウ（水生生物）などの環境生物の減少という事態が生じているが，一般には農薬が原因であると短絡的にとらえられることが多い．

確かに，初期の水田除草剤PCP（1957年登録）のように魚毒性が強く魚貝類に被害を及ぼした薬剤もあるが，その後それらの薬剤の使用は中止され，水生生物に対する毒性の低い薬剤に置き換えられた．また，初期のピレスロイド剤のように水生生物に対する影響が明らかな薬剤については，水田などの水系や水系の近隣では使用しないなどの対策が取られてきた．近年，水田や用水路におけるメダカの数の減少は農薬の使用が原因とされることが多いが，メダカが生息する生態系について精査してみると，農薬以外の要因，たとえばメダカが産卵，生息する環境の消失（コンクリート水路の設置や水路に生える草の減少など）が主要な要因のようである．

一方，DDTをはじめとする有機塩素系農薬の中には，環境中での分解性が低く食物連鎖を通じて野鳥や哺乳動物体内に高濃度で蓄積する薬剤も認められた．これらの薬剤が実際にどの程度の毒性を野生生物に発現し，生息数の減少をもたらしたかは，農薬以外の要因も多種多様にあり定かではない．野鳥トキの生息数の減少は有機塩素系農薬や魚毒性の強いPCP（エサとなる魚の減少）が原因とされていたが，生息数の減少と年代とを精査してみると，上記の農薬が出現する以前に絶滅の途をたどっていたことが明らかであり，農薬が主な要因ではないと思われる．上述のような農薬と環境生物の数の減少との間の相関関係が明らかでない場合でも，潜在的に問題があると思われる残留性の高い薬剤やPCPのような魚毒性の高い薬剤の使用は，安全性を重視する観点から中止された．

このように，初期の農薬の中には人畜に対する毒性が強く，環境へ悪影響を及ぼす薬剤が含まれていたことは事実である．しかしながら，その後の農薬科学の進歩により「環境中で分解されやすく残留性の低い農薬」，「低薬量で効果を発現する低投入型農薬」，「病害虫などの標的とする生物のみに毒性を示し，非標的生物には毒性を示さない選択性を有する農薬」，「環境への負荷を軽減する製剤技術と製剤施用技術」などの，環境生物や人への影響を大幅に低減する各種の農薬や技術が開発されている．

すでに述べたように，農薬は直接に環境中へ放出されるので，環境への影響がまったく出ないということはあり得ない．その薬剤による環境生物への影響を極力少なくし，"多様な生物相が持続可能な範囲内の影響"にとどめることが重要である．現在登録を有する農薬については，環境生物に対する安全性が考慮された薬剤が多いが，環境や環境生物に対する毒性影響を包括的かつ体系的に評価し，適切な対策を講じることが重要である．

2.4.7 ゴルフ場農薬の安全性

広大な面積を有するゴルフ場の芝生に生える雑草の防除や場内の樹木の維持管理には農薬が使用されるが，ゴルフ場が上水道の水源に近い山間地に立地するケースが多いことから，"ゴルフ場農薬問題"として1988年ごろから一種の社会問題となった．ゴルフ場で使用される農薬に対する人々の不安の要因は二つに大別される．一つは，農薬散布に伴うゴルフ場従業員，プレーヤー並びに付近の住民の健康への悪影響である．もう一つは，散布農薬の芝生層を通じた地下水への浸

透，下流の河川への流出による飲料水の水源の汚染，それによる人の健康への悪影響である．

　ゴルフ場で使用される農薬は，農業用に使用される農薬と効能面および安全使用基準の面でもまったく同一である．したがって，農耕地における農薬使用の場合と同様に，正しく使用された場合には従業員やプレーヤーなどへの安全性について特に問題がないと思われる．

　ゴルフ場で散布された農薬は空気中への飛散を除けばその大部分が芝生の腐植層と，これに続く芝生土壌に吸着された後，分解される．したがって，農薬がゴルフ場内の地下の排水管に入り調整池を経て河川へ流出する，あるいは地下に浸透して地下水脈に入る可能性は極めて小さい．そのため，ゴルフ場で散布された農薬が芝生層を通って地下水を汚染する，あるいは河川へ流出して飲料水を汚染し，人や野生生物に何らかの健康障害を引き起こす可能性も極めて小さいと思われる．

　環境庁（現環境省）による1995～2000年度におけるゴルフ場の残留農薬に関する調査では，8万～12万件の検体（2000年の分析農薬数：35）のうち，指針値を超過して農薬が検出された例数は1～5件にすぎなかった．

2.4.8　内分泌かく乱化学物質（環境ホルモン）と農薬

　『環境ホルモン』とは便宜上用いられている俗称であり，正式には『外因性内分泌かく乱化学物質』，または『内分泌かく乱物質』という用語が用いられる．内分泌かく乱化学物質によると疑われている現象としては，表2.8に示したように，野生生物の生殖機能異常，生殖行動の異常，雄の雌化，免疫機能の低下，生殖器の形態異常，精子数の減少，女性化乳房など数多くの現象があげられている．

表2.8　内分泌かく乱物質によると疑われている現象

・魚類，は虫類，鳥類といった野生生物の生殖機能異常，生殖行動異常，雄の雌性化，孵化能力の低下，免疫系や神経系への影響
・哺乳類における個体数の減少，免疫機能の低下，精巣停留，精子数減少
・女性生殖器における遅発性のがん発生（合成エストロジェン），人の精巣がん，乳がん等生殖機能に関連する悪性腫瘍の発生，精巣形成不全症，尿道下裂，停留精巣等生殖器の形態異常および精子数や精巣重量の減少傾向，思春期早発症や女性化乳房

『環境ホルモン』に対する政府の対応

　農薬について,「その多くが内分泌かく乱作用を有していて,問題である」との印象を与える報道が見受けられ,農薬使用の現場では混乱と困惑が広がった.ところが一方で,内分泌かく乱化作用の科学的解明は緒についたばかりであり,学問的位置づけも定まっていない事項が多く,今後の調査研究の進展を待たねばならないことも多い.現時点で登録・使用されている農薬に関しては,登録制度のもとで安全性に関する検討が多岐にわたって実施されており,今直ちに問題となる状況ではないというのが一般的な考え方であった.

　ところが,1998年5月に環境庁(現環境省)が「外因性内分泌撹乱物質問題への環境庁の対応方針について―環境ホルモン戦略計画 SPEED '98」を発表し,「内分泌撹乱作用を有すると疑われている67化学物質」のリストを公表して以来,状況は一変した.リストの中に,現行の登録農薬20物質と23の農薬関連物質(登録失効農薬や日本で登録されていない農薬)が含まれていたことによる.環境庁は著書「奪われし未来(Our Stolen Future, 1996年)」の中で,著者が内分泌かく乱作用を疑われるとして記載したリストに独自にいくつかの物質を追加して67化合物のリストを作成した.リストの公表を受け,「疑わしきは使用せず」という原則のもと,リストにあげられた物質を排除しようという動きが各方面で顕在化した.これに対し,農薬科学の研究者や農薬製造者の団体などからリストの内容とその妥当性について疑問の声が出された.

　その後,2000年10月に環境庁は SPEED '98 を改定し,『2000年10月版』を示した.その中で,8化学物質,すなわちトリブチルスズ,ノニルフェノール,4-オクチルフェノール,フタル酸-n-ブチル,フタル酸ジシクロヘキシル,ベンゾフェノン,オクタクロロスチレンおよびフタル酸-2-エチルヘキシルを選定し,今後これらの化合物に関するリスク評価を優先して行うむねを表明した.

　一般に,内分泌に対する何らかの作用が予測される物質については種々の in vitro (試験管内)のスクリーニング試験でふるいにかけられる.すべてのスクリーニング試験で問題がなかった(陰性の)場合は,その化合物を確定試験の対象から除外し,保留扱いとする.一方,試験結果に問題がある(陽性の)場合には, in vivo (実験動物を用いた)の確定試験を実施して,内分泌かく乱性の有無を最終的に評価する.農薬については,"内分泌かく乱化学物質問題"が発生する以前から,登録制度のもと2世代繁殖試験や催奇形性試験,並びに発がん性

試験などの *in vivo* 試験が実施されている．したがって，これらの試験が最新のガイドラインに沿って適正に実施されていれば，内分泌かく乱性の有無についても最善の方法（現在，最も有効な試験と考えられている方法）で検査が実施されていると考えられる．

参考文献

1) 梅津憲治：農薬と食：安全と安心―農薬の安全性を考える―，ソフトサイエンス社 (2003)
2) (株)エス・ディー・エス，大塚化学(株)：殺菌剤オキスポコナゾールフマル酸塩の毒性試験の概要，農薬時報，第555号 (2003)
3) 「「安全な野菜」を食べていますか？〈シリーズ第2回〉農薬が変わった」，栄養と料理，1992年7月号，p.49 (1992)
4) 宇津木義雄，大村 慎，佐野 徹，名取規雄：コープネットの残留農薬検査と有機農産物をめざした取り組み，「第24回農薬残留分析研究会」講演要旨，pp.18-26 (2001)
5) 上路雅子，永山敏廣：食品安全セミナー3 残留農薬，(細貝祐太郎，松本昌雄監修)，中央法規出版 (2002)
6) 厚生労働省医薬品局食品保険部基準課：「食品中の残留農薬」，(社)日本食品衛生協会 (2001)
7) 幸島司朗：第7回農薬レギュラトリーサイエンス研究会シンポジウム講演集，p.15 (2001)
8) 深海 浩：変わりゆく農薬―環境ルネッサンスで開かれる扉―，化学同人 (1998)
9) 福田秀夫：農薬に対する誤解と偏見，化学工業日報社 (2000)
10) 丸 論：水系環境における農薬の動態に関する研究（千葉県農業試験場特別報告第18号），pp.37-38 (1991)
11) 松中昭一：農薬のおはなし，日本規格協会 (2000)
12) 松中昭一：日本における農薬の歴史，p.65，学会出版センター (2002)
13) 梅津憲治：農薬の環境科学最前線，(上路雅子，山本広基，中村幸二，星野敏彦，片山新太編，日本農薬学会監修)，ソフトサイエンス社 (2004)
14) 本山直樹：暮らしの手帳100，p.80，10・11月号 (2002)
15) 谷 利一：ゴルフ場の病害虫，雑草対策総合防除戦略，ソフトサイエンス社 (1997)
16) 竹松哲夫：ゴルフ場農薬問題の実態 (3) 及び (4) 農薬論壇集―その7，農薬工業会 (1996)
17) 長尾 力訳：奪われし未来（原題 Our stolen future），翔泳社 (1997)

3. 殺虫剤・殺ダニ剤・殺線虫剤

　農作物を加害する有害動物は，節足動物，線虫，鳥獣類など，日本における主なものだけで約2500種に及ぶ．本章では，有害性の昆虫類，ダニ類，線虫類の防除に使われる薬剤のうち，神経系作用性薬剤，エネルギー代謝阻害剤および成育制御剤について構造や作用機構を中心に述べる．殺虫剤が単なる毒物ではなく，有用な農業資材であるためには，標的害虫に選択的に殺虫活性を示し，人間を含めた非標的生物には無害である必要がある（選択毒性）．この選択性のメカニズムについても言及する．

　殺虫剤・殺ダニ剤はいろいろな方法で分類される．まず，化合物の構造に基づいて分けることができる．この方法では，(1)有機リン剤，(2)カーバメート剤，(3)ピレスロイド剤，(4)ネオニコチノイド剤，(5)ジベンゾイルヒドラジン剤，(6)ベンゾイルフェニルウレア剤などのように，化合物の共通構造に基づいて分けられるが，違う構造で同じ作用性の薬剤や，グループを形成しない特徴的な薬剤を分類するのに不便である．第2に，(1)神経系作用性薬剤，(2)エネルギー代謝阻害剤，(3)成育制御剤などのように，作用機構に基づく分類法がある．ほかには，農薬の作用点への進入経路によって，(1)皮膚から昆虫体内に入る接触剤，(2)経口的に入る食毒剤，(3)呼吸器官から入るくん蒸剤などに分ける方法もある．本章では，まず作用機構によって分類し，その中でさらに化合物の構造に基づいて整理する方法をとった．

3.1 神経系作用性薬剤

　現在使用されている殺虫剤の作用点の多くは昆虫の神経系にある．それらの作用点は，イオンチャネル，神経伝達物質受容体，あるいは酵素である．これらの生体分子あるいは分子複合体は，神経系の情報伝達において極めて重要な働きをしている．したがって，これらの機能が過度に活性化あるいは阻害されると，神

経系によって制御されている種々の生理作用がかく乱されて，昆虫は，けいれんや麻痺の後，死に至ると考えられる．

3.1.1 神経情報伝達の基本的な仕組み
a. 神経の細胞

動物の神経系は，感覚の受容，運動器官・内臓器官の制御，情報の整理・解析など生体内のさまざまな生理現象にかかわっている．神経系での情報伝達を担っている中心的な細胞はニューロンと呼ばれる細胞である．実際のニューロンは複雑な形をしているが，単純化して描くと図3.1のようになる．ニューロンは，核を含む細胞体とそこから伸びた長い軸索や分岐した樹状突起を持っている．ニューロンは，樹状突起や細胞体の表面で多くのニューロンからの信号を受け取り，それを統合した後，軸索を通して次のニューロンに伝えるネットワークを形成している．

b. 神経伝達物質受容体の役割

電気信号（短時間に起こる電位変化）が軸索を伝わってシナプス前神経端末に到達すると，ここから神経伝達物質がシナプス（ニューロン接合部の間隙）に放出され，電気信号が化学物質の信号に変換される（図3.1）．放出された神経伝達物質は，情報受容ニューロンの樹状突起あるいは細胞体部分の細胞膜に存在する受容体タンパク質に結合する．末梢の運動神経端末では，同様に筋細胞の膜（終板）の受容体に結合する．

神経伝達物質を受け取る受容体は，イオンチャネル型（リガンド依存性イオンチャネル）と代謝調節型（Gタンパク質共役型受容体）の二つに分けることができる（図3.2）．イオンチャネル型受容体は，神経伝達物質を結合するタンパク

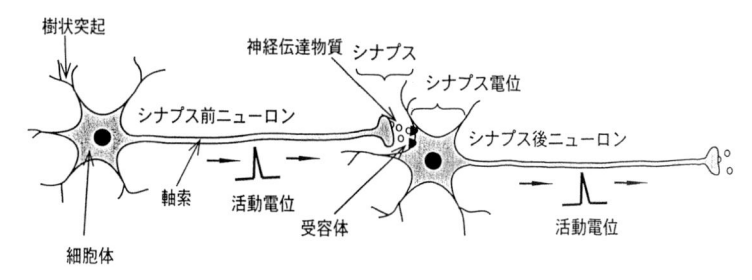

図3.1 神経の情報伝達

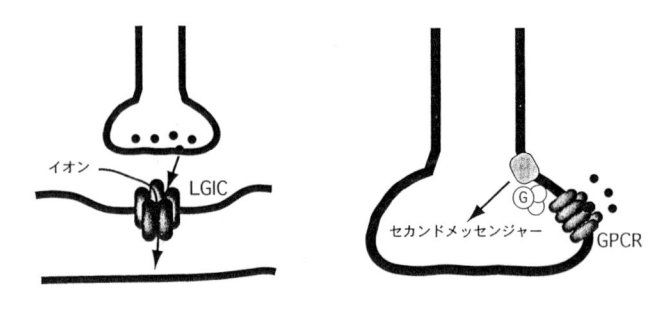

リガンド依存性イオンチャネル (LGIC)　　**Gタンパク質共役型受容体 (GPCR)**

図3.2　2種類の神経伝達物質受容体

質であると同時に，イオンチャネルの機能も持っていて，神経伝達物質の情報を再び受容ニューロン内の電気信号に変える速い情報伝達を行う．一方，代謝調節型受容体は，神経伝達物質の情報を受容ニューロン内の別の化学物質（セカンドメッセンジャー）の信号に変換・増幅して伝える方式をとり，イオンチャネル型受容体と比べて遅い情報伝達を担っている．

c. リガンド依存性イオンチャネルによる情報の変換

一般にニューロンや筋細胞では，ナトリウムイオンと塩素イオンの濃度は細胞外が高く，カリウムイオンの濃度は細胞内が高い．また静止時は，細胞の内側は外側に対して通常 $-50 \sim -90$ mV 程度の負の電位に保たれている（静止膜電位）．このような状態のときに，神経伝達物質がイオンチャネル型受容体に結合して，チャネルが開口すると，イオンがその平衡電位と細胞の静止膜電位に依存して細胞内外に移動し，シナプス後ニューロンに電位変化（シナプス電位）を引き起こす．つまりイオンチャネル型受容体は，化学物質による信号を電気信号に変換する装置といえる．

d. シナプス電位

シナプス電位の向き（プラスかマイナスか）と大きさは，放出される化学物質の種類と量によって規定される．神経伝達物質の一つであるアセチルコリンがアセチルコリン受容体に結合すると，受容体・チャネル複合体を通って主にナトリウムイオンが細胞内に流入し，膜電位は正（脱分極）の方向にシフトする．これに対して，神経伝達物質 γ-アミノ酪酸（GABA）がGABA受容体に結合すると，GABA受容体チャネルを通って塩素イオンが流入し，膜電位が負（過分極）

の方向にシフトする．塩素イオンの平衡電位が静止電位に近い場合，このチャネルの開口は静止電位の安定化をもたらし，脱分極を抑えることになる．

e．軸索におけるシグナルの伝播

d．で述べたようなシナプス後膜部の正負の電位変化（シナプス電位）が細胞体で統合され，軸索部に伝播したときに，そこで閾値以上の脱分極が生じていれば，軸索部の細胞膜にある電位依存性ナトリウムイオンチャネルが急激かつ一過的に開いて（活性化），細胞内にナトリウムイオンが流入する．このとき，膜電位は0 mVを越えて正の値にまでに達するが，その後速やかに（1ミリ秒以内）ナトリウムイオンチャネルが不活性化するとともに，やや遅れてカリウムイオンチャネルが開いてカリウムイオンが流出し，再び元の静止電位にまで回復する（図3.3）．これによって一定の形の電位変化の信号（活動電位）が局所的に生じることになる．最初の脱分極が刺激になって，隣接するナトリウムイオンチャネルとカリウムイオンチャネルが次々と活性化され，活動電位が軸索に沿ってシナプス前神経端末まで伝播することになる．このように，軸索基始部での脱分極が，軸索を伝わる活動電位の引き金になるので，脱分極を引き起こす神経伝達物質は興奮性といわれ，逆に過分極を引き起こす神経伝達物質は抑制性といわれる．

f．神経端末からの神経伝達物質の放出

シナプス前神経端末では，活動電位による脱分極が刺激となって，電位依存性

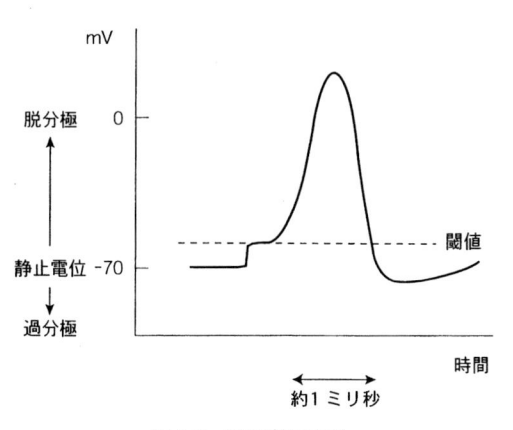

図3.3 活動電位の発生

カルシウムイオンチャネルが開き，細胞内にカルシウムイオンが流入する．このカルシウムイオンがシナプス小胞を刺激し，種々のタンパク質がかかわる複雑な過程を経て，小胞中にある一定単位の神経伝達物質分子がシナプスに放出され，それがまた次のニューロンの受容体に情報を伝達することになる．

g．神経伝達物質

ニューロン間の情報伝達を行う物質として，アセチルコリン，グルタミン酸，γ-アミノ酪酸（GABA），グリシンがある（図3.4）．アセチルコリンとグルタミン酸は主に興奮性神経伝達物質としてシナプス後細胞に脱分極（興奮性シナプス後電位）を生じ，GABAとグリシンは抑制性神経伝達物質として過分極（抑制性シナプス後電位）を生じる．脊椎動物と無脊椎動物とでは，これらの神経伝達物質の局在が少し違う．脊椎動物では，グルタミン酸とGABAは中枢神経系で働くが，無脊椎動物では中枢神経系に加えて，末梢神経系でも作用する．アセチルコリンは，脊椎動物では中枢と末梢の両方で，無脊椎動物では中枢で働く．グ

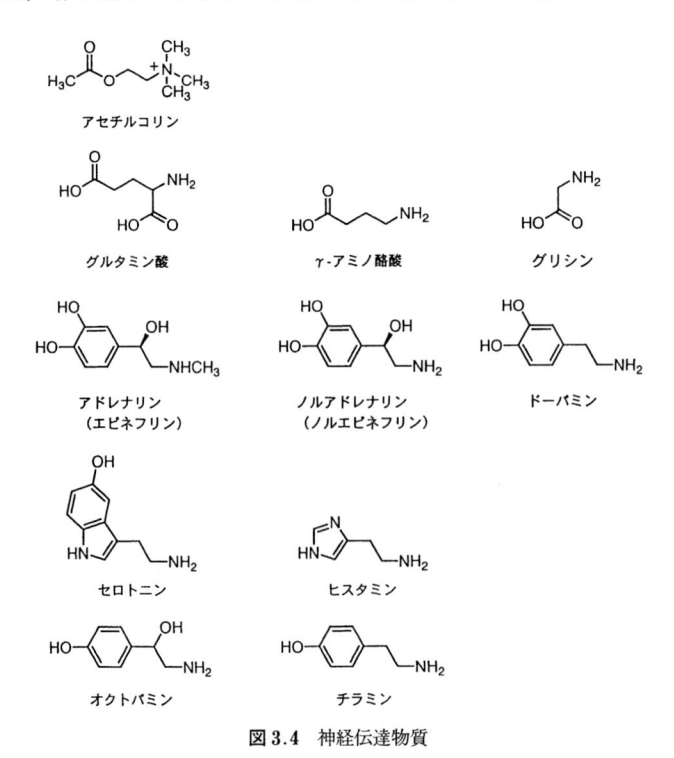

図3.4 神経伝達物質

リシンは，無脊椎動物では神経伝達物質として作用しない．グルタミン酸は，興奮性神経伝達物質として知られているが，無脊椎動物では抑制性神経伝達物質としても作用する．生体アミンであるアドレナリン，ノルアドレナリン，ドーパミン，セロトニン，ヒスタミンなども低分子の情報伝達物質として知られているが，これらは主に神経修飾物質あるいは神経ホルモンとして作用する．無脊椎動物では，アドレナリンとノルアドレナリンの代わりに，オクトパミンとチラミンが生体アミンとして働いている．このほかに，種々のニューロペプチドも情報伝達にかかわっている．

h． Gタンパク質共役型受容体による情報伝達

Gタンパク質共役型受容体は，7回膜貫通構造を持つタンパク質であり，リガンドが結合すると，共役しているGTP結合タンパク質（Gタンパク質）を活性化する（図3.5）．活性化されたGタンパク質はエフェクタータンパク質である酵素やイオンチャネルを活性化あるいは抑制する．エフェクターにはいろいろなものがあるが，アデニル酸シクラーゼやホスホリパーゼCがよく知られている．

アデニル酸シクラーゼは，ATPから細胞内信号分子（セカンドメッセンジャー）であるサイクリックAMPを作る酵素である．セカンドメッセンジャーを生成する過程で信号の増幅が起こる．サイクリックAMPは，プロテインキナーゼAを活性化し，細胞内カスケード反応を開始させる．ホスホリパーゼC-βは細胞膜にあるホスファチジルイノシトール二リン酸からイノシトール三リン酸とジアシルグリセロールを生成する．イノシトール三リン酸は小胞体のカルシウムイオンチャネルを活性化し，細胞質にセカンドメッセンジャーであるカルシウムイオンを動員する．ジアシルグリセロールはプロテインキナーゼCを活性化する．

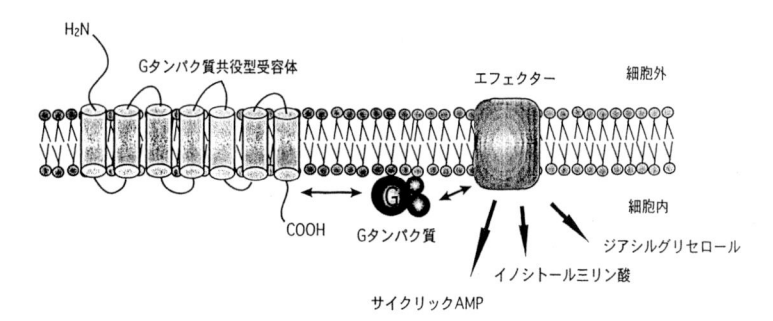

図3.5 Gタンパク質共役型受容体による情報伝達機構

このようにして，神経伝達物質の情報がセカンドメッセンジャーに増幅して伝えられ，その後，カスケード反応を経て，細胞内のさまざまな生理現象が調節される．

3.1.2 電位依存性ナトリウムイオンチャネル不活性化阻害剤と遮断薬
a. ピレスロイドとDDT

ピレスロイドは，シロバナムシヨケギク（除虫菊；*Chrysanthemum cinerariaefolium*）に含まれるピレトリンⅠとⅡを主成分とする殺虫成分および関連合成化合物の総称である．天然ピレスロイドは，2種類の酸と3種類のアルコールの組み合わせによってできる6種類のエステルからなっている（図3.6）．天然ピレスロイドを成分とする除虫菊剤は農業用殺虫剤として登録されているが，不安定であるので，化学的に安定で効力が高いピレスロイドが数多く合成され，使用されている．

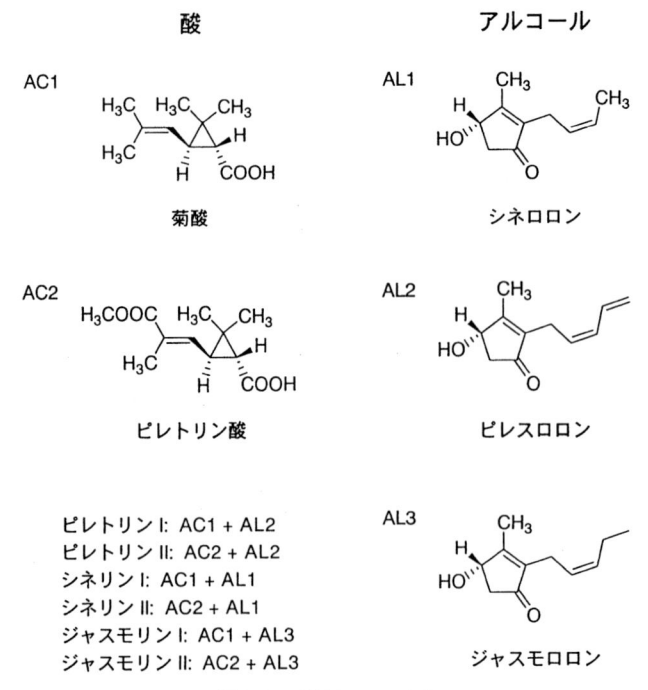

酸

AC1 菊酸

AC2 ピレトリン酸

ピレトリンI: AC1 + AL2
ピレトリンII: AC2 + AL2
シネリンI: AC1 + AL1
シネリンII: AC2 + AL1
ジャスモリンI: AC1 + AL3
ジャスモリンII: AC2 + AL3

アルコール

AL1 シネロロン

AL2 ピレスロロン

AL3 ジャスモロロン

図3.6 天然ピレスロイド

3.1 神経系作用性薬剤

合成ピレスロイド殺虫剤としては，アレスリンが最初に登場し，その後，レスメトリン，ペルメトリン，シペルメトリン，フェンバレレートなどが次々と開発された（図3.7）．これらは，まずピレトリンのアルコール部分を改変し，さらに酸部分を改変して合成されてきたものであるが，ついにはエステル部分も置き換えられ，エーテルであるエトフェンプロックス，ケイ素を含むシラフルオフェンが開発された．この構造改変過程で化合物の安定性が増し，家庭用から農業用へと用途が広がった．さらに魚毒性を下げることによって，水田用にも用いられ

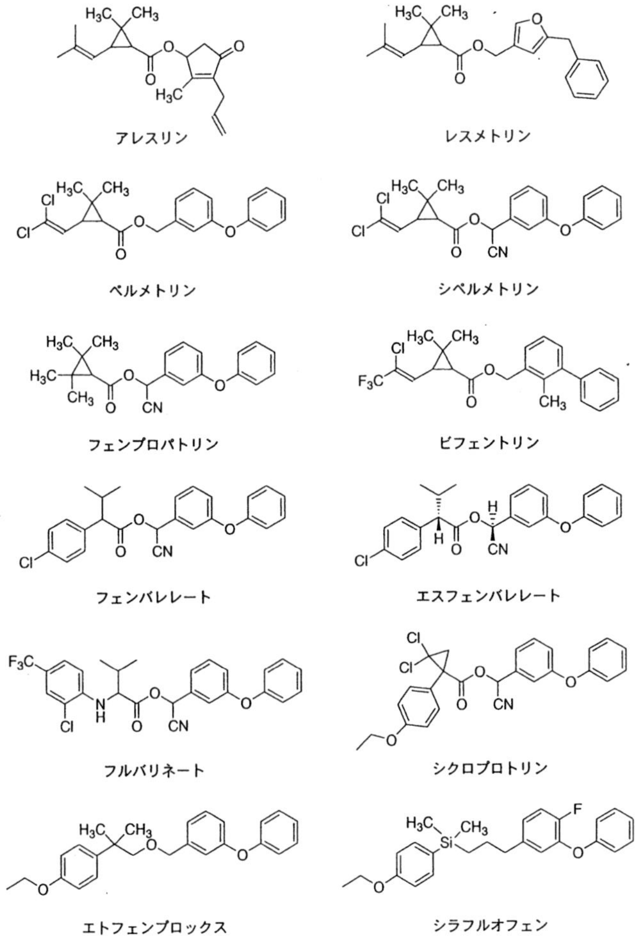

アレスリン　　　　　　　　レスメトリン

ペルメトリン　　　　　　　シペルメトリン

フェンプロパトリン　　　　ビフェントリン

フェンバレレート　　　　　エスフェンバレレート

フルバリネート　　　　　　シクロプロトリン

エトフェンプロックス　　　シラフルオフェン

図3.7　代表的な合成ピレスロイド

るようになった．殺虫剤としてだけでなく，エトフェンプロックスのエトキシ基をブロモトリフルオロメトキシ基に変換したハルフェンプロックスのように殺ダニ剤として登録されているものもある．

ピレスロイドの分類法として，ペルメトリンのようにベンジル位にシアノ基を持たないタイプⅠと，シペルメトリンのようにシアノ基を持つタイプⅡに分ける方法がある．タイプによって中毒症状や電気生理学的所見に違いが観察されているが，基本的な作用機構は同じである．ピレスロイドにはキラル炭素が存在する場合があり，異性体が存在する．フェンバレレートの活性体（$2S, \alpha S$）はエスフェンバレレートと呼ばれる．

塩素系殺虫剤 DDT（図 3.8）は，2 個所のベンゼン環パラ位に塩素原子を持つ p,p'-DDT を主成分とし，1942 年に導入された古典的塩素系殺虫剤である．塩素系殺虫剤は，比較的毒性が低く，しかも安価なため，過去に大量に使われ，衛生害虫，農業害虫およびマラリアなどの媒介昆虫の防除に大きな貢献をしたが，残留などの環境への配慮から国内では 1971 年に使用禁止になった．

1）作用機構　ピレスロイドの殺虫効果は，昆虫を転倒・落下させる速効性（ノックダウン）と致死性の両方によることが知られている．初期（1950 年代）の作用機構研究によって，ピレスロイドが無脊椎動物の神経系で反復興奮を引き起こすことが明らかになった．その後の研究で，化合物を処理した神経細胞では，活動電位の下降相の後に脱分極性後電位の増大と延長が見られ，これが反復興奮の原因となっていることが分かった（図 3.9A）．すなわち，この脱分極性後電位が刺激となって，閾値を超える脱分極が起こった場合，反復興奮になる．この刺激が端末まで伝わると，神経伝達物質の異常放出が起こり，それがシナプス後細胞に伝えられることになる．高薬量の場合，伝導遮断が起こる．また，ピレスロイドのすべてが反復興奮を誘起するわけではなく，静止膜電位を脱分極シフトさせ，活動電位を遮断するものもある．

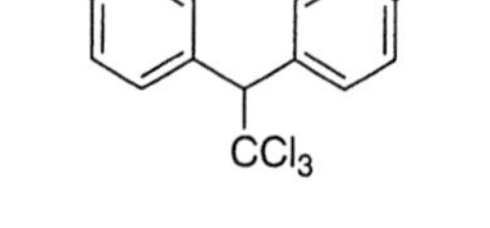

p,p'-DDT

図 3.8　塩素系殺虫剤 DDT

3.1 神経系作用性薬剤

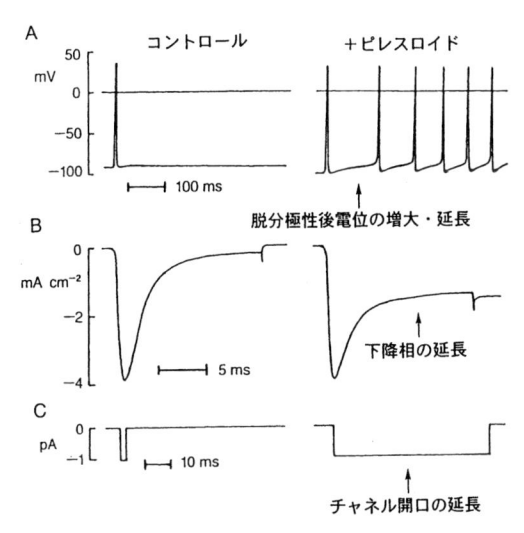

図3.9 ピレスロイドのナトリウムイオンチャネルへの電気生理学的作用[14]

脱分極性後電位がなぜ起こるかについては，膜電位を任意の値に固定したときにチャネルを通って流れる電流を測定すること（膜電位固定法）によって調べられた．その結果，膜電位を脱分極するとナトリウム電流の下降相が遅くなることから，ピレスロイドはナトリウムイオンチャネル不活性化機構を阻害していると考えられる（図3.9B）．単一チャネルレベルで流れる電流をパッチクランプ法で調べると，通常は脱分極によって個々のチャネルが数ミリ秒開いて閉じるが，ピレスロイド存在下では，チャネル開口が延長することが分かる（図3.9C）．また，ピレスロイド存在下では，脱分極パルス終了後，再分極してもテール電流と呼ばれる電流が流れ，これが反復後放電の原因となる．

2) 選択性 ピレスロイドは哺乳類に対する毒性が低く，昆虫に対する殺虫活性が高い．その原因として，昆虫のイオンチャネルのピレスロイド感受性が高いことのほかに，ピレスロイドの作用は低温ほど高いこと（昆虫は体温が低い），哺乳類の代謝活性が高いこと，昆虫は体が小さいことなどが考えられる．これらの要因が重なって昆虫に対する選択性が発現するとされている．

3) 作用点 いろいろな動物のナトリウムイオンチャネルサブユニット（α, β_1, β_2）をコードする遺伝子が単離，解析された結果，主なチャネル機構は約260 kDaのα-サブユニットが担っていることが明らかになった．一本鎖α-サブユニ

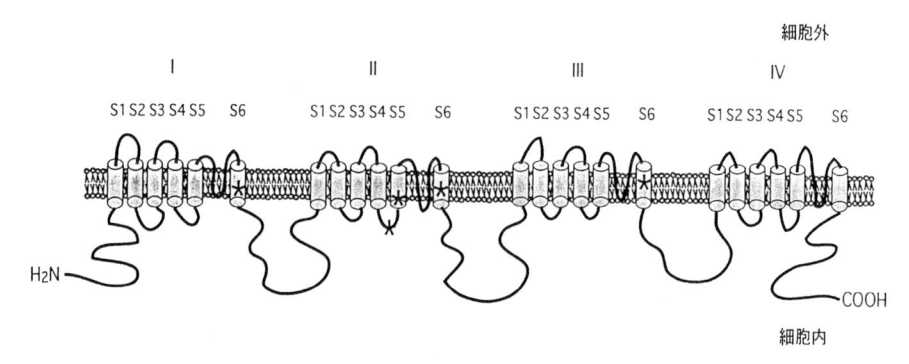

図3.10 電位依存性ナトリウムイオンチャネル[17]
(＊は，ピレスロイド抵抗性昆虫におけるアミノ酸変異部位を示す)

ットは，細胞膜を貫通する α-ヘリックスのセグメント6個（S1〜S6）が連なって一つのドメインを作り，それが4個（I〜IV）集合してチャネルを形成している（図3.10）．ショウジョウバエでは，para（イエバエでは Vssc1）という遺伝子が，α-サブユニットに対応するサブユニットをコードしている．

DDTやピレスロイドの頻繁な使用によって，害虫は抵抗性を獲得する．作用点の感受性低下に由来する kdr や super-kdr と呼ばれる抵抗性が知られているが，この抵抗性昆虫では para サブユニットのドメインI，II，IIIのS6，ドメインIIのS5と細胞質側 S4-S5 リンカーなど，少なくとも5個所のアミノ酸変異がかかわっている（図3.10）．また，これらを発現させたチャネルではピレスロイドに対する親和性・効力の低下が認められた．四つのS6が集合してチャネル内面を作るというモデルに基づいて，ピレスロイドの作用点はチャネル内面のIS6-IIS6境界面にあるという説もあるが，作用点の位置や構造に関してはほとんど不明である．

b. オキサジアジン殺虫剤

オキサジアジン環を持つインドキサカルブ（図3.11）は，殺虫性ピラゾリン化合物をリードとして開発された新しい殺虫剤である．代謝過程で N-脱メトキシカルボニル化されて生成する DCJW が，ナトリウムイオン電流を遮断する高い活性を示す．DCJW の作用点は，ナトリウムイオンチャネル遮断作用を持つふぐ毒・テトロドトキシンとは違い，局所麻酔薬リドカインと同じであると考えられている．(S)-エナンチオマーが活性体であり，(R)-体は不活性である．チョウ目昆虫に対して高い活性を有している．昆虫のチャネルに対する高い選択性

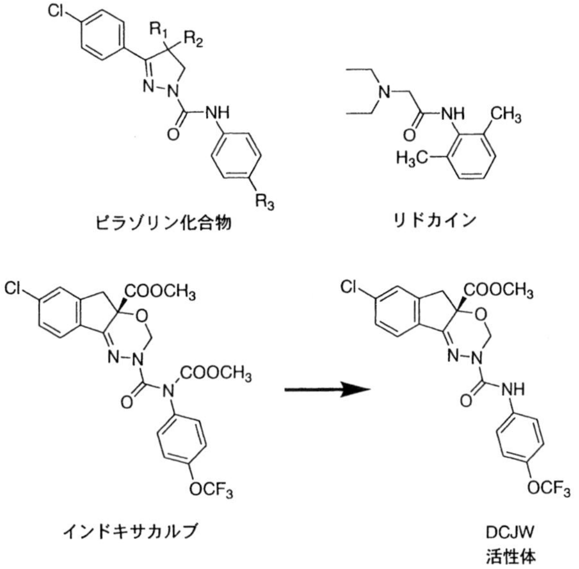

ピラゾリン化合物　　　リドカイン

インドキサカルブ　→　DCJW 活性体

図3.11　殺虫剤インドキサカルブと活性代謝物

が，昆虫に対する選択毒性の大きな要因となっている．新しい作用機構であるために，既存薬剤に抵抗性を示す害虫にも有効である．

3.1.3　ニコチン性アセチルコリン受容体アゴニストとアンタゴニスト
a．ニコチンとネオニコチノイド

　タバコ（*Nicotiana tabacum*）に含まれるニコチンには殺虫活性がある．硫酸ニコチンは殺虫剤として登録されているが，毒性が高いので注意が必要である．現在は低毒性のネオニコチノイドが使われている（**図3.12**）．ネオニコチノイドは，カメムシ目を中心とした広範囲の害虫に対する活性を持つ，浸透移行性に優れた殺虫剤である．哺乳類には比較的毒性が低く，魚毒性も低い．現在7剤が登録されているが，そのうち6剤が日本の企業によって開発された．最初のネオニコチノイド殺虫剤であるイミダクロプリドは，高殺虫活性・低毒性のニチアジンをリードとして1992年に開発された．その後，イミダクロプリドのニトロイミノイミダゾリジン部分の変換，次いでピリジン環部分の変換が行われ，5種の類縁体が登場してきた．さらに，アセチルコリンの酸素原子を構造中に取り入れる

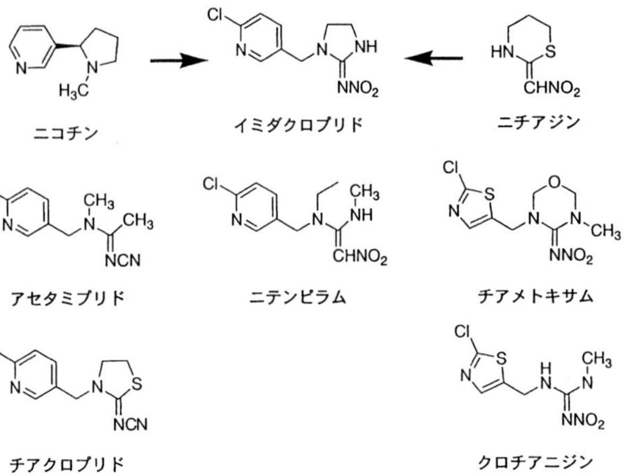

図 3.12　ニコチン，ニチアジンとネオニコチノイド

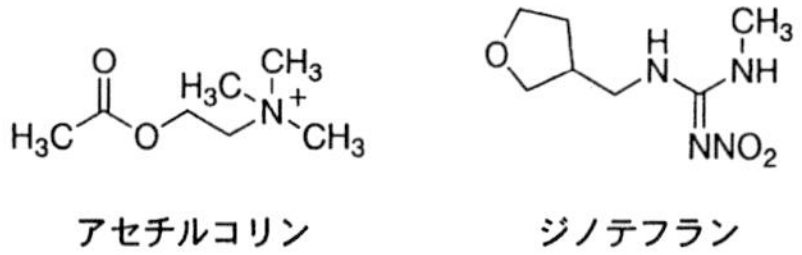

図 3.13　アセチルコリンとジノテフラン

という発想から，活性発現に必須と思われていたピリジン環がテトラヒドロフラン環に変換されたジノテフランが生まれた．他のネオニコチノイドはニコチンを基本に設計された分子であるが，ジノテフランはアセチルコリンの構造から導かれたハロゲンを含まない分子である（図 3.13）．ジノテフランは哺乳類毒性，魚毒性ともに極めて低い．

1）作用機構　ニコチンやネオニコチノイドは，昆虫のニコチン性アセチルコリン受容体のアセチルコリン結合部位に高い親和性を持っている．その結果として，電気生理学的には，神経細胞における反復興奮とそれに続く伝導遮断を引き起こす．これらの所見の基盤となっているのは，神経細胞における脱分極である．また，膜電位固定法あるいはパッチクランプ法でネオニコチノイドの作用を調べると，神経細胞に一過性の内向きナトリウム電流を観察することができる．このことから，ネオニコチノイドはアセチルコリンと同じ作用，つまりニコチン性アセチルコリン受容体のアゴニスト（作動薬）として作用することが分かる．受容体がアゴニストにさらされ続けると，受容体は脱感作して，やがて機能を失

う．このほか，他のアゴニストによって惹起される電流を阻害する場合が見られ，条件によって，あるいは受容体サブタイプや化合物の種類によっては，アンタゴニスト（拮抗薬）的作用をも示すものと推察される．

2) 選択性　ネオニコチノイドは，昆虫のニコチン性アセチルコリン受容体に高活性を示すが，ニコチンと違い，哺乳類の脳のニコチン性アセチルコリン受容体に対する親和性は低い．電気生理学的な効果も哺乳類の神経筋接合部と神経細胞のアセチルコリン受容体においては弱い．ネオニコチノイドの構造的特徴は，アミノ窒素原子に連結したニトロイミン，シアノイミン，あるいはニトロメチレンなどを持っていることである．ニトロ基，シアノ基の先端負電荷が昆虫ニコチン性アセチルコリン受容体に特有な正電荷アミノ酸残基と相互作用し，アミノ窒素原子に部分正電荷をもたらすことが選択性の要因になっていると考えられている（図 3.14）．昆虫の受容体に対する選択性は，アゴニスト結合部位周辺の構造の動物種間の違いに起因しているわけである．一方，ニコチンの場合は，生体内でアミノ窒素原子が正電荷を帯びており，非選択的に作用するので哺乳類毒性も高い．ニコチンやネオニコチノイドが昆虫のアセチルコリン受容体に結合するためには，上記アミノ窒素原子から約 5.9 Å 離れた位置に，ピリジン環窒素原子あるいはそれに相当するヘテロ原子が存在することも重要である．

3) 作用点　ニコチン性アセチルコリン受容体は，シナプス後膜を貫通する 5 個のサブユニットでイオンチャネル孔を形成している．神経筋接合部のアセチルコリン受容体のサブユニット構成は $\alpha_2\beta\gamma$（あるいは ε）δ となっており，神経細胞のアセチルコリン受容体は $\alpha2\sim10$，$\beta2\sim4$ のサブユニットの組合せか（2 個の α，3 個の β），単一サブユニットのホモオリゴマー（5 個の α）となっている（図 3.15）．個々のサブユニットは，それぞれ 4 回膜貫通領域を含む一本鎖ポリペプチドで，N-末端は比較的長い細胞外親水性領域となっている．また，昆虫においても，ショウジョウバエからは 9 種のサブユニット ALS, Dα2/SAD, Dα3$\sim$7（以上，αタイプ），ARD, SBD, Dβ3（以上，非αタイプ）が単離されたが，体内に実在する受容体のサブユニット構成を解明するには至っていない．アブラムシなどの害虫のサブユニットも明らかになっている．

アセチルコリン結合部位については，シビレエイの電気器官のニコチン性アセチルコリン受容体（$\alpha_2\beta\gamma\delta$）を使って化学修飾法や部位特異的変異導入法によって研究され，α と γ および α と δ サブユニットの細胞外境界面の 2 個所に結合

図 3.14 ネオニコチノイド/ニコチンとアセチルコリン受容体との相互作用

昆虫受容体特異的アミノ酸残基との相互作用がNδ+を作り出す

ネオニコチノイド

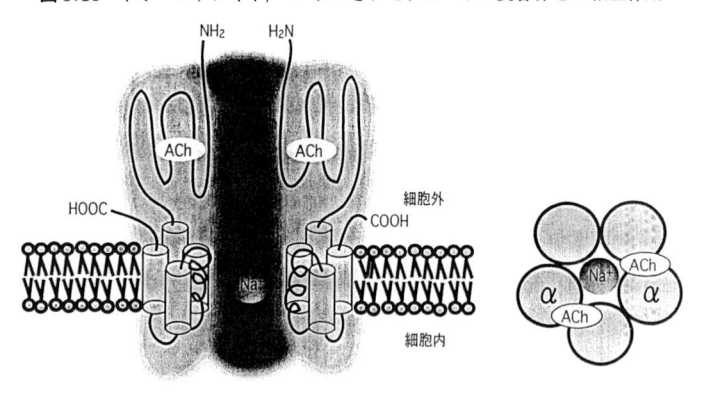

体内に入ってからプロトン付加を受け、窒素原子がイオン化する

ニコチン

~5.9 Å

図 3.15 ニコチン性アセチルコリン受容体の構造
（AChはアセチルコリンを示す）

部位が存在することが明らかになった．相互作用アミノ酸残基として，$α$-サブユニットのN-末端部分に位置する三つのループ構造（ループA（Y 93），ループB（W 149），ループC（Y 190，C 192，C 193，Y 198））と$γ$および$δ$サブユニットのそれぞれにループD, E, Fが同定されている（**図 3.16**，大文字アルファベットとその後の数字は，一文字表記したアミノ酸とN-末端からの番号を示す）．$α$-サブユニット N-末端部分のループの相互作用アミノ酸残基は，シス

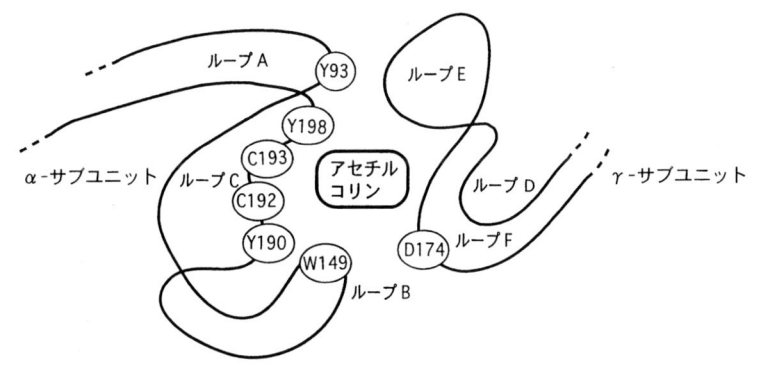

図3.16 シビレエイのニコチン性アセチルコリン受容体のアゴニスト結合部位[5]

テインを除けばすべて芳香族アミノ酸であり，アセチルコリンのアンモニウム窒素原子とこれらの芳香族アミノ酸側鎖との陽イオン-π電子相互作用が結合に重要な役割を果たすと考えられている．Fループの負電荷側鎖アミノ酸（γD 174とδD 180）がアセチルコリンの第4級アンモニウム窒素原子と静電的相互作用をするという説もある．以上の情報をもとに，ネオニコチノイドの結合にかかわるアミノ酸残基の同定が進みつつある．

b. レバミゾール，モランテル

ニコチン性アセチルコリン受容体に対するアゴニスト作用を示す薬剤として，ニコチノイド，ネオニコチノイドのほかに駆虫薬・殺線虫剤レバミゾールやモランテルがある（図3.17）．日本ではマツノザイセンチュウ防除薬として使われている．

c. ネライストキシン関連殺虫剤

環形動物イソメ（*Lumbriconereis heteropoda*）の毒成分ネライストキシン（図3.18）を原型として作られた殺虫剤にカルタップ，チオシクラム，ベンスルタップがある．ニカメイガ，イネドロオイムシなどの防除に用いられる．

1) 作用機構　ネライストキシンは，神経系においてさまざまな電気生理的な症状を引き起こすが，特に昆虫では低濃度でアセチルコリン誘起電流を阻害し，シナプス伝達を阻害する．高濃度では，競合的アセチルコリン受容体アンタゴニスト（[^{125}I]α-ブンガロトキシン）の結合を阻害する活性を持ち，シナプス後細胞に脱分極を引き起こす．生化学的所見として，低濃度ではニコチン性アセチルコリン受容体チャネル内部のアンタゴニスト結合部位に，高濃度ではアゴニ

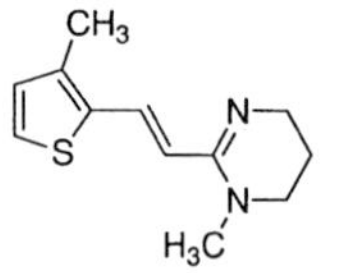

図3.17 アセチルコリン受容体アゴニスト活性を示す殺線虫剤

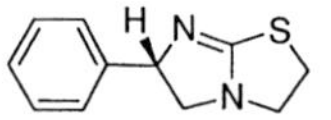

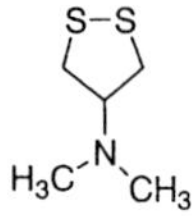

モランテル　　　レバミゾール

ネライストキシン 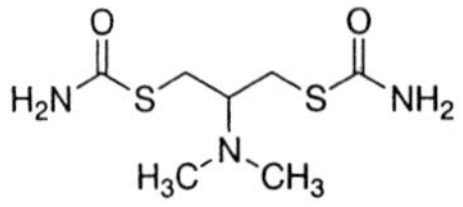　　カルタップ

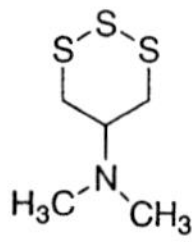

チオシクラム 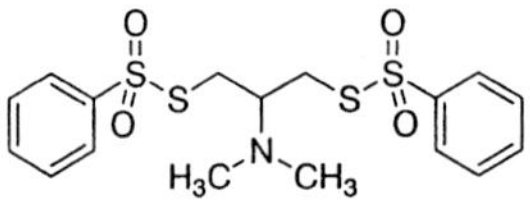　　ベンスルタップ

図3.18 ネライストキシンと関連殺虫剤

スト結合部位にも作用する．カルタップやベンスルタップは，昆虫受容体のアンタゴニスト結合部位に選択的に作用する．

　ネライストキシンは，脊椎動物神経筋ニコチン性アセチルコリン受容体においても主にアンタゴニストとして作用するが，部分アゴニストとしての作用もあると報告されている．カルタップは，哺乳類の神経細胞のニコチン性アセチルコリン受容体においてアゴニスト作用は示さず，開口チャネル遮断薬として作用する．これらの作用が起こる濃度は，昆虫の場合よりも高い．

3.1.4　アセチルコリンエステラーゼ阻害剤
a．有機リン殺虫剤とカーバメート殺虫剤

　有機リン化合物の殺虫活性は1930年代に発見された．戦後，ニカメイチュウ防除に用いられたパラチオンのような初期の有機リン剤は，急性毒性が高いため現在使用されていない．これまでに，毒性面での欠点が改良された有機リン剤が多く開発され，実用化されている（**図3.19**）．毒物や劇物に指定されているものもあるが，マラチオン，フェニトロチオン（MEP），アセフェートなどのように

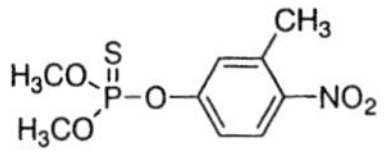

3.1 神経系作用性薬剤

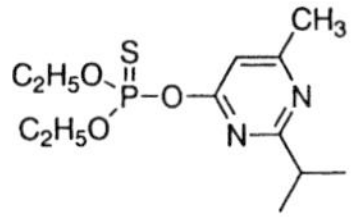

図3.19 代表的な有機リン殺虫剤

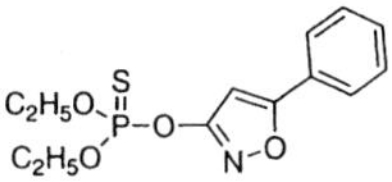

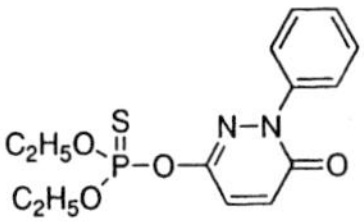

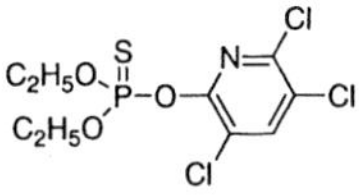

急性毒性の低いものもある．化学構造はさまざまであるが，5価のリン酸の（チオ）エステルあるいはアミド誘導体が基本である．構造が安定で，作用点への透過性が高いチオノ体（P=S）となっているものが多いが，オキソ体（P=O）のものもある．また，多くの場合，リン原子に付く置換基は，O,O-ジメチルあるいは O,O-ジエチル型となっており，残る置換基は O-フェニルあるいは O-複素環などとなっている．これらの構造によって作用の特徴が異なり，水稲，野菜，果樹の害虫やダニの防除に広く用いられている．野菜を加害するネコブセン

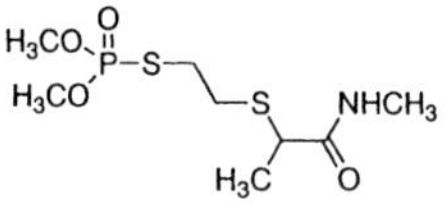

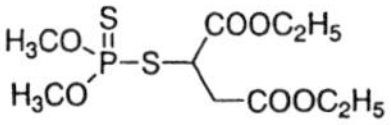

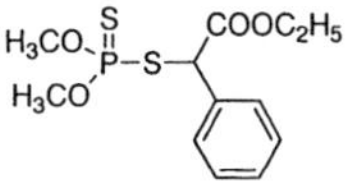

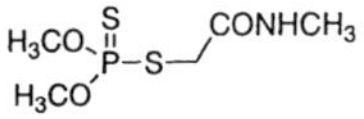

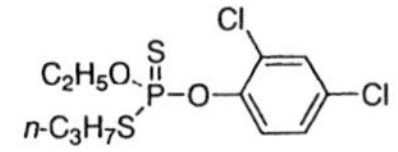

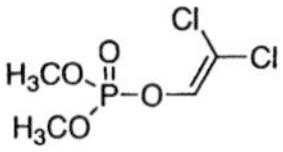

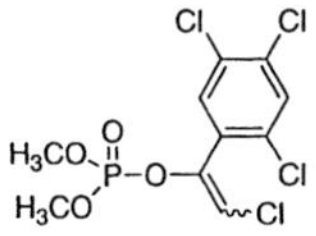

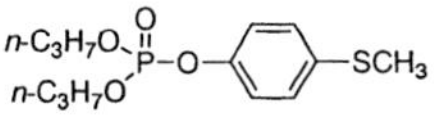

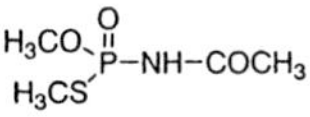

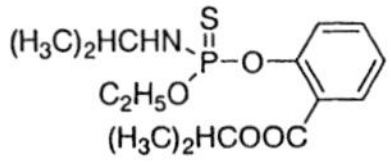

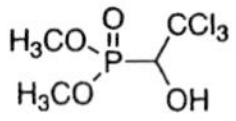

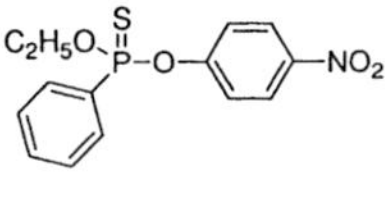

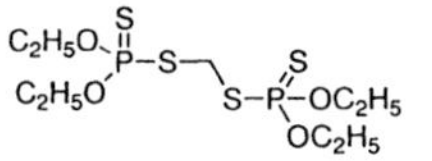

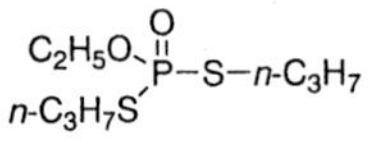

図 3.20 有機リン殺線虫剤

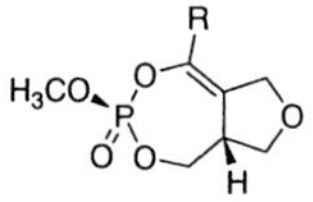

エトプロホス 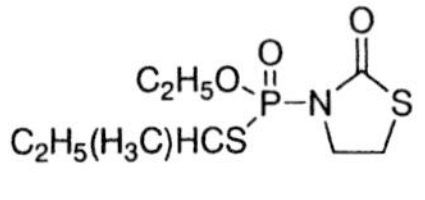　ホスチアゼート 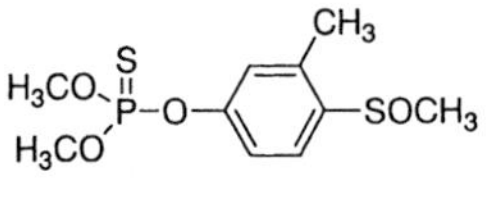　メスルフェンホス 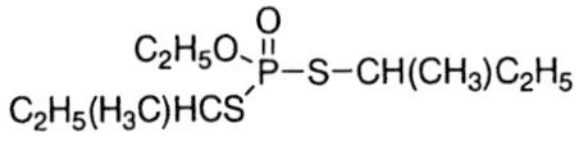　カズサホス

図 3.21 生物が作る有機リン系アセチルコリンエステラーゼ阻害剤

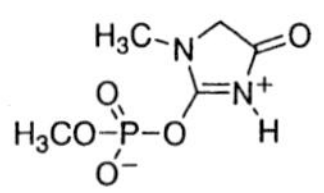

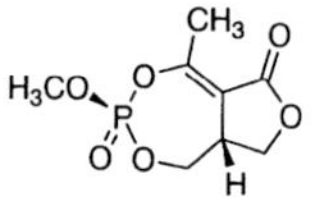

ウロサントイン　シクロホスチン

$R = CH_3, n\text{-}C_3H_7$

チュウ・ネグサレセンチュウや松を枯らすマツノザイセンチュウなどに対する殺線虫剤として使われるものもある（**図 3.20**）．興味深いことに，合成有機リン剤に構造が似た殺虫性有機リン化合物が放線菌や海綿動物からも単離されている（**図 3.21**）．

　カーバメート剤も，有機リン剤と同じく，古くから種々合成され，使われている．カラバー豆（*Physostigma venenosum*）の毒成分フィゾスティグミン（**図 3.22**）が原型である．毒性面での改良が行われたが，毒物や劇物に指定されているものがなお多い．基本構造はカルバミン酸のエステルであるが，このグループの殺虫剤は，置換フェニル（またはナフチル）メチルカーバメート，カルボフランを原型とするもの，オキシム構造を含むものなどに分類することができる．ツマグロヨコバイ，ウンカ，イネミズゾウムシ，ハスモンヨトウなどの害虫防除に広く用いられる．

1) 作用機構　有機リン剤とカーバメート剤は酵素アセチルコリンエステラ

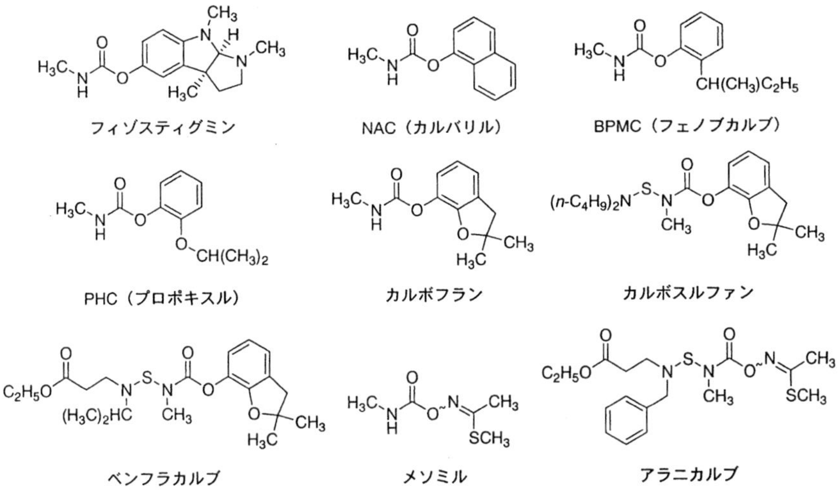

3.1 神経系作用性薬剤

図3.22 フィゾスティグミン，カルボフランと代表的なカーバメート殺虫剤

（フィゾスティグミン，NAC（カルバリル），BPMC（フェノブカルブ），PHC（プロポキスル），カルボフラン，カルボスルファン，ベンフラカルブ，メソミル，アラニカルブ）

ーゼを阻害する．アセチルコリンエステラーゼは，アセチルコリンを酢酸とコリンに分解することによって，神経伝達が終了したアセチルコリンを速やかに受容体周辺から除去する働きを持つ酵素である．アセチルコリンエステラーゼが阻害されると，受容体周辺に高濃度のアセチルコリンが残るため，シナプス後細胞に刺激を与え続けることになり（活性化とそれに続く脱感作），殺虫活性が発現する．

2) 作用点 アセチルコリンエステラーゼの活性中心部位には，アセチルコリンの第4級アンモニウム陽電荷を結合する陰イオン部位と，エステル部を結合して分解するエステル分解部位が存在することが古くから示唆されていた．その後，X線結晶解析法，遺伝子のクローニング，部位特異的変異導入法，光親和性プローブによる標識法などの利用により，シビレエイ (*Torpedo californica*) やヒトのアセチルコリンエステラーゼの活性中心付近の構造が詳細に調べられた．

シビレエイの電気器官のアセチルコリンエステラーゼの研究から，活性中心は，キモトリプシンなどのセリン酵素と同じく，三つ組触媒基（S 200-H 440-E 327）や遷移状態中間体を優先結合する酸素陰イオンホール（G 118, G 119, A 201）を含み，14個の芳香族アミノ酸残基からなる深くて狭い溝（aromatic

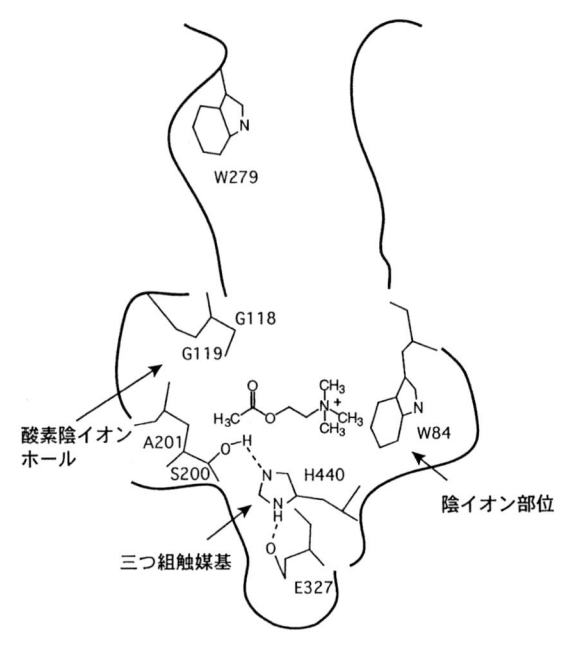

図 3.23 シビレエイのアセチルコリンエステラーゼの結合部位[18]

gorge)の底にあることが明らかになった（**図 3.23**）．陰イオン部位では，W 84，E 199，F 330 が関与し，アセチルコリン陽イオンと W 84 インドール環との間で陽イオン-π 電子相互作用が生じる．アシル基の結合部位では，G 119，W 233，F 288，F 290，F 331 が関与し，特に F 288 と F 290 がアセチルコリンのアセチル基に対する適合（アセチルコリン特異性）の原因と考えられている．さらに，空洞の入り口付近には，阻害剤の結合にかかわる第二の陰イオン部位 W 279 が存在する．

　エステル部位では，酵素-基質複合体を形成した後，三つ組触媒基で活性化されたセリン水酸基（S 200）が基質アセチルコリンのカルボニル炭素を求核攻撃し，四面体中間体を経てアセチル化酵素になる．アセチル化酵素は，同じ機構で水の攻撃を受けて脱アセチル化し，元の酵素に戻る（**図 3.24**）．有機リン剤やカーバメート剤は S 200 をリン酸化あるいはカルバミル化し，それらの修飾部位が脱離する速度が基質アセチルコリンの場合と比べて遅いので，アセチルコリンエステラーゼが阻害され，殺虫活性が発現する（ただ，カルバミル化されたアセチ

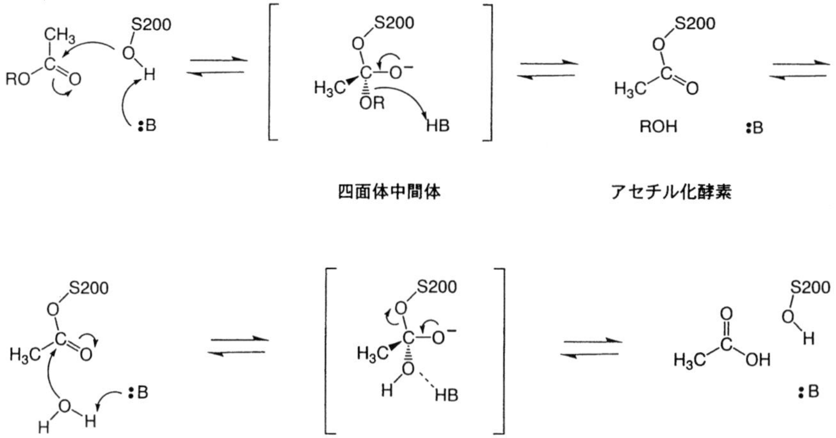

図3.24 アセチルコリンエステラーゼによるアセチルコリンの加水分解機構
(Rは$(CH_3)_3N^+$-CH_2CH_2-を，BはH 440のイミダゾールを示す)

ルコリンはリン酸化されたものより容易に回復する)．リン酸化アセチルコリンエステラーゼの構造がX線結晶解析によって明らかにされている．

図3.25のような一般式で示される有機リン剤のリン原子がS 200の求核攻撃を受けると，Xが脱離する．アセチルコリンエステラーゼとの反応性はリン原子の電子密度に依存しているので，Xが電子吸引性を示し，脱離性が優れていれば，アセチルコリンエステラーゼ阻害活性は高くなる．有機リン剤がチオノ体($P=S$)である場合は，体内で反応性の高いオキソ体($P=O$)に酸化された後，アセチルコリンエステラーゼと反応する．反応性が低い有機リン化合物は，昆虫体内でいろいろな反応によって活性化された後に，アセチルコリンエステラーゼと反応する．カーバメート剤の場合は，カルバミル化反応性よりもアセチルコリンエステラーゼに対する親和性のほうが阻害活性に重要な役割を果たす．

有機リン剤やカーバメート剤を多年にわたって繰り返し使うことによって，これらの薬剤に対する抵抗性害虫が発生する．有機リン剤やカーバメート剤に対し

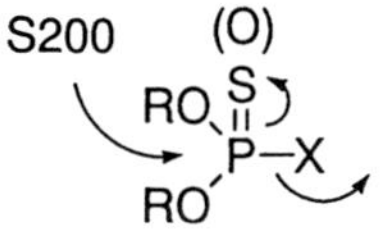

図3.25 有機リン殺虫剤の基本型とオキソ体の反応

て抵抗性を示すキイロショウジョウバエ (*Drosophila melanogaster*) の系統では，遺伝子 *Ace* によってコードされるアセチルコリンエステラーゼの活性中心付近の5個所のアミノ酸残基に変異が見つかった．

3) 選択性 有機リン剤が昆虫に対して選択的に殺虫活性を示す原因としては，主に体内での代謝や作用点への透過などにおける動物種間の違いが考えられるが，アセチルコリンエステラーゼとの複合体形成も選択毒性発現に重要である．パラチオンは，哺乳類に対する急性毒性が高いが，構造がよく似ているフェニトロチオンは毒性が低い（図3.26）．ベンゼン環メタ位へのメチル基の導入によって，オキソ体の昆虫アセチルコリンエステラーゼに対する親和性が高まり，哺乳類アセチルコリンエステラーゼに対する親和性が低下することがフェニトロチオンの選択毒性の一因である．フェニトロチオンの哺乳類に対する低毒性のこのほかの原因としては，グルタチオン S-アルキルトランスフェラーゼ（メチル基の脱離）などによって代謝されやすいことや，活性体（オキソ体）が脳に到達しにくいことなどがあげられる．

マラチオンの低毒性は，哺乳類の代謝酵素（カルボキシエステラーゼ）活性が昆虫より高いためである．哺乳類では，カルボン酸型になって代謝されるが，昆虫では，酸化されてオキソ体となり，アセチルコリンエステラーゼを阻害する．浸透性殺虫剤アセフェートは，メタアミドホスのアミノ基をアセチル化したものであるが，アセチル化によって哺乳類毒性が低下する．昆虫体内では，脱アセチル化して活性体（メタアミドホス）になるが，哺乳類ではこの代謝が起こらない．同様に，カーバメート剤（図3.22）では，ベンフラカルブのようにカルボフランの *N*-置換基変換によって哺乳類毒性を低下させた例が見られる．昆虫体内では，N-S 結合が切れて，アセチルコリンエステラーゼ阻害活性が高いカルボフランになるが，哺乳類体内では，C-O 結合が切れて，主として活性が低いフェノール性代謝物になるため（毒性の高いカルボフランが生じないため），選択毒性が生じることになる．

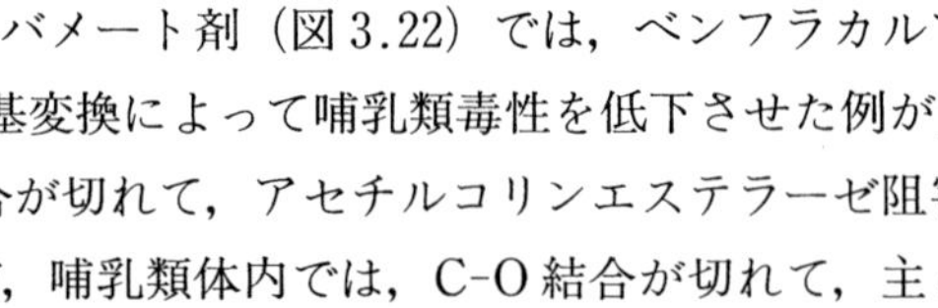

パラチオン　　　フェニトロチオン (MEP)

図3.26　パラチオンとフェニトロチオン (MEP)

3.1.5 GABA およびグルタミン酸依存性塩素イオンチャネル（GABA 受容体と抑制性グルタミン酸受容体）のアンタゴニストと活性化薬

a. 塩素化シクロアルカン系殺虫剤とフェニルピラゾール殺虫剤

　塩素化シクロアルカン系殺虫剤には，シクロジエン殺虫剤（ドリン剤）とBHC がある（図 3.27）．シクロジエン殺虫剤は，Diels-Alder 反応によって得られる一連の塩素系殺虫剤である．アルドリン，ディルドリン，エンドリン，ヘプタクロールなど多くの殺虫剤が使用されたが，残留性などのため，近年は使用されていない．現在日本では，ベンゾエピンだけが登録されている．

　BHC は，光照射下，ベンゼンと塩素を反応させて得られる 1,2,3,4,5,6-ヘキサクロロシクロヘキサンであり，7 種類の立体異性体が知られている．γ-BHC（リンデン）は γ-異性体のことであり，この異性体だけが高い殺虫活性を持っている．BHC に含まれる β-異性体が化学的に安定で，残留性・蓄積性があるために，BHC は使用禁止となったが，過去に稲作害虫ニカメイチュウやウンカ類などの防除に使われた重要な殺虫剤である．

　フェニルピラゾール殺虫剤フィプロニル（図 3.28）は塩素化シクロアルカン系殺虫剤と構造類似性がないが，作用機構がよく似ている新しい殺虫剤である．広い殺虫スペクトルを持ち，日本では 1996 年から水稲の育苗箱施用で用いられている．

　1）作用機構　塩素化シクロアルカン系殺虫剤やフェニルピラゾール殺虫剤は，イオンチャネル型 GABA 受容体を第一作用点として殺虫活性を発現する．

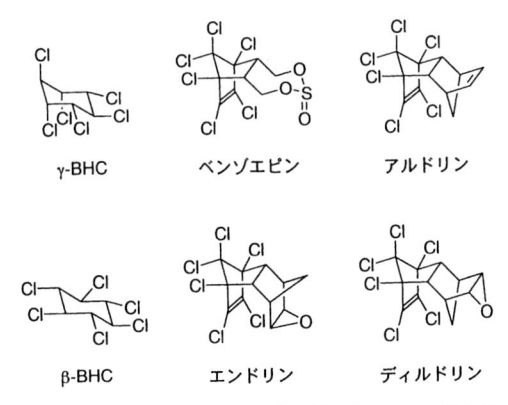

図 3.27　2 種の BHC 異性体と代表的シクロジエン殺虫剤

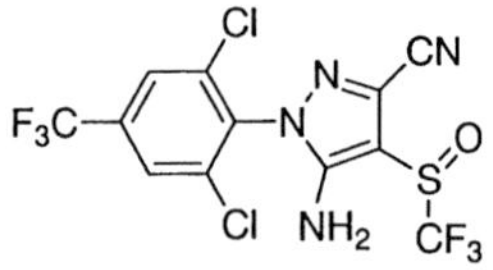

図 3.28　殺虫剤フィプロニル

　塩素化シクロアルカン系殺虫剤は，GABA 受容体の GABA 結合部位とは別の部位に結合して，アロステリック作用により GABA の作用を阻害する非競合的アンタゴニストである．この作用によって，神経系の抑制が利かなくなり，昆虫は興奮して死に至る．昆虫神経系において，γ-BHC の作用によるアセチルコリンの異常放出と見られる所見が報告されているが，これはおそらく GABA 受容体によるシナプス前抑制が阻害された結果と考えられる．作用機構の解明には非競合的 GABA 受容体アンタゴニストとして知られていた植物毒素ピクロトキシニンとの構造類似性が一つのヒントとなった．

　フェニルピラゾール殺虫剤もほとんど同じ作用を示すが，フィプロニルには塩素化シクロアルカン系殺虫剤の作用点とは違う別の作用点があるという説もある．昆虫などの無脊椎動物には GABA 受容体に構造や機能が似た抑制性グルタミン酸受容体（グルタミン酸の作用で開口する塩素イオンチャネル）があり，フィプロニルはこの受容体に対する作用もある．

　植物からとれるピクロトキシニン（ツヅラフジ科），アニサチン（シキミ），ピクロデンドリン（トウダイグサ科），シクトキシン（ドクゼリ），ビロバライド（イチョウ）をはじめとして，自然界には作用性が同じ多くの化合物が存在する（図 3.29）．

　2）作用点　GABA 受容体のサブユニットをコードする遺伝子は，ニコチン性アセチルコリン受容体やグリシン受容体などの遺伝子と同じリガンド依存性イオンチャネルスーパーファミリーに属しており，これらの受容体は構造が似ている．5 個のサブユニットが集合して，中央に塩素イオン透過チャネルを形成している．サブユニットの基本的構造は，ニコチン性アセチルコリン受容体のところで述べたものと同じである．これまでに，哺乳類からは $\alpha 1 \sim 6$，$\beta 1 \sim 3$，$\gamma 1 \sim 3$ などのサブユニットが単離され，生体内ではその中のいくつかの組合せで種々の受容体サブタイプが発現していると考えられている．一方，これまでに昆虫から単離されたサブユニットで，機能を持っているのは Rdl と呼ばれるサブ

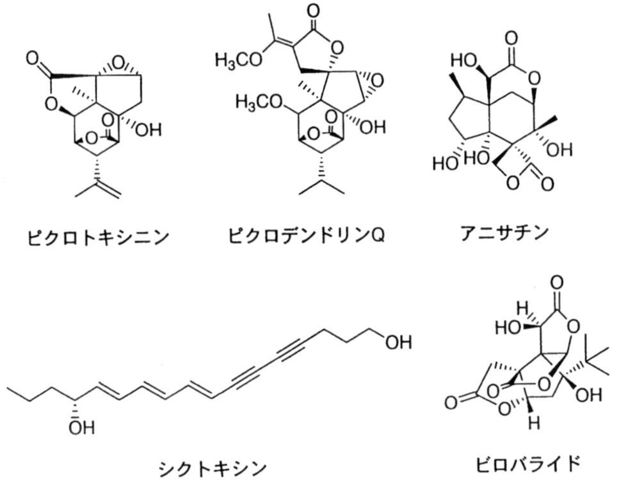

3.1 神経系作用性薬剤

ピクロトキシニン　ピクロデンドリンQ　アニサチン

シクトキシン　ビロバライド

図 3.29　植物が作る GABA 受容体アンタゴニスト

ユニットだけである．Rdl は種々の昆虫でその存在が確認されており，昆虫 GABA 受容体の主要なサブユニットと考えられるが，実在受容体のサブユニット構成は明らかでない．

　各サブユニットは疎水性の 4 回膜貫通部位を持っており，その 2 番目の膜貫通領域 M 2 が中央のチャネル内面を形成していると考えられる．この M 2 領域のアミノ酸（たとえば，ラット $\beta 2$ T 246 や $\alpha 1$ V 257，あるいはショウジョウバエ Rdl の A 302）を別のアミノ酸に変えると，非競合的アンタゴニストに対して非感受性の GABA 受容体ができることから，チャネル内面の細胞質側に塩素化シクロアルカン系殺虫剤やフィプロニルの作用点があると推察されている（図 3.30）．これらの殺虫剤は，作用点に結合して，チャネルが閉じた状態のコンフォメーションを安定化する．そのため，抑制性の神経伝達が阻害されると思われる．フィプロニルは哺乳類より昆虫の GABA 受容体に対する親和性が高く，殺虫活性が哺乳類毒性より高いのは主にそのためである．

b．マクロライド殺虫剤

　アベルメクチンは，放線菌（*Streptomyces avermitilis*）から単離された殺ダニ・殺虫・殺線虫活性を持つ 16 員環マクロライドであり，その中には同族体 A_{1a}, A_{1b}, A_{2a}, A_{2b}, B_{1a}, B_{1b}, B_{2a}, B_{2b} がある（図 3.31）．アベルメクチン

3. 殺虫剤・殺ダニ剤・殺線虫剤

α1: V257, T261
β2: T246
Rdl: A302

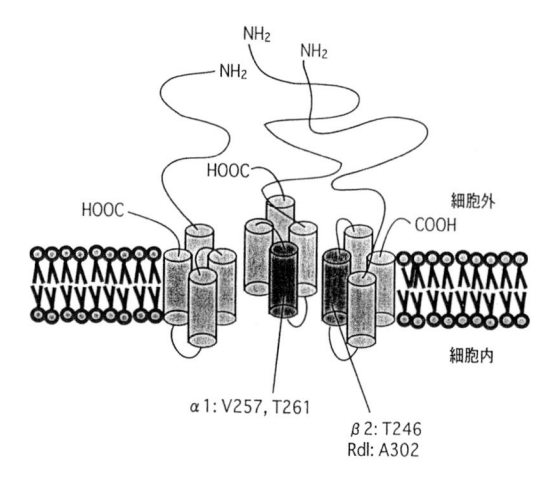

図 3.30 GABA 受容体の推察されるアンタゴニスト結合部位

アベルメクチン: R₁ = ⋯OH
エマメクチン: R₁ = —NHCH₃

B$_{1a}$: R$_2$ = C$_2$H$_5$
B$_{1b}$: R$_2$ = CH$_3$

ミルベマイシンA$_3$: R = CH$_3$
ミルベマイシンA$_4$: R = C$_2$H$_5$

イベルメクチン

B$_{1a}$: R$_2$ = C$_2$H$_5$
B$_{1b}$: R$_2$ = CH$_3$

ネマデクチン

図 3.31 マクロライド殺虫剤

B_1 が主成分であり，最低80%の B_{1a} と最大20%の B_{1b} を含んでいるものがアバメクチンである．エマメクチンは $4''$-エピメチルアミノ-$4''$-デオキシアベルメクチン B_1 (B_{1a} : B_{1b} = 95 : 5) であり，その安息香酸塩が殺虫・殺ダニ剤として使われている．イベルメクチンは，22位と23位の二重結合を還元した半合成駆虫薬22,23-ジヒドロアベルメクチン B_1 である．ミルベメクチンは，*Streptomyces hygroscopicus* subsp. *aureolacrimosus* の培養代謝物ミルベマイシン A_3 と A_4 の3 : 7混合物であり，殺ダニ剤・マツノザイセンチュウ防除剤として使われる．広いスペクトルを持ち，すべての発育ステージで効く．マツノザイセンチュウ防除剤としてはネマデクチンもある．

1) 作用機構 無脊椎動物の筋細胞において，神経伝達物質由来の脱分極や過分極の阻害あるいは入力抵抗の減少を起こし，その作用がGABAアンタゴニスト・ピクロトキシニンによって阻害されること，あるいはGABAによって誘起される塩素イオンの透過性に影響を及ぼすことなどから，アベルメクチンやミルベマイシンはGABA受容体チャネルを開いた状態にする活性を持っていると考えられている．作用点は同定されていない．GABA受容体が関与しない未知の塩素イオンチャネルが影響を受けるという報告もある．

無脊椎動物には，グルタミン酸によって開口する塩素イオンチャネル（抑制性グルタミン酸受容体）があり，そのサブユニットの遺伝子GluClαとGluClβが線虫（*Caenorhabditis elegans*）から単離された．これをアフリカツメガエル卵母細胞で発現させたとき，ミルベマイシンDやアベルメクチンの類縁体が単独で内向き電流を生じさせ，その活性は殺線虫活性に対応していた．低濃度のイベルメクチン $4''$-O-リン酸は，グルタミン酸によって誘起される電流を増強した．ショウジョウバエからもDrosGluCl-αという遺伝子がクローニングされ，これを発現させた実験系で *C. elegans* と同じような結果が得られた．すなわち，アベルメクチン，ミルベマイシンは，グルタミン酸依存性塩素イオンチャネルを開口する作用を持っている．

3.1.6 オクトパミン受容体アゴニスト

a. アミジン殺ダニ剤

日本では，アミジン殺虫剤クロロジメホルム（**図3.32**）がニカメイチュウ防除剤として使われたが，現在は使用禁止になっている．殺卵作用，幼虫に対する

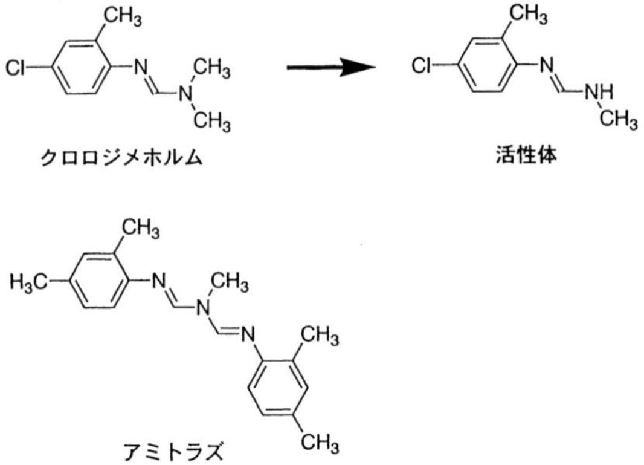

図 3.32 アミジン殺ダニ剤と代謝活性体

摂食阻害，致死などを引き起こす．チョウ目昆虫はクロロジメホルムに対して高い感受性を示す．クロロジメホルムの遅効性や独特な摂食阻害活性のため，静虫剤（insectistatics）と呼ばれ，注目されたこともあった．現在は，アミトラズが殺ダニ剤として登録されている．

1) 作用機構 クロロジメホルムは，昆虫体内で代謝されて N-脱メチル体（デメチルクロロジメホルム）となり，標的細胞のオクトパミン受容体に対するアゴニスト活性を発現する．オクトパミンは，神経修飾物質，神経ホルモン，あるいは神経伝達物質として作用する無脊椎動物特有の生体アミンである．シナプス間の早い情報伝達より傍分泌による神経伝達物質作用の修飾（調節），あるいは内分泌的な作用を行う．

デメチルクロロジメホルムがオクトパミン受容体に作用すると，その情報がGタンパク質を介してアデニル酸シクラーゼに伝えられる．その結果，セカンドメッセンジャー cAMP 生成の増幅，プロテインキナーゼAの活性化，機能タンパク質のリン酸化が起こり，最終的には摂食や交配などの，個体レベルでの行動の変化となる．このような作用によって，昆虫やダニに特有の生理がかく乱され，ゆっくりと害虫個体数が減少する．

3.1.7　神経系作用性と推察されるその他の殺虫剤・殺ダニ剤

a. スピノサド

スピノサド（85% スピノシン A＋15% スピノシン D）（図 3.33）は，放線菌

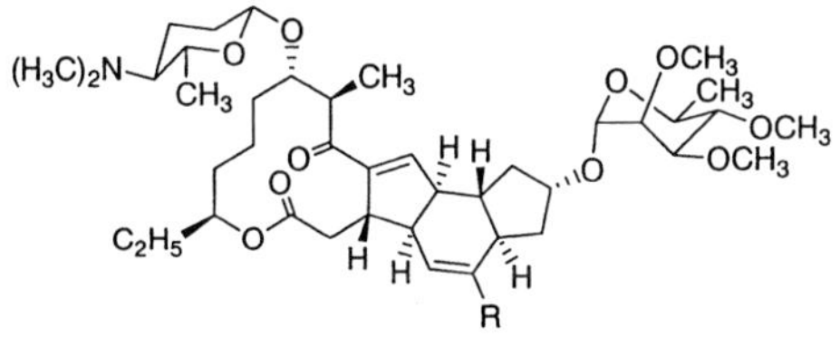

スピノシンA: R = H
スピノシンD: R = CH₃

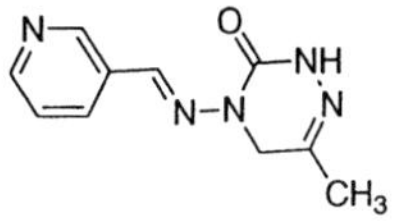

ピメトロジン 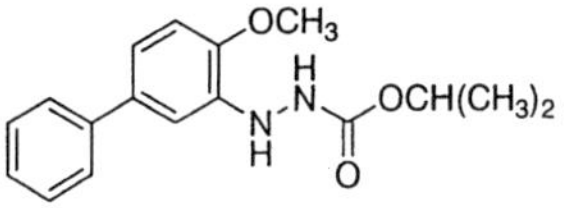　　　　　ビフェナゼート

図 3.33　神経作用性と推察されるその他の殺虫剤・殺ダニ剤

(*Saccharopolyspora spinosa*) が産生する大環状ラクトン化合物である．スピノシン同族体としてスピノシン A〜Y と数種のスピノソイドが知られている．スピノサドは，吸汁害虫やダニに対しては効果を示さないが，チョウ目昆虫をはじめとする広範囲の害虫に効果がある．ニコチン性アセチルコリン受容体をアロステリックに活性化し，ニコチン性アセチルコリン受容体のアゴニストに対する応答を延長するとされている．このほか，GABA 受容体に対する作用もある．作用点については不明である．哺乳類毒性は低い．

b．ピメトロジン

ピリジンアゾメチン構造を持つピメトロジン（図 3.33）は浸透性殺虫剤であり，吸汁害虫に効果を示す．ピメトロジン処理された害虫は植物に吻針を挿入できなくなり，摂食停止して，やがて致死する．作用機構は不明であるが，この作用は単なる摂食忌避によるものではない．哺乳類毒性と魚毒性は極めて低い．

c．ビフェナゼート

ビフェナゼート（図 3.33）は，新しい骨格を持つ，哺乳類毒性が極めて低い殺ダニ剤である．殺虫活性がないため，天敵類に対して影響を及ぼさない．既存殺ダニ剤に感受性が低下したハダニに対しても効果があり，呼吸阻害や脱皮阻害を起こさないことから新しい作用機構を持つと思われる．

図 3.34 ジフェニルカルビノール系および関連殺ダニ剤

d. ジフェニルカルビノール殺ダニ剤

ケルセンおよび関連ジフェニルカルビノール殺ダニ剤（図 3.34）は，ATP アーゼ阻害活性を持っていることのほかに，ナミハダニのオクトパミン受容体のアンタゴニストであることが示唆されているが，この活性と殺ダニ活性との関連については明確ではない．同じ系統の殺ダニ剤にフェニソブロモレートがある．

3.2 エネルギー代謝阻害剤-呼吸鎖電子伝達系と酸化的リン酸化の阻害剤

細胞内のミトコンドリアでは，グルコースなどの酸化によって作られた NADH や $FADH_2$ の電子を使って酸素が還元される．この過程で生成する自由エネルギーを使って ATP が合成される（図 3.35）．動物細胞のほとんどのエネルギーが，この酸化的リン酸化と呼ばれる過程によって生成する．

酸化的リン酸化は，ミトコンドリア内膜にある呼吸鎖電子伝達系と H^+ 輸送

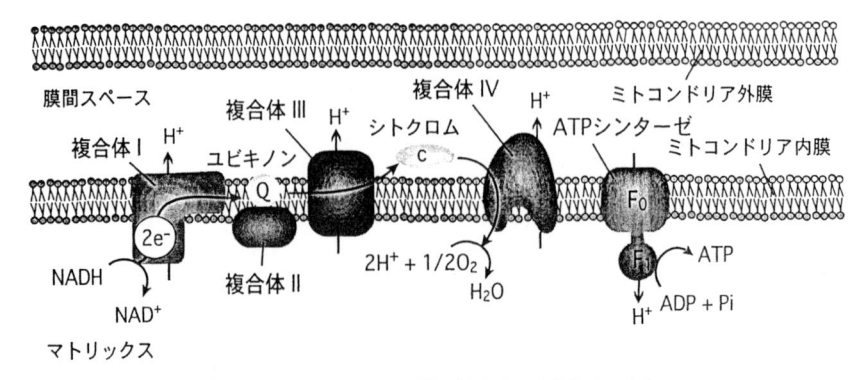

図 3.35 ミトコンドリア電子伝達系と酸化的リン酸化

3.2 エネルギー代謝阻害剤-呼吸鎖電子伝達系と酸化的リン酸化の阻害剤　67

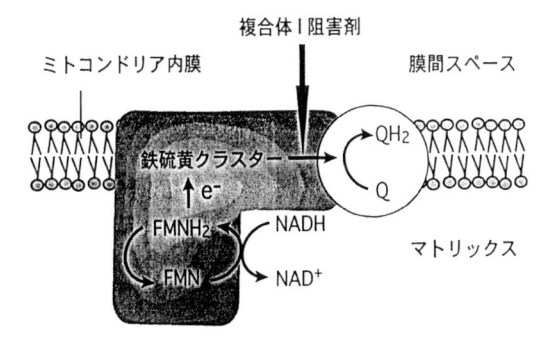

図 3.36 複合体 I 阻害剤の推察される作用点

ATP シンターゼの協調によって行われる．呼吸鎖電子伝達系は酵素複合体からなっており，最初の複合体 I は NADH を酸化し，その電子を FMN と鉄硫黄クラスターを経て酸化型ユビキノン（Q）に伝達する（図 3.36）．次の複合体IIIへの電子移動は還元型ユビキノン（ユビキノール；QH_2）を介して行われる．複合体IIIは，シトクロム c による還元型ユビキノンの酸化を触媒する．複合体IVは，酸素による還元型シトクロム c の酸化を触媒する．この一連の電子伝達で得られる自由エネルギーによってミトコンドリアのマトリックスから外膜と内膜の間隙に H^+ がくみ出され，内膜を隔てて電気化学的 H^+ 濃度勾配ができる．この電気化学的ポテンシャル勾配は，最終的に H^+ 輸送 ATP シンターゼ（複合体V）による ATP 合成（酸化的リン酸化）に利用され，ここにエネルギーが蓄えられる．合成された ATP はサイトゾルに輸送され，生合成や能動輸送などの吸エルゴン過程（エネルギーを必要とする反応）で使われる．

3.2.1 複合体 I（NADH-CoQ レダクターゼ）阻害剤

マメ科の灌木デリス（*Derris elliptica*）の根に含まれるロテノン（図 3.37）は，鉄硫黄クラスターとユビキノンプールとの間の電子移動をブロックする複合体 I 阻害剤である（図 3.36）．ロテノンを主成分とするデリス剤はアブラムシなどの防除剤として登録されている．放線菌が産生するピエリシジン（図 3.37）も同じ作用を持っているが，農薬としては使われなかった．複合体 I に作用する殺ダニ剤として数種の含窒素ヘテロ環化合物がある（図 3.38）．これらは主に，窒素原子あるいは酸素原子を介した疎水性側鎖を持つピラゾール環，ピリミジン

環，ピリダジノン環，あるいはキナゾリン環誘導体である．これらの薬剤は，殺ダニスペクトルが広く，速効性である．同じ作用点を持つこの種の薬剤に対してはダニの交差抵抗性が問題となっている．テブフェンピラドと構造が似ているトルフェンピラドはコナガなどのチョウ目害虫にも効果がある．

a．作用点

上記化合物の作用機構は，酸素消費の減少，ATP含量の減少，ミトコンドリアの形態変化，NADH-ユビキノン酸化還元酵素阻害，放射性標識ロテノンやピエリシジンの結合阻害などによって確認されている．しかし，複合体Iが多数の

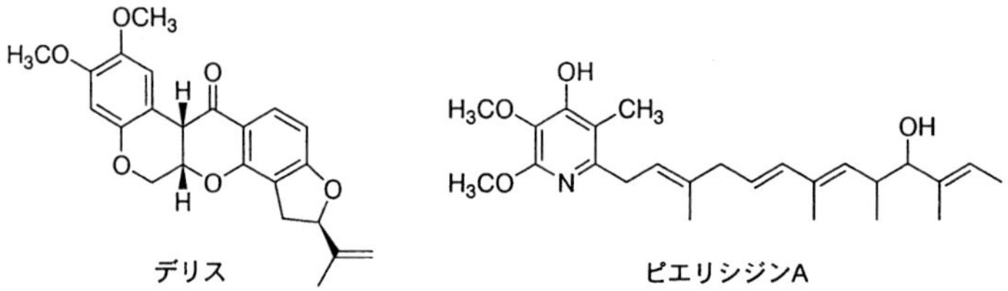

図3.37 デリス（ロテノン）とピエリシジンA

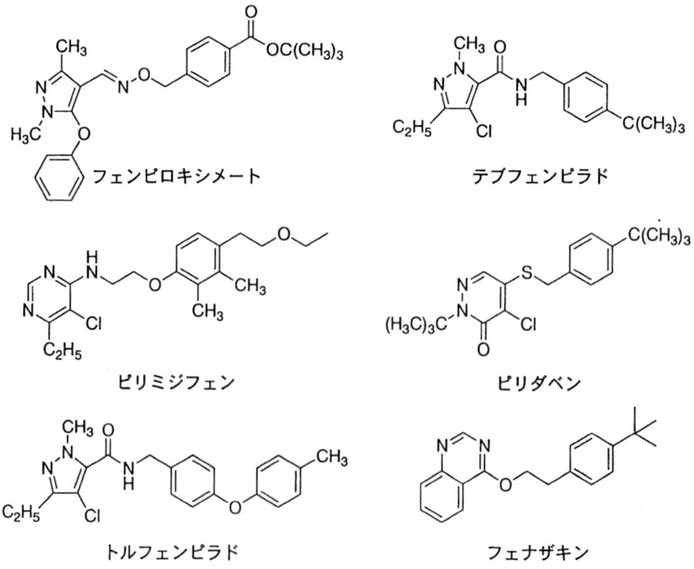

図3.38 複合体Iを阻害する殺ダニ剤

サブユニットからなる巨大な複合体であるため，多様な構造を持つ阻害剤の作用点が複合体Ⅰの中のどこにあるのか明確になっていない．[^{3}H]ピリダベン類縁体や[^{3}H]フェンピロキシメート類縁体を使った光親和性標識，あるいは複合体Ⅰ変異体を使った実験から，鉄硫黄クラスターからユビキノンに至る途中にあるIP 49 kDa，PSST，ND 1，ND 3，ND 5 などのサブユニットが結合部位を形成していると推察されている（図3.36）．

b．選択性

複合体Ⅰを作用点とする殺ダニ剤の殺ダニ活性が高く，哺乳類毒性が低い原因は，作用点の構造が違うためではなく，哺乳類の高い代謝活性のためと考えられる．

3.2.2 複合体Ⅲ（CoQ-シトクロム c レダクターゼ）阻害剤

先に述べた電子伝達系の複合体ⅢはCoQ-シトクロム c レダクターゼ（シトクロム bc_1 複合体）である（図3.35）．アミジノヒドラゾン殺虫剤ヒドラメチルノン（**図3.39**）は，ここを作用点とすると思われる．また，アセキノシル（図3.39）は，その脱アセチル代謝物が複合体Ⅲのユビキノール酸化部位に結合することにより，ハダニ類に対して速効性の殺ダニ活性を示す．フルアクリピリム（図3.39）は，ハダニの全発育ステージに効く殺ダニ剤である．殺菌剤アゾキシストロビンと共通の2-フェニル-3-メトキシアクリル酸エステル構造を持っているので，複合体Ⅲに対する作用が推察されている．

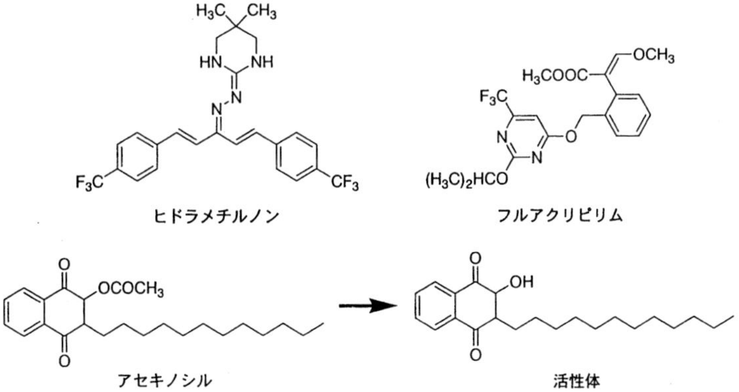

図3.39 複合体Ⅲを阻害する殺虫剤・殺ダニ剤とアセキノシルの代謝活性化

3.2.3 H⁺輸送ATPシンターゼ（F_1F_0-ATPアーゼ）阻害剤

H⁺輸送ATPシンターゼ（複合体Vという場合もある）は，H⁺濃度勾配を利用してADPと無機リン酸からATPを合成する，ミトコンドリア内膜を貫通するタンパク質複合体で，2個の機能単位F_1とF_0からなっている（図3.35）．F_0は，複数のサブユニットからなる膜貫通H⁺輸送チャネルである．F_1はマトリックス側にあり，ATP合成触媒部位を含む．チオウレア殺虫剤ジアフェンチウロン（図3.40）は，体内でカルボジイミド体に変換された後，昆虫（オオクロバエ）飛翔筋ミトコンドリアのF_0のプロテオリピドおよびミトコンドリア外膜のチャネルタンパク質ポリンと共有結合し，H⁺輸送ATPシンターゼを阻害する．ラット肝臓ミトコンドリアでは，プロテオリピドとだけ反応し，ポリンとは反応しなかった．このことが殺虫剤選択性とかかわっているかどうかは不明である．殺ダニ剤・フェナザキンは複合体Ⅰの阻害剤であるが，ATPシンターゼと反応するという報告もある．

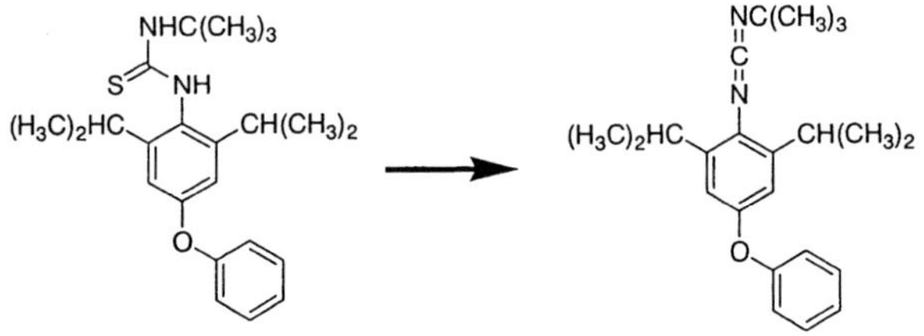

ジアフェンチウロン → 活性体

図3.40 H⁺輸送ATPシンターゼ阻害活性を示す殺虫剤ジアフェンチウロンの代謝活性化

3.2.4 酸化的リン酸化の脱共役剤

電子伝達と酸化的リン酸化は共役している．ミトコンドリア内膜のH⁺透過性を高める化合物を加えれば，電気化学的H⁺勾配が消失する．その結果，電子伝達は起こるが，ATP合成が行われない状態になる（脱共役）．脂溶性で弱酸性である2,4-ジニトロフェノール類は，膜の酸性側でH⁺と結合し，膜を透過してアルカリ側でH⁺を放つ．このように，共役を解除する化合物は，酸化的リン酸化の脱共役剤（アンカップラー）となる．2,4-ジニトロフェノール類やその誘導体（殺菌剤DPCなど）で殺ダニ活性を持つものが知られている．保護殺菌剤

3.2　エネルギー代謝阻害剤-呼吸鎖電子伝達系と酸化的リン酸化の阻害剤

であり，ハダニ類に対する殺ダニ活性も持っているフルアジナムも脱共役剤として作用する．クロルフェナピル（図 3.41）は，微生物（Streptomyces spp. など）が産生するジオキサピロロマイシンの構造を改変した殺虫剤である．この化合物は代謝によって脱エトキシメチル化された後，脱共役剤として作用して呼吸を促進し，消耗させる活性を持っている．

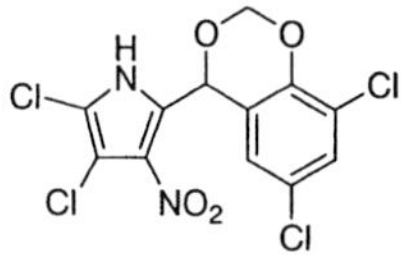

ジオキサピロロマイシン

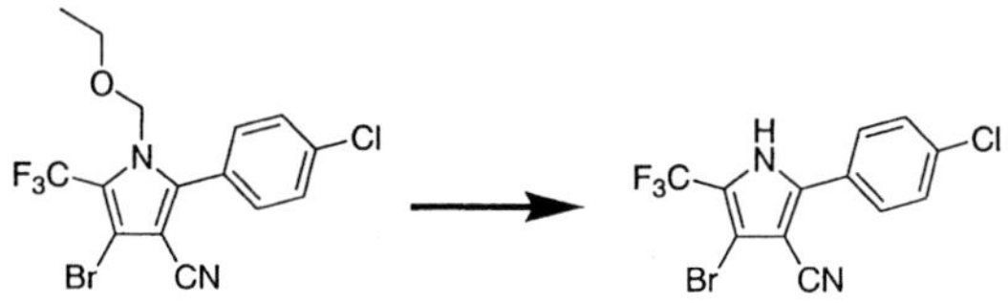

クロルフェナピル　　　　　　　活性体

図 3.41　酸化的リン酸化脱共役剤クロルフェナピルの代謝活性化

殺虫剤は，人間以外の生物によって先に作られていた！

　現在のピレスロイド殺虫剤が除虫菊の成分ピレトリンをモデルにして作られ，カーバメート殺虫剤が豆の毒成分フィゾスティグミンを手本に作られたことはよく知られている．しかし，有機リン殺虫剤とそっくりな構造の化合物が海綿動物や菌によって作られていたことは驚きだ（図 3.21）．また，塩素系殺虫剤 BHC やドリン剤は残留性や慢性毒性が高いことで使用禁止になったが，植物は，同じ作用を持つ非塩素系の化合物を作っていたことが分かった（図 3.29）．これまでに人間が一生懸命作ってきた多くの殺虫剤は，ほかの生物によってそれより前に作られていたようだ（もっとも人工殺虫剤がより安全設計だが）．本章には，このような多くの例があげてある．

3.3 昆虫成育制御剤

　昆虫は幼虫から蛹を経て成虫になる完全変態昆虫と，幼虫が脱皮を繰り返した後，成虫になる不完全変態昆虫とに大別されるが，いずれも変態を境にして形態的にも，生理的にも大きな変化が生じる．幼虫期は多量の食物をとり，脱皮を繰り返しながら成長し，十分な栄養を蓄える期間であり，これがある一定の発育ステージに達すると変態する．成虫期ではもっぱら生殖と移動が主な活動となる．この幼虫脱皮と変態は，脳，アラタ体，前胸腺からそれぞれ分泌される前胸腺刺激ホルモン，幼若ホルモン (juvenile hormone, JH)，脱皮ホルモンなどにより誘導，調節されている．

　幼虫脱皮や変態など昆虫に特有な成育過程を阻害する化合物を総称して昆虫成育制御剤 (insect growth regulator, IGR) と呼んでおり，現在，JH 活性物質，脱皮ホルモン活性物質，キチン生合成阻害剤，脱皮・変態阻害剤などが実用化されている．IGR は昆虫に特有な成育過程に作用するため，哺乳類に対して極めて低毒性であり，選択性の高い害虫防除剤として利用されている．

3.3.1　JH 活性物質

　主な JH は 5 種類であり，昆虫の種や発育時期によって作用する JH の種類が異なっている (図 3.42)．カイコやガなどのチョウ目昆虫では JH I，バッタ，ハエ，カなどでは JH III が主な JH として作用している．

　JH を害虫防除に利用することが考えられたのは古く，1956 年にセクロピア蚕幼虫から抽出した粗 JH を蛹に塗ると，成虫に変態できないことが観察されてからである．JH の主な作用の一つは幼虫形質の維持であり，脱皮と変態は JH と脱皮ホルモンの微妙なバランスによって制御されている．若齢幼虫では JH が十分分泌されており，この状態で脱皮ホルモンが分泌されると幼虫脱皮が起こる．一方，終齢幼虫では，JH は急激に減少しほとんど検出されなくなり，この時期に脱皮ホルモンが作用することにより変態が誘導される．そこで，JH が体内で消失する終齢幼虫に外部より JH を処理すると，もう一度幼虫脱皮が起きたり，幼虫と蛹の中間型 (完全変態昆虫) あるいは，幼虫と成虫の中間型 (不完全変態昆虫) が生じるなど正常な変態が阻害される．また，JH は卵に対しても胚の発

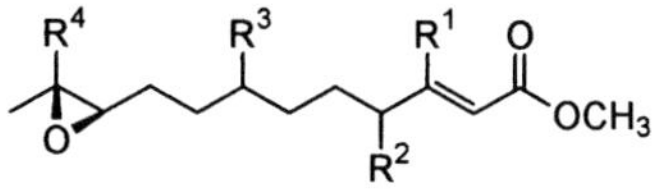

3.3 昆虫成育制御剤

JH 0 : $R^1, R^3, R^4 = C_2H_5 ; R^2 = H$
JH I : $R^1 = CH_3 ; R^2 = H ; R^3, R^4 = C_2H_5$
JH II : $R^1, R^3 = CH_3 ; R^2 = H ; R^4 = C_2H_5$
JH III : $R^1, R^3, R^4 = CH_3 ; R^2 = H$
4-MeJH I : $R^1, R^2 = CH_3 ; R^3, R^4 = C_2H_5$

図 3.42 JH の構造

育を抑制し致死作用を示す.

JH は分子内に化学的に不安定なエポキシ基,二重結合,メチルエステルなどの構造を持っており,これらは光,温度,酸,アルカリなど自然環境下で容易に分解されやすいため害虫防除剤として使用できない.そこで,JH の構造を改変して強力な JH 活性物質が開発された.JH I とⅢおよび実用化されている代表的な JH 活性物質のハエ目とチョウ目昆虫に対する変態阻害活性を**表 3.1** に示す.これらの活性は幼虫や蛹に処理した場合で,活性は 50% 変態阻害薬量 (ID_{50}) または濃度 (IC_{50}) で表している.メソプレンは 1975 年にカやハエの防疫用薬剤として最初に実用化された JH 活性物質で,哺乳類に対して極めて低毒性であるため,ペット類のノミ,シラミなどの駆除にも使用されている.メソプレンの不斉炭素に関しては S(+) 体が活性を示す.より安定で高活性を示すフェノキシカルブおよびピリプロキシフェンは,ノミ,ゴキブリ,カ,ハエ類の衛生害虫のほか,アブラムシ,カイガラムシ,オンシツコナジラミ,ミナミキイロアザミウマなど農業害虫に対しても優れた防除効果を示す.

表 3.1 JH と JH 活性物質の変態阻害活性 (IC_{50} あるいは ID_{50} 値)

化 合 物	ネッタイシマカ幼虫 (ppm)	ハチノスツヅリガ (μg/蛹)	イエバエ (μg/前蛹)
JH I	0.15	0.06	>100
JH III	0.35	12	>100
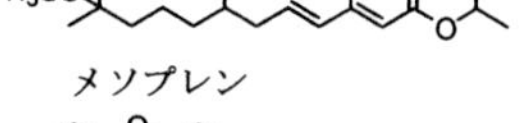 メソプレン	0.00017	5.7	0.0035
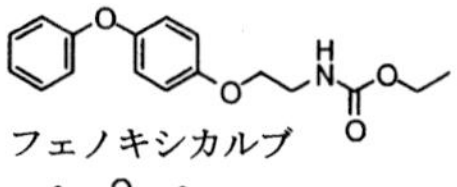 フェノキシカルブ	0.000010	0.000020	0.090
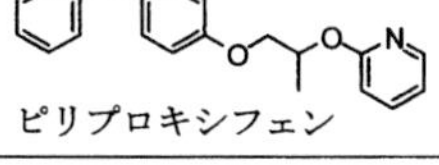 ピリプロキシフェン	0.0000039	0.00068	0.00033

なお，JH活性物質の有用昆虫に対する用途として，メソプレンがカイコの増繭剤として利用されている．カイコ5齢幼虫にメソプレンを処理すると，幼虫期間が延び幼虫の肥大化に伴い繭重を増やすことができる．

3.3.2 脱皮ホルモン活性物質

昆虫の脱皮と変態は脱皮ホルモンによって誘導される．脱皮ホルモン活性を持つステロイド化合物(エクジステロイド)は，昆虫のほかエビやカニなどの甲殻類など無脊椎動物から60種以上見つかっている．昆虫はステロイド骨格を合成する能力を欠いており，植物に含まれるステロイドを利用して前胸腺でエクジソンを合成し，体液中に分泌している．エクジソンは脂肪体で20-ヒドロキシエクジソンに酸化され，より強い活性を示す(図3.43)．

分泌されたエクジステロイドは標的細胞に到達すると，細胞膜を通過し核内に存在するエクジソンレセプター (EcR) に結合する．EcRはultraspiracle (USP) と呼ばれる，ある種のレセプタータンパク質とヘテロ2量体を形成しており，このヘテロ2量体とエクジステロイドとの複合体がDNAに結合して初期遺伝子の転写を誘導することが明らかにされている．

植物中にもエクジソン類似の構造を持つポナステロンAやシヤステロンなど脱皮ホルモン活性物質(phytoecdysone)が存在することが知られており，これらを餌に混ぜて幼虫に食べさせると，成育や脱皮の異常が観察される．しかし，JHの場合と異なり，次の二つの理由により害虫防除剤としての開発はほとんど行われなかった．(1)脱皮ホルモンの構造が複雑で，類縁体の合成が比較的困難であること，(2)多数の水酸基を有し水溶性のため，皮膚透過性に乏しく経口的にしか効果を示さない．

ところが，ステロイドとはまったく構造が異なるジベンゾイルヒドラジン誘導

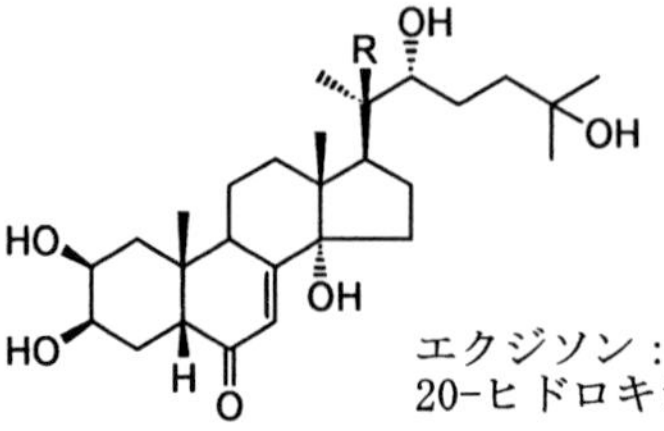

エクジソン：R = H
20-ヒドロキシエクジソン：R = OH

図3.43 脱皮ホルモンの構造

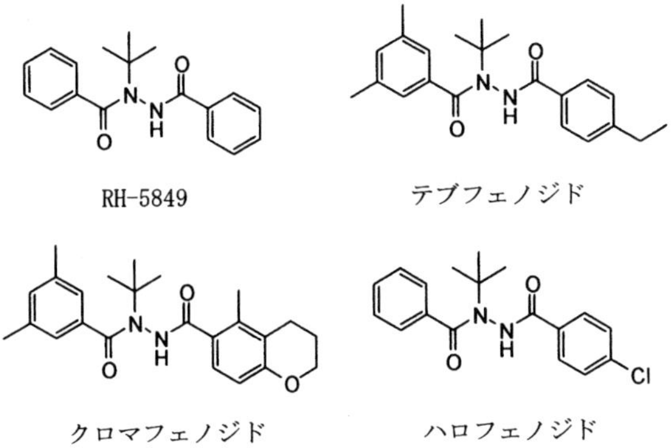

図 3.44 脱皮ホルモン活性物質

体 RH-5849 に脱皮ホルモン様活性が認められ，殺虫性があることが見つかった（図 3.44）．RH-5849 はショウジョウバエ Kc 細胞において，20-ヒドロキシエクダイソンと同様な形態変化を誘導すること，また，Kc 細胞の EcR に対して，ポナステロン A と競合的であることから，直接 EcR に作用していることが確かめられた．RH-5849 の EcR に対する結合性は 20-ヒドロキシエクダイソンに比べてかなり低いが，RH-5849 は昆虫体内で代謝分解を受けにくいため，20-ヒドロキシエクダイソンより高い活性を示す．RH-5849 を処理されたタバコスズメガやハスモンヨトウなどの幼虫は，古い表皮が脱げない，あるいは新しい表皮ができないなど脱皮障害を起こし結局致死する．このヒドラジン化合物の構造と活性の関係が詳細に検討され，チョウ目昆虫に対して強い殺虫活性を示すテブフェノジドやクロマフェノジドのほか，コガネムシなどのコウチュウ目昆虫に効力が高いハロフェノジドなどが実用化されている．

3.3.3 キチン合成阻害剤

昆虫の表皮はキチン，タンパク質，脂質，カテコール類などから構成されており，脱皮や変態時において，古い表皮は分解され，新しい表皮が合成される．この表皮の主成分であるキチンは N-アセチル-D-グルコサミンが β ($1 \rightarrow 4$) 結合したポリマーで，図 3.45 のようにグルコースから合成されるが，脱皮の際には古い表皮のキチンがキチン分解酵素（キチナーゼ）によって分解され，生じた N-アセチル-D-グルコサミンも新しい表皮のキチン合成系で再利用されている．

この脱皮や変態時のキチン合成を阻害し致死作用を示すベンゾイルフェニル尿素化合物が実用化されている（図3.46）。これらの化合物は，UDP-N-アセチル-D-グルコサミンからキチンへの段階を阻害するが，この過程を触媒するキチ

トレハロース ⟶ グルコース

↓↓

N-アセチル-D-グルコサミン-6-リン酸

N-アセチル-D-グルコサミン-1-リン酸

N-アセチル-D-グルコサミン

キチナーゼ

UDP-N-アセチル-D-グルコサミン

↓ キチン合成酵素

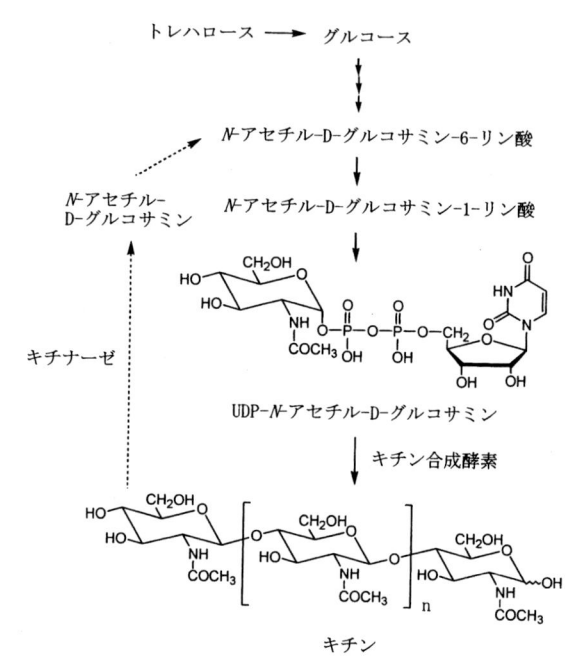

キチン

図3.45　キチン生合成経路

ジフルベンズロン　　　　　クロルフルアズロン

テフルベンズロン　　　　　フルフェノクスロン

図3.46　ベンゾイルフェニル尿素化合物

ン合成酵素を阻害しない．作用機構として，UDP-N-アセチル-D-グルコサミンのキチン合成の場への輸送阻害が考えられている．これらの化合物は幼虫に対して経口処理で強い効力を示し，成虫に対する殺虫性はないが，成虫に摂食させると産卵後の孵化を抑制する効果が認められている．なお，哺乳類にはキチンがないため，ベンゾイルフェニル尿素化合物の毒性は極めて低いが，カニやエビなどの甲殻類には影響を及ぼすので，使用には十分な注意が必要である．

3.3.4 その他の脱皮・変態阻害剤

ブプロフェジンは，トビイロウンカ，オンシツコナジラミ，カイガラムシなど主にカメムシ目害虫の防除用としてわが国で開発された薬剤である．幼虫脱皮・変態時の新しい表皮形成を阻害し殺虫活性を示す．ブプロフェジンは，UDP-N-アセチルグルコサミンからキチンへの生合成過程を阻害するほか，生殖機能の調節などに関与するプロスタグランジンの生合成を阻害することが明らかにされている．成虫に対して殺虫効果はないが，成虫に投与すると産卵数の減少や，産卵後の孵化阻害を引き起こす．

殺ダニ剤ヘキシチアゾクスとエトキサゾールは，ダニに対して強い殺卵活性および脱皮阻害による殺幼虫活性を示す．これらの化合物の作用機構はキチン生合成阻害であると考えられている．

アザディラクチンは昆虫の摂食阻害物質としてインドセンダン（*Azadirachta*

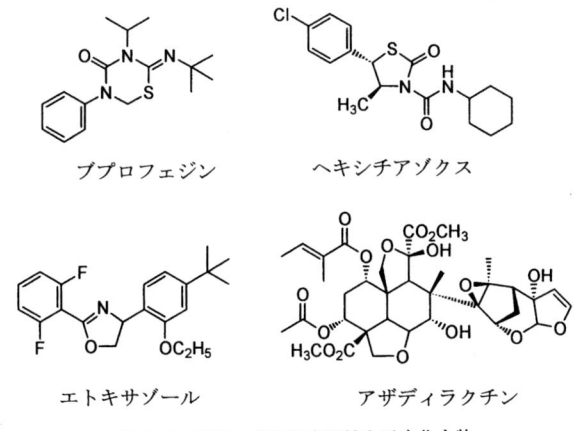

図 3.47 脱皮・変態阻害活性を示す化合物

indica) から単離された化合物である．摂食を妨げないような低濃度で脱皮や変態を阻害することから，内分泌系や中枢神経系への作用が考えられているが，作用機構は不明である．インドセンダンは熱帯地方で栽培されており，抽出物のまま害虫防除に使用されている（**図3.47**）．

参考文献

1) ホール，Z. H. 編（吉本智信・石崎泰樹監訳）：脳の分子生物学，メディカル・サイエンス・インターナショナル（1996）
2) ヴォート，D.・ヴォート，J. G.（田宮信雄ほか訳）：ヴォート生化学上巻第2版, p.482, 東京化学同人（1996）
3) Black, B. C. *et al.*: Pestic. Biochem. Physiol., 50 : 115 (1994)
4) Brooks, G. T.: Chlorinated Insecticides, Vol. I, II, CRC (1974)
5) Corringer, P.-J. *et al.*: Annu. Rev. Pharmacol. Toxicol., 40 : 431 (2000)
6) Cully, D. F. *et al.*: Nature, 371 : 707 (1994)
7) Eto, M.: Organophosphorus Pesticides: Organic and Biological Chemistry, CRC (1974)
8) ffrench-Constant, R. H. *et al.*: Nature, 363 : 449 (1993)
9) Hollingworth, R. M. and Murdock, L. L.: Science, 208 : 74 (1980)
10) Koura, Y. *et al.*: J. Pestic. Sci., 23 : 18 (1998)
11) Lapied, B. *et al.*: Br. J. Phamacol., 132 : 587 (2001)
12) Lümmen, P.: Biochim. Biophys. Acta, 1364 : 287 (1998)
13) Matsuda, K.: Trends Pharmacol. Sci., 22 : 573 (2001)
14) Narahashi, T.: Trends Pharmacol. Sci., 13 : 236 (1992)
15) Perret, P. *et al.*: J. Biol. Chem., 274 : 25350 (1999)
16) Sattelle, D. B. *et al.*: J. Exp. Biol., 118 : 37 (1985)
17) Soderlund, D. M. and Knipple, D. C.: Insect Biochem. Mol. Biol., 33 : 563 (2003)
18) Sussman, J. L. *et al.*: Science, 253 : 872 (1991)
19) Yamamoto, I. *et al.*: J. Pestic. Sci., 20 : 33 (1995)
20) Warmke, J. W. *et al.*: J. Gen. Physiol., 110 : 119 (1997)
21) 竹田　敏・桑野栄一：昆虫機能利用学，鈴木幸一ほか著，pp. 8-51, 朝倉書店（1997）
22) 藤原晴彦・神村　学：無脊椎動物のホルモン，日本比較内分泌学会編，pp. 105-126, 学会出版センター（1998）
23) C. A. Henrick: Juvenoids, Agrochemicals from Natural Products, edited by C. R. A. Godfrey, pp. 147-213, Mercel Dekker (1995)

4. 殺　菌　剤

　人類が農耕を行うようになったその時から農作物と病害との闘いが始まった．古くは紀元前1000年頃から古代ギリシャで硫黄が病害防除に使用されていたらしい．この硫黄は，現在でも有効な殺菌剤として使用されている．また，ローマ時代にコムギのさび病が発生したと思われる記述がある．しかし，古代では農作物の病害は「天災もしくは神仏の祟り」として諦められ，その防除法は，「病害退散の神事」であった．18世紀後半から硫酸銅が木材の腐朽防止や種子消毒に有用であることが知られるようになってきた．また，19世紀になると硫黄と石灰の混合物がモモのうどんこ病防除に使用され，現在でも石灰硫黄剤として利用されている．1882年にはフランスの植物学者Millardetが，ボルドー地方で栽培されていたブドウに発生したべと病の防除に硫酸銅と消石灰の混合物（ボルドー液）が有効であることを発見した．日本では，15世紀に木口の消毒に松脂と硫黄の混合物を塗布したとする記述があり，19世紀には木灰や木灰汁を麦の種子消毒に用いている．このように無機化合物が主体であった病害防除剤は，第二次世界大戦勃発とともに有機合成農薬の研究開発が積極的に行われるようになり多様な展開を始める．さらに，植物病理学研究の進展に伴い，植物の病害は主にウイルス，細菌および糸状菌によって引き起こされることが解明された．植物ウイルスは主に媒介昆虫（ベクター）などによって植物体内に侵入し発症する．
　ウイルス病の防除法は，細菌や糸状菌の防除法とは異なり，その媒介昆虫を殺虫剤により防除するか，またはウイルスフリーの種苗が育苗されている．植物感染性細菌はグラム陰性の桿菌が主であるといわれており，ストレプトマイシンなどの抗生物質が使用されている．植物病原菌の中でも特に大部分を占めているのは糸状菌による病害であり，今日数多くの防除剤が合成されている．
　現在使用されている殺菌剤を化学構造によって分類・整理することもできるが，化学構造が異なっていても阻害部位/作用機構が同一であれば化学的防除剤として同一であると考えなければならない．したがって，防除剤の作用機構を十

4. 殺菌剤

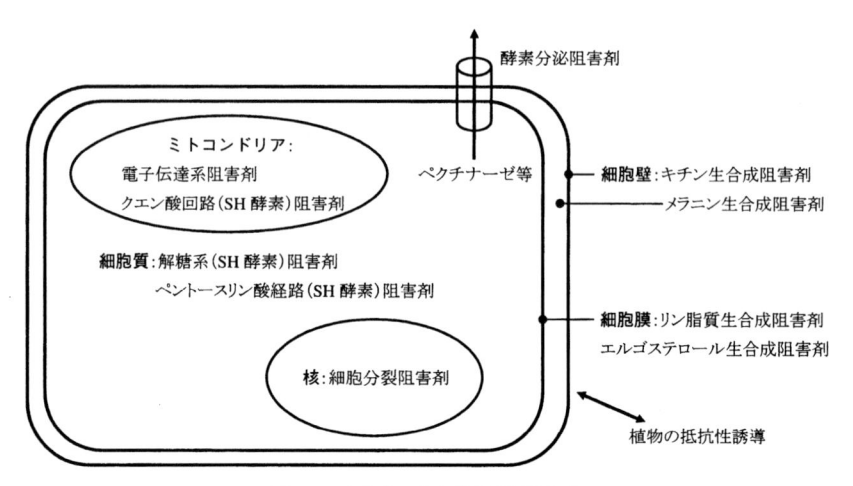

図4.1 糸状菌の主な阻害剤標的部位

（図中ラベル）
- ミトコンドリア：電子伝達系阻害剤／クエン酸回路（SH酵素）阻害剤
- 細胞質：解糖系（SH酵素）阻害剤／ペントースリン酸経路（SH酵素）阻害剤
- 核：細胞分裂阻害剤
- 酵素分泌阻害剤（ペクチナーゼ等）
- 細胞壁：キチン生合成阻害剤／メラニン生合成阻害剤
- 細胞膜：リン脂質生合成阻害剤／エルゴステロール生合成阻害剤
- 植物の抵抗性誘導

分に理解し，それにより分類することは，連用散布による抵抗性の発現を抑えるためにも重要な意味を持つ．そこで，本章では，その作用機構について述べる．また，現在使用されている殺菌剤の標的となる阻害部位を**図4.1**に示した．

無機化合物から有機化合物への展開

硫黄の英語名 Sulfur は，サンスクリット語の「火の元」を意味する Sulvere を語源とするラテン語 Sulphurium から導かれたものである．この硫黄は，ミトコンドリアの電子伝達系を阻害し殺菌作用を示す（本文参照）．科学的知識の普及により有効な作物保護手段が発達し，硫黄は1934年 Tisdale & Williams によるジチオカーバメート系殺菌剤の発見へと展開した．これらの殺菌剤は，SH酵素阻害剤（本文参照）として今でも果樹・野菜類などの基幹剤として使用されている．1882年（明治15年：嘉納治五郎により柔道創始）発見といわれているボルドー液は，1897年（明治30年）には日本に輸入されている．

その後，わが国での無機化合物の使用は，1907年（明治40年）に石灰硫黄合剤，1923年（大正12年：関東大震災）にヒ酸鉛（$PbHAsO_4$）を国産化（現在は使用禁止）している．さらに，1934年（昭和9年：ヒトラー，ドイツ総統に就任）より有機水銀剤が使用されるようになり，1953年（昭和28年）頃からはイネの重要病害であるいもち病の防除剤として広く水田で使用されたが，1969年（昭和44年：米国アポロ11号で人類が初めて月面に立つ）に使用中止となった．

4.1 殺菌剤の分類

殺菌剤は，薬剤の処理方法や使用時期またはその薬剤の移行性によって，以下のように分類することができる．

4.1.1 処理法による分類

茎葉処理は，栽培している作物の特に地上部（茎葉，花，果実，種子）を保護するため作物に直接薬剤を散布する．植物病原菌は主に胞子により伝播するため，この処理法が多用されている．土壌処理には，特に土壌病害を防除するため蒸気圧の高い，つまり気化しやすい薬剤を土壌中に注入する土壌くん蒸，液体の薬剤を注入する土壌灌注および固体の薬剤を土壌と混ぜる土壌混和がある．種子処理は，種苗由来の病原菌を防除するための方法であり，種子，球根，種いもなどに対する薬剤の粉衣，薬液への浸漬またはくん蒸などの手法がとられている．水稲栽培に特有の処理法として，薬剤を田面水に処理する水面施与や灌漑水の引込み口に処理する水口処理，さらに育苗箱に処理する育苗箱処理がある．特に育苗箱処理用の殺菌剤は，本田で長期にわたり効果を発揮するように薬効成分を徐々に放出する徐放性製剤として用いられることが多い．

4.1.2 薬剤の移行による分類

殺菌剤の効果を左右する重要な要因に薬効成分の浸透移行性がある．処理した薬効成分が根や茎葉から植物体内に吸収され，植物体全体に移行する場合，浸透移行性が高いといわれ，その殺菌剤は高い効果を発揮することができる．一方，浸透移行性が低い殺菌剤は，その薬剤が散布された部位を保護することができるが，薬剤が散布されていない部位は病原菌の攻撃から守ることができない．つまり，十分に薬液を散布しないと求める効果を得ることができない場合がある．このように，有効成分の浸透移行性は，作物を植物病原菌から保護するために重要な要因の一つである．

農業用殺菌剤の場合，作物が罹病する前に施用しておくことが一般的であり，このような処理法を予防処理と呼び，この目的で使用される殺菌剤を予防剤，その効果を予防効果と呼ぶ．浸透移行性に優れた殺菌剤は，優れた予防効果を示す

ものが多い.一方,すでに罹病した作物の病気の進展を阻止する目的で施用される殺菌剤を治療剤,その効果を治療効果と呼ぶ.しかし,動物の治療剤と異なり,罹病した作物の病斑を完全に回復するような作用を有する農業用殺菌剤はほとんどない.有効成分の浸透移行性は殺菌剤の効果の安定性に重要な要因であるが,有効成分が長期間にわたり作物体内に分解されずに残る場合は,残効性が長くなり効果の面では長所となる.しかし,残効性が長くなりすぎると作物の残留農薬の問題が生じてくるため,適度な残効性が要求される.

4.2 殺菌剤の作用機構

4.2.1 細胞膜および細胞壁の阻害剤

a. エルゴステロール生合成阻害剤

細胞膜は,構成脂質と機能性脂質と呼ばれる2種類の脂質によってできている.糸状菌の細胞膜の重要な構成脂質であるエルゴステロールの生合成阻害剤をEBI剤(Ergosterol Biosynthesis Inhibitor)と呼んでいる.EBI剤を処理された糸状菌は,エルゴステロールを生合成できないため,正常な膜構造が維持されず,菌糸の先端が膨潤した特徴的な形態異常を示し菌糸の伸長が停止する.

エルゴステロールの隠された秘密

エルゴステロールに太陽光(紫外線)があたると分解しビタミンD_2に変化する.そのため,エルゴステロールはプロビタミンD_2とも呼ばれる.つまり,太陽光に十分照射した椎茸ほどビタミンD_2が多いのはそのためだろう.

このEBI剤は作用機構により大きく2種に分類することができる.一つは,酸化酵素シトクロムP450によるラノステロールの14位の脱メチル化反応を阻害する含窒素芳香族ヘテロ環骨格を持つシトクロムP450阻害剤(DMI剤:Demethyl Inhibitor)であり,もう一つは,7位の二重結合の転位反応と14位の二重結合の還元反応を阻害するモルフォリン環骨格を持つ転位酵素阻害剤である.糸状菌のエルゴステロールの生合成経路と阻害剤の阻害部位を図4.2に示した.シトクロムP450によるラノステロール14位の脱メチル化反応機構は,大きく次の4段階の反応過程によって生じている.つまり,1)シトクロムP450

図4.2 糸状菌のエルゴステロール生合成経路と殺菌剤の阻害部位

の3価のヘム鉄に電子伝達系から1電子が供給され還元された2価のヘム鉄となる，2) これに酸素分子が配位し，[P 450-Fe^{3+}-O_2^-] 複合体を形成後，3) 14位のメチル基を酸化しヒドロキシメチル体となり，4) このヒドロキシメチル基がギ酸として脱離する．この反応とDMI剤阻害部位を**図4.3**に示した．DMI剤のヘテロ環内窒素原子は，14位脱メチル化反応の鍵酵素の活性中心であるポル

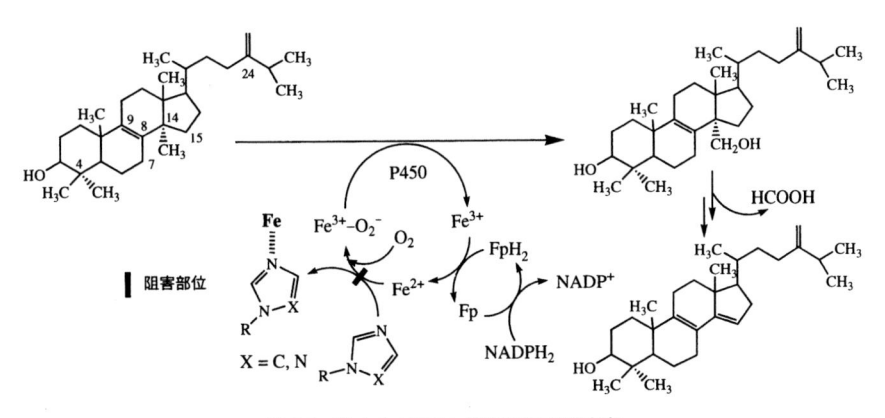

図4.3 脱メチル反応とDMI剤の阻害部位

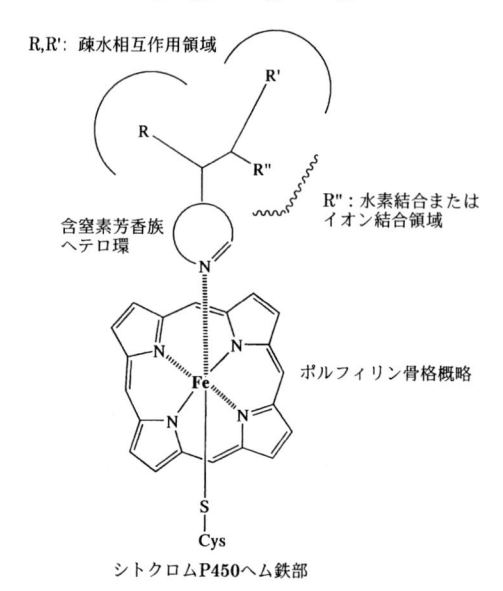

図4.4 シトクロムP450とDMI剤の結合様式

フィリン環のヘム鉄原子と図4.4のように配位結合するため,酸素分子がヘム鉄と配位することができなくなり,14位のメチル基が酸化されない.したがって,DMI剤は,阻害中心として作用する環内窒素原子を含むピリジン,ピリミジン,イミダゾールおよび1,2,4-トリアゾールなどの含窒素芳香族ヘテロ環と疎水的相互作用をする置換基との多様な組合せが可能であり,浸透移行性の高い選択的殺菌剤として開発されている.その一例を図4.5に示した.このように化学構造式が異なっていても作用機構が同一であるため,抵抗性発現を抑制するには連用すべきでない.

次に,図4.6に示したエルゴステロールの生合成経路の中で,二重結合の転位反応と14位の還元反応を阻害する殺菌剤がある.その構造的特徴は,すべてモルフォリン環を持つことである(図4.5).このモルフォリン系化合物は,フェコステロールのB環8位の二重結合が反応中間体を経てエピステロールの7位に転位する反応を阻害する.さらに,4,4-ジメチルエルゴスタ-8,14,24-トリエノールのC環14位の二重結合の還元を阻害することにより,フェコステロールさらにエピステロールへの生合成を阻害する.モルフォリン系化合物は,二重結合の転位反応と二重結合の還元反応の阻害という異なった反応を阻害しているよ

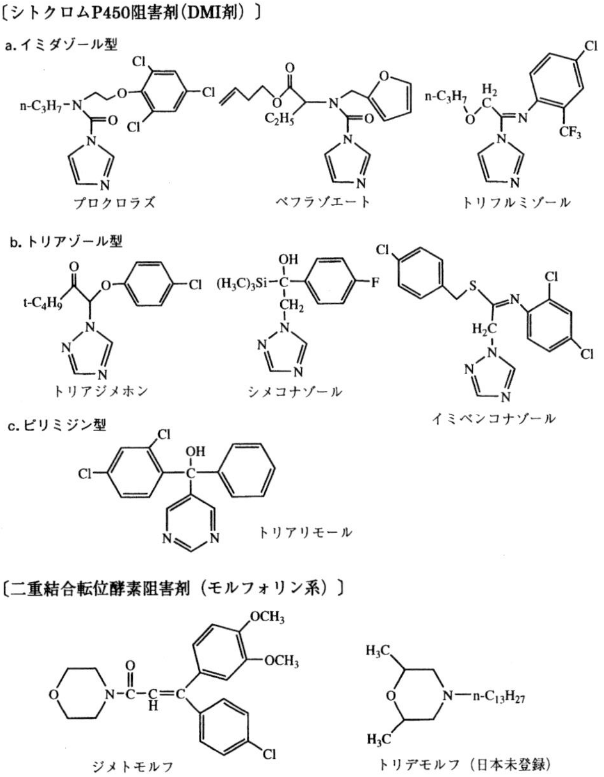

[シトクロムP450阻害剤（DMI剤）]

a. イミダゾール型

プロクロラズ　　　ペフラゾエート　　　トリフルミゾール

b. トリアゾール型

トリアジメホン　　シメコナゾール　　イミベンコナゾール

c. ピリミジン型

トリアリモール

[二重結合転位酵素阻害剤（モルフォリン系）]

ジメトモルフ　　　トリデモルフ（日本未登録）

図 4.5　主なエルゴステロール生合成阻害剤（EBI 剤）

うに見えるが，二重結合の転位反応は，まず還元反応を受け，生成した反応中間体の脱水素反応を経て二重結合が転位している．このことより，モルフォリン系化合物は，二重結合の還元反応を阻害している可能性がある．（なお，最近ジメトモルフの作用機構として細胞壁の合成阻害も提唱されている．）

b．リン脂質ホスファチジルコリン（レシチン）生合成阻害，コリン生合成阻害剤（有機硫黄剤：有機リン酸系，マロン酸系）

　リン脂質は，生体膜系を構成する主要な膜構成成分としてのみならず，細胞内情報伝達経路やタンパク質の膜へのアンカーとしても重要な役割を果たしており，その構成成分によりグリセロリン脂質とスフィンゴリン脂質に大別される．有機リン酸系やマロン酸系の殺菌剤は，リン脂質の中でもグリセロリン脂質の生

図 4.6 モルフォリン系阻害剤の異性化反応および還元反応経路阻害 (■:阻害部位)

合成を阻害するといわれている．その阻害部位は，安定同位体を用いたトレーサ実験の結果，ホスファチジルエタノールアミンからホスファチジルコリン（レシチン）を生合成する過程（Greenberg 経路）の N-メチル基の転位反応を阻害することが明らかとなった（図 4.7）．このことはホスファチジルエタノールアミンメチルトランスフェラーゼの阻害である可能性が高い．イソプロチオランは，

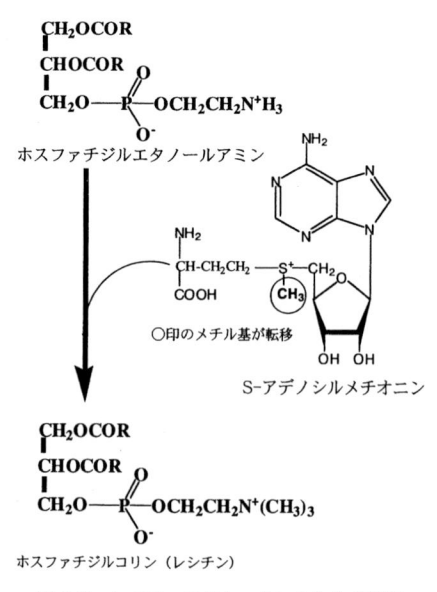

図 4.7 ホスファチジルコリンの生合成経路

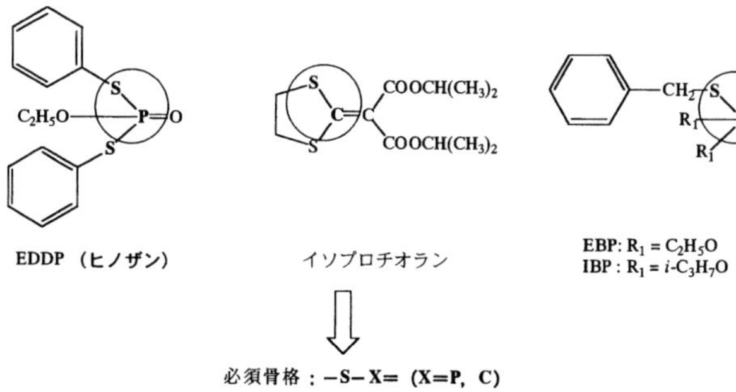

図4.8 脂質生合成阻害剤

いもち病菌の生活環の中でも，特に付着器からの侵入菌糸形成を1〜2 ppmの濃度で強く阻害する．一方，胞子の発芽や胞子形成の阻害作用は200 ppm以上とその作用は弱い．また，IBPやEBPの有機リン酸エステルも同様の作用を示す．このように，化学構造は有機リン酸エステルとマロン酸エステルと異なっているが，その作用機構の共通性より，両者に共通している硫黄と結合した二重結合を含む骨格（＝X-S; X=P, C）が活性発現には重要であると考えられる（図4.8）．

c．細胞壁合成阻害（ジカルボキシイミド系，ポリオキシン）

ジカルボキシイミド系殺菌剤の起源は，クロルプロファム型のカーバメート系除草剤を殺菌剤として再評価した際，当時北海道で難防除として問題になっていたインゲンマメの菌核病菌に卓越した効果を示した化合物H-5009に始まる．これらのカーバメート系化合物はフェニルイソシアネートとアルキルアルコールとの反応により合成することができる．この化学構造と殺菌活性の検討の結果，ベンゼン環には3,5-ジハロ基が有効であり，アルコール側にはα位にニトリル（CN），カルボン酸エステル（COOR）やアミド（$CONH_2$）基が存在すると高活性を発現した．ところが，化合物H-5009は，図4.9のように分子内環化反応により生じたイミド化合物が，さらに加水分解後に再環化したオキサゾリジンジオン体に化学変化して，高い殺菌活性を発現していた．つまり，殺菌活性の活性本体はN-フェニルイミド体であることが発見されるに至り，図4.9に示したジカルボキシイミド系殺菌剤と総称される類縁化合物が開発された．

ジカルボキシイミド系化合物を灰色かび病菌のような対象病原菌に処理すると，速やかに菌糸の伸長が阻害され膨潤化する．その後，異常に膨潤した菌糸細

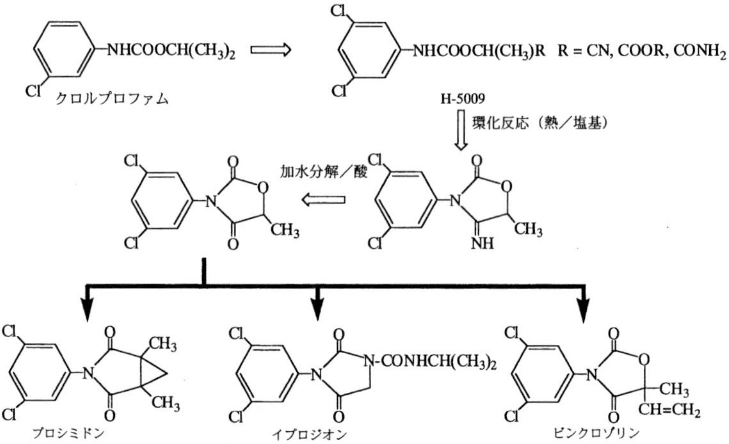

図4.9 ジカルボキシイミド系殺菌剤の分子設計

胞は破裂し，細胞内容物が漏出する．また，菌核や胞子形成も抑制される．このような菌糸細胞の膨潤・破裂症状は，ジカルボキシイミド系化合物の特徴である．灰色かび病菌の菌糸プロトプラストや細胞壁を欠損したアカパンカビ変異株を用いた実験より，ジカルボキシイミド系化合物は，細胞壁の生合成を阻害していることが明らかになった．しかし，その作用機構の詳細は未解明である．

一方，ポリオキシン類は，放線菌（$Streptomyces\ cacaoi$ var. $asoensis$）が産生するAからNの14の構造類似成分よりなり，UDP-N-アセチルグルコサミンに類似の骨格を持つ（**図4.10**）．そのため，ポリオキシン類の作用機構は，糸状菌の細胞壁構成成分であるキチンの合成酵素系，特にキチン合成酵素を競合的に阻害し，薬剤処理した菌体内にはUDP-N-アセチルグルコサミンが蓄積する．また，菌糸は，その先端が電球のような球状に膨潤する特徴的な形態異常を示す．

d．メラニン生合成阻害剤

イネのいもち病菌は表皮貫入によりイネ体内に侵入する．いもち病菌の感染過程は，まずイネ葉面上で胞子が発芽し，付着器と呼ぶ特徴的な組織を形成する．この付着器から，侵入菌糸がセルラーゼやペクチナーゼなどの酵素を分泌しながら植物細胞に到達し，栄養分を吸収しつつ植物体中を進展し，病気が蔓延する．その際，この付着器内の圧力は，上昇したグリセロール濃度により30気圧に到

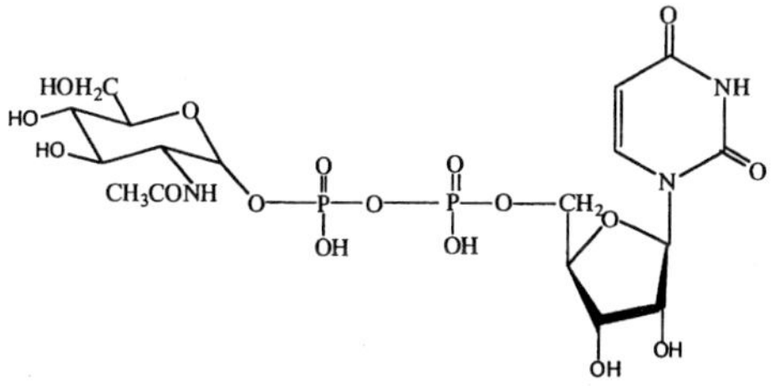

UDP-N-アセチルグルコサミン

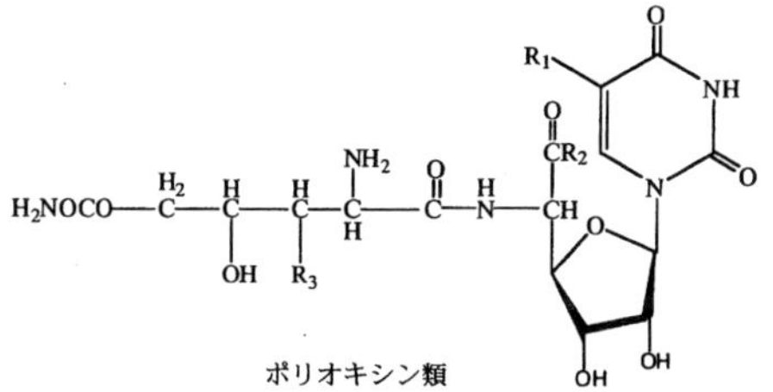

ポリオキシン類

	R$_1$	R$_2$	R$_3$
A	CH$_2$OH	X	OH
B	CH$_2$OH	OH	OH
D	COOH	OH	OH
E	COOH	OH	H
F	COOH	X	OH
G	CH$_2$OH	OH	H
H	CH$_3$	X	OH
J	CH$_3$	OH	OH
K	H	X	OH
L	H	OH	OH
M	H	OH	H

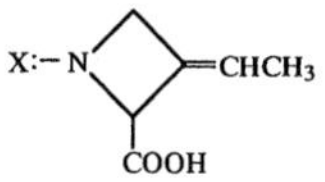

図4.10 ポリオキシン類の細胞壁合成阻害剤

達し，葉面上で80気圧の膨圧をかけ侵入菌糸が植物体内に侵入するといわれている（**図4.11**）．この付着器の物理的強度を維持するためにメラニンが重要な役割を果たしている．したがって，阻害剤によりメラニンの生合成が阻害されると，いもち病菌の付着器はグリセロールによる圧力に耐えることができず，付着器内部のグリセロールが漏出するため侵入菌糸がイネ体内に侵入できない．しかし，栄養分が十分にある培地中では，阻害剤存在下でも，いもち病菌は死滅することなく生育する．

このように，メラニンはいもち病菌の病原性には非常に重要であるが，その生育には直接必要ない．このメラニン生合成阻害剤のように，直接的な殺菌作用がなくても防除効果を示す殺菌剤を，非殺菌性殺菌剤や感染制御剤または静菌剤（fungistatics）と呼んでいる．いもち病菌を含む糸状菌のメラニンは，チロシンから生合成される動植物に広く分布するメラニンとは異なり，**図4.12**のように

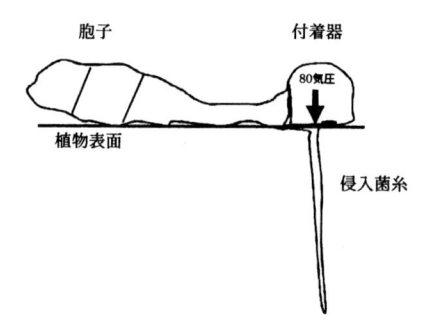

図4.11 イネいもち病菌の植物内への侵入様式

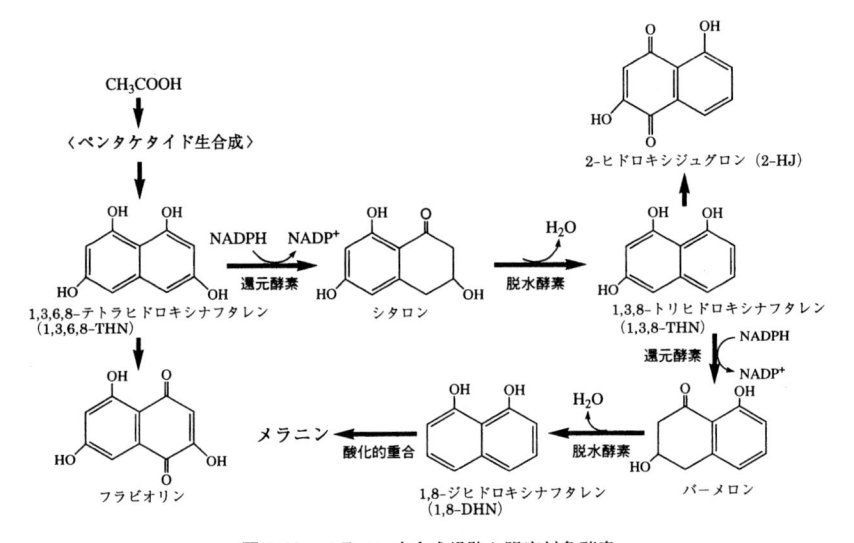

図4.12 メラニン生合成経路と阻害対象酵素

　酢酸から β-ポリケト酸を経由してナフタレン骨格を生合成し，これが酸化的に重合して黒色のメラニンになる．

　最初のメラニン生合成阻害剤は，1966年に実用化されたペンタクロロベンジルアルコール(ブラスチン，PCBA)である．この化合物は，**図4.13**のように酸化されたアルデヒド体がオルト位の塩素と同一平面に配置することにより2環式様構造となり，メラニン生合成を阻害すると考えられている．この骨格は，その後に開発されたフサライドと非常に類似の骨格をとっていることが分かる．しかし，PCBAは，これを処理した稲わらより調製した堆肥に，代謝物パークロロ

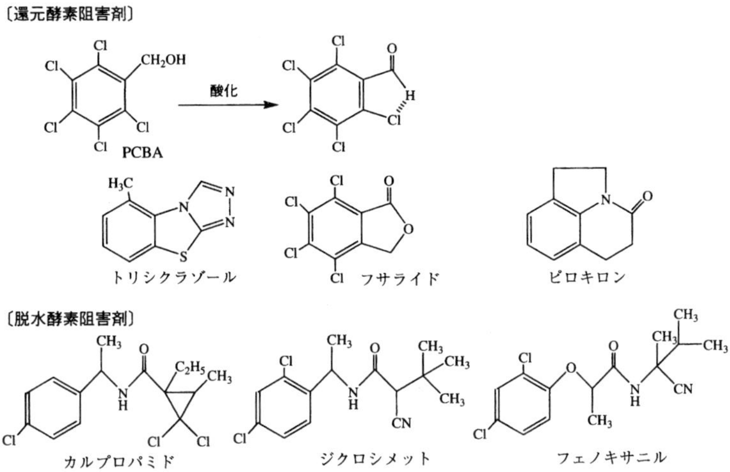

〔還元酵素阻害剤〕

PCBA → 酸化 →

トリシクラゾール　　フサライド　　ピロキロン

〔脱水酵素阻害剤〕

カルプロパミド　　ジクロシメット　　フェノキサニル

図 4.13 メラニン生合成阻害剤

安息香酸が残留し，後の作物に悪影響を及ぼすことが分かり登録が抹消された．現在市販されているメラニン生合成阻害剤は，阻害部位の異なる 2 種に分類することができる．

最初に作用機構が解明されたのは図 4.13 に示した還元酵素を阻害する化合物であり，濃度により阻害する酵素が異なる．この還元酵素阻害剤は，高濃度では 1, 3, 6, 8-テトラヒドロキシナフタレンからシタロンに至る反応を阻害し，赤色のフラビオリンを蓄積する．一方，低濃度では 1, 3, 8-トリヒドロキシナフタレンからバーメロンへの反応を阻害し，赤黄色の 2-ヒドロキシジュグロンが蓄積する（図 4.12）．これらの阻害剤の標的酵素は，NADPH 依存性の還元酵素であり，その触媒部位は Ser^{164}-Tyr^{178}-Lys^{182} のアミノ酸残基により構成されている．トリシクラゾールと還元酵素の結晶解析の結果（**図 4.14**），トリシクラゾールの 2 と 3 位の窒素原子は，触媒部位の Tyr^{178} と Ser^{164} 残基の水酸基と水素結合し，さらに，阻害剤の芳香環は，別のアミノ酸残基 Tyr^{223} と補酵素 NADPH の芳香環に挟まれていることが分かった．

このように，阻害剤は，ヒドロキシナフタレン還元酵素の基質結合部位に基質とまったく同じ様式で完全に捕捉され，競合的に触媒反応を阻害する．一方，脱水酵素阻害剤（図 4.13）は，シタロンから 1, 3, 8-トリヒドロキシナフタレンへ

a. トリヒドロキシナフタレンの結合様式   b. トリシクラゾールの結合様式

図 4.14 還元酵素触媒部位と阻害剤の結合様式（Andersson らの図を改変）

の反応とバーメロンから 1,8-ジヒドロキシナフタレンへの反応をほぼ同じ濃度で阻害する（**図 4.12**）．シタロン脱水酵素の阻害機構を解析した結果，その阻害様式は酵素濃度と同程度の非常に低い濃度で酵素活性を阻害する tight binding 型競合阻害（$K_i=100$ pM）であった．さらに，結晶構造が解析され，その阻害にはアミド部位が必須であり，ベンジル位の置換基が阻害活性に大きな影響を与えることが分かった（**図 4.15**）．

a. シタロン脱水酵素触媒部位と基質   b. シタロン脱水酵素触媒部位とカルプロパミド

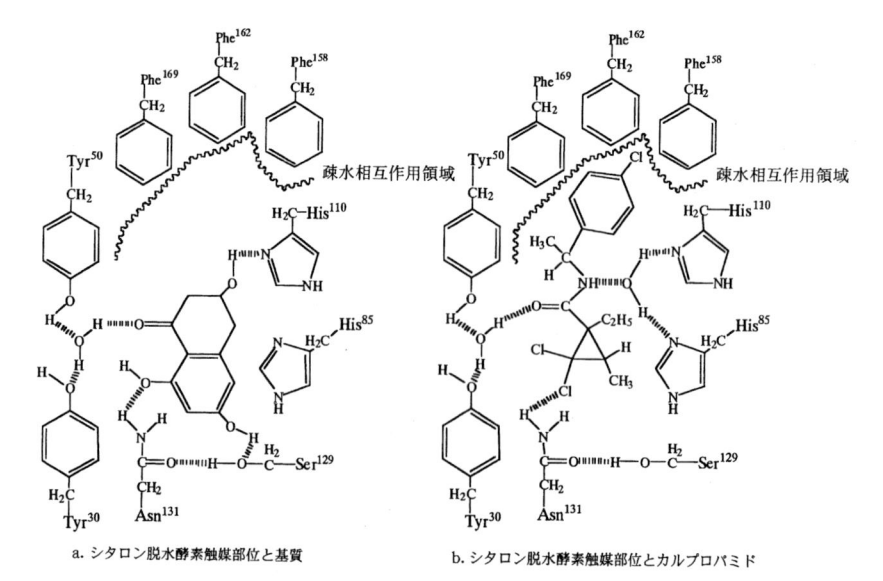

図 4.15 シタロン脱水酵素の触媒部位と阻害様式（本山らの図を改変）

カルプロパミドは3個所の不斉中心が存在する．メラニン生合成を強く阻害する異性体は，アミン部位がR，酸部位が$1R,3S$であり，他の異性体にはその作用は確認されていない．市販品は，酸部位が$1R,3S$と$1S,3R$の混合物である．

カルプロパミド発見のきっかけとなったシクロプロパンカルボン酸誘導体は，リグニン化の促進やイネのファイトアレキシンを誘導・蓄積することが知られている．カルプロパミドもメラニン生合成のみならず，モミラクトンやサクラネチンのようなファイトアレキシンをイネ体内に誘導・蓄積することや，イネの抵抗性に関与するパーオキシダーゼ活性を高めることが分かってきている．

ヒトの体色「メラニン」の原料はアミノ酸

種々の動物の体色に関与する褐色ないし黒色の色素であるメラニンは，芳香族アミノ酸の一種であるチロシンがメラノソーム内で酸化重合した物質であり，ナフタレン骨格よりなる糸状菌のメラニンとは骨格が異なる．動物のメラニンは，過剰な光の吸収に役立っている（図4.16）．

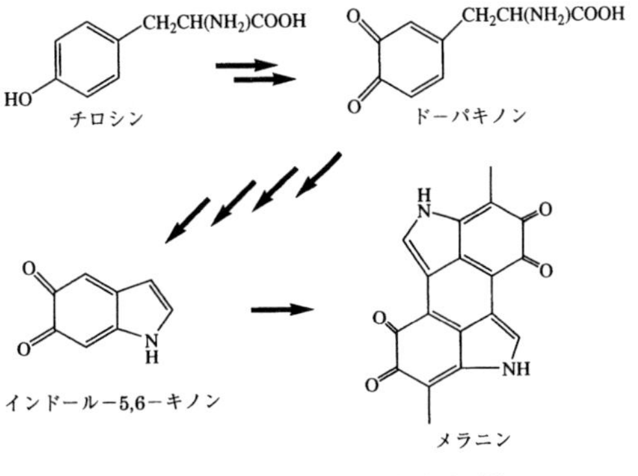

図4.16 ヒトのメラニン生合成経路

4.2.2 電子伝達系阻害剤（硫黄，アニリド，ストロビルリン，フルアジナムなど）

エネルギー獲得系は生物にとって生理機能を維持するために必要不可欠な反応系である．ミトコンドリアは，生命現象に必要不可欠なエネルギーであるATPの多くを生産している重要な細胞内小器官である．さらに，ミトコンドリアは，

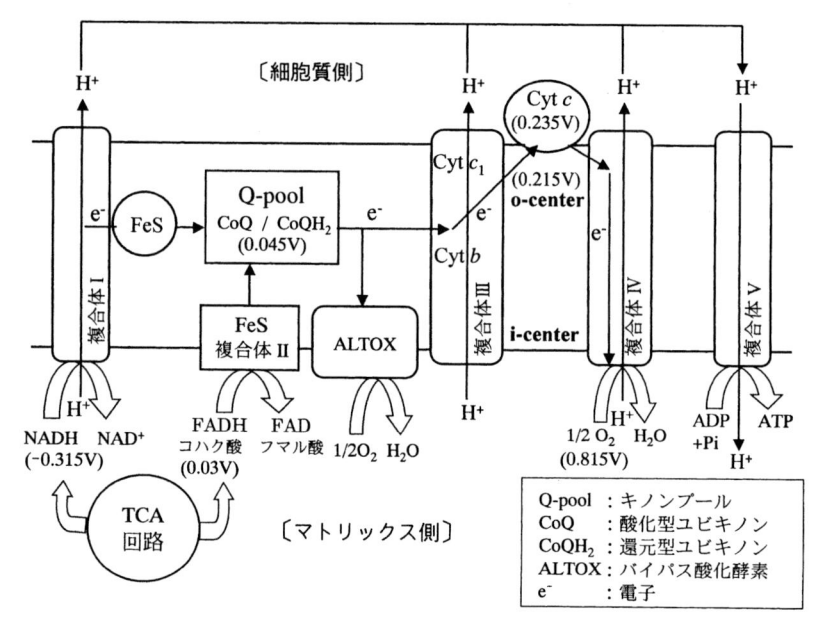

図4.17 糸状菌ミトコンドリアの電子伝達系

活性酸素などのセカンドメッセンジャーを駆使して核と情報交換することにより，細胞全体の代謝制御をつかさどっていることも明らかとなってきた．

ミトコンドリアの最も基本となる重要な役割は，**図4.17**のように標準酸化還元電位が最も低い NADH ($E_0' = -0.315$ V) から最も標準酸化還元電位の高い酸素 ($E_0' = 0.815$ V) に，複合体ⅠからⅣを経由して電子を供給する電子伝達系を構成するエネルギー生産装置としてである．糖・脂肪酸およびアミノ酸を最終的に酸化する代謝経路であるクエン酸 (TCA) 回路で生じた還元型補酵素 NADH として運ばれた水素は，まず複合体Ⅰ (NADH デヒドロゲナーゼ) へ渡される．この複合体Ⅰより電子がユビキノン (CoQ) に伝達されるときに，水素が膜間スペースへ移動する．コハク酸より $FADH_2$ として運ばれた電子は，複合体Ⅱ (コハク酸デヒドロゲナーゼ) を経由してユビキノン (CoQ) に伝達される．複合体Ⅲ (シトクロム bc_1 複合体) は，複合体Ⅰと複合体Ⅱより電子が供給され，還元されたユビキノン (ユビキノール，$CoQH_2$) よりシトクロム c へ電子を伝達する．このとき同時に水素が膜間スペースへ移動する．シトクロム c より電子を受け取った複合体Ⅳ (シトクロム c オキシダーゼ) では，最終の電子受容

体である酸素を還元し水を生成する．その際，水素が膜間スペースへ移動する．
　ミトコンドリアの電子伝達系は，電子を伝達するだけではなく，複合体Ⅰ，Ⅲ およびⅣでマトリックス側から膜間スペースへ水素イオンをくみ出すことにより水素イオンの濃度勾配を発生させ，電気化学的なポテンシャルとしてエネルギーを蓄える．この膜間スペースに移動した水素イオンが，複合体Ⅴ（ATP 合成酵素複合体）を経由して再びマトリックス側に戻ってくることにより，蓄えられていたエネルギーを利用して ADP とリン酸より ATP が生合成され，化学的エネルギーに変換される．この電子伝達系と共役した複合体Ⅴで行われる反応を酸化的リン酸化と呼ぶ．電子伝達系の電子の流れを阻害すれば，酸化的リン酸化系が機能せず，その結果，ATP が供給されなくなり，生物は生命現象を維持できない．

a．アニリド系薬剤

図 4.18 に示したベンズアニリド系化合物は，電子伝達系の複合体Ⅱを特異的に阻害し，担子菌 *Rhizoctonia solani* 防除剤として使用されている．特に日本では，*R. solani* は紋枯病を引き起こすイネの重要病害菌であるため，水田の湛水期に粒剤として使用できる水面施用剤の開発が望まれていた．そこで，カルボキシンを先導化合物として，ヘテロ環をベンゼン環に置換したメプロニルや，そのオルト位をトリフルオロメチル基に変換したフルトラニルが商品化された．さらに，アニリン側のメタ位のイソプロピル基を固定し，ベンゼン環をピラゾール環に変換したフラメトピルが開発された．ピラゾール環に変換したフラメトピルは作物への浸透移行性が高まり，より低濃度で安定して紋枯病を防除することが可能となった．しかし，これらの化合物が複合体Ⅱをどのように阻害しているか，その詳細な作用機構は判明していない．

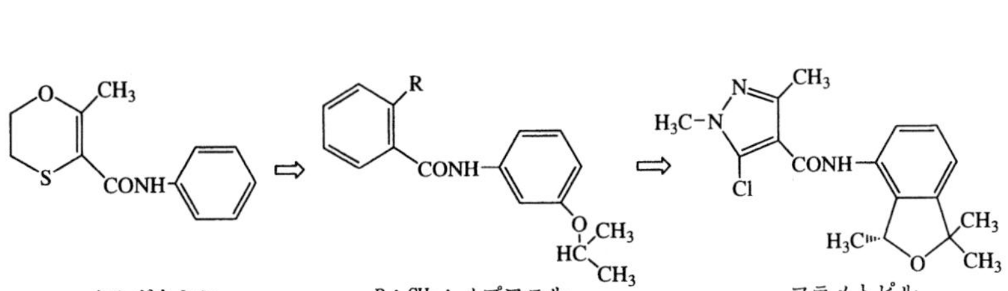

図 4.18 電子伝達系複合体Ⅱ阻害剤

b. 硫 黄

硫黄は，古くから殺菌剤として使用されてきた．その作用部位は複合体IIIであると考えられている．CoQより流れてきた電子は，複合体IIIで標準酸化還元電位が0.03Vのシトクロムbから0.215Vのシトクロムc_1に伝達される（図4.17）．ところが，硫黄の酸化還元電位は，0.14Vであるため，硫黄はシトクロムbより電子を奪い，還元されて硫化水素となる．その結果，電子伝達系より電子の放流が起こり，ATPは生合成されず，殺菌作用が示されると考えられている．さらに，発生した硫化水素ガスによる副次的な効果も期待される．

c. ストロビルリン系薬剤

ストロビルリン系殺菌剤は，担子菌類の木材腐朽菌（*Strobilurus tenacellus*や*Oudemansiella mucida*）の培養液から発見された殺菌活性を有する天然物を先導化合物として開発された．天然物のストロビルリンAは光安定性が悪く，揮発性が高かったため農業用殺菌剤としては十分な効果を得ることができなかった．そこで，光安定性と揮発性の観点からペンタジエニル基の構造改変が行われ，広い抗菌スペクトラムを有し，高い殺菌活性を示す一連の化合物が開発された（図4.19）．このストロビルリン系殺菌剤も，複合体IIIのシトクロムbとシトクロムc_1との間の電子の流れを遮断することが明らかとなった．しかし，その

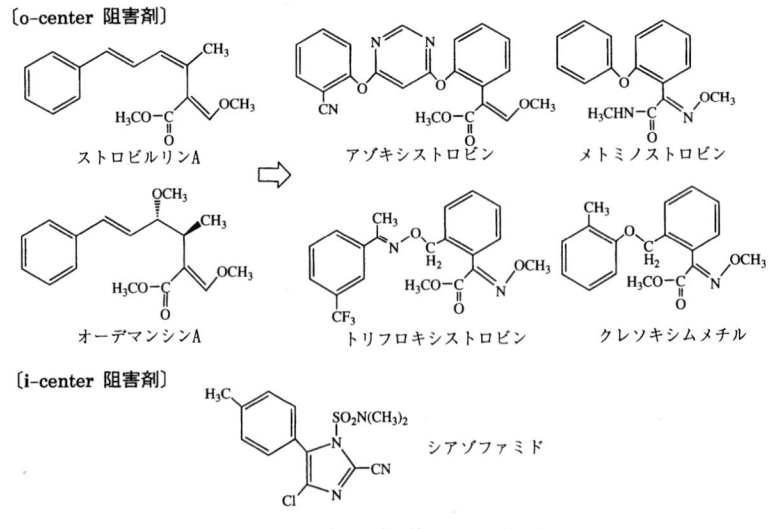

図4.19 電子伝達系複合体III阻害剤

作用機構は硫黄とは異なっている.

ミトコンドリア内膜にある複合体IIIを構成しているタンパク質の機能が詳細に解明された結果,複合体IIIは,その機能によりユビキノール($CoQH_2$)がユビキノン(CoQ)に酸化される部位(o-center)とユビキノンが還元されユビキノールが生成する部位(i-center)とに別れている.ストロビルリン系化合物はシトクロム b の o-center に結合し,$CoQH_2$ や CoQ の結合部位を占有することにより電子伝達系の電子の流れを止めることが明らかとなった.しかし,メトミノストロビンの作用機構の解明の過程で不思議な現象が生じた.

一般的に,電子伝達系の実験は,酸素電極を用いて溶液中の溶存酸素濃度を測定する.電子伝達系の阻害剤を処理すると,図 4.20 のように溶液中の溶存酸素濃度の減少は停止する.ところが,薬剤処理したイネいもち病菌(*Magnaporthe grisea*)の菌糸による酸素消費は,時間の経過とともに徐々に回復し,最終的には正常な値にまで回復した.さらに,菌糸の生育は完全に抑制できなかった.また,灰色かび病菌(*Botoritys cinerea*)の場合は,呼吸回復のための誘導期間がなく,速やかに酸素消費が回復した.この回復した呼吸は,ミトコンドリア内で発生したスーパーオキシドアニオン(O_2^-)がセカンドメッセンジャーとして核に情報を伝達した結果,ユビキノンプールよりシアン耐性呼吸(cyanide-resistant respiration または alternative pathway:現在はこの名称が一般的である)と呼ばれるバイパスが誘導されたことに起因することが明らかとなった.しかし,この alternative pathway は,ATP の生合成機能を持たない.したがって,薬剤を処理した菌糸は,複合体 I で生合成される ATP のみを利用してゆっくりと生育していることになる.ところが,圃場では,ストロビルリン系殺菌剤は幅

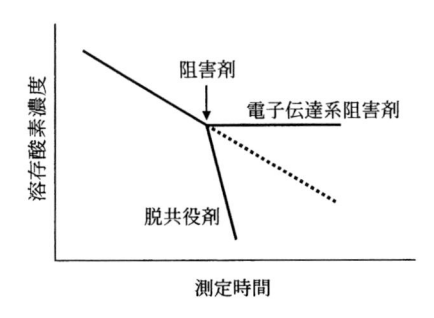

図 4.20 酸素電極による阻害剤の効果モデル

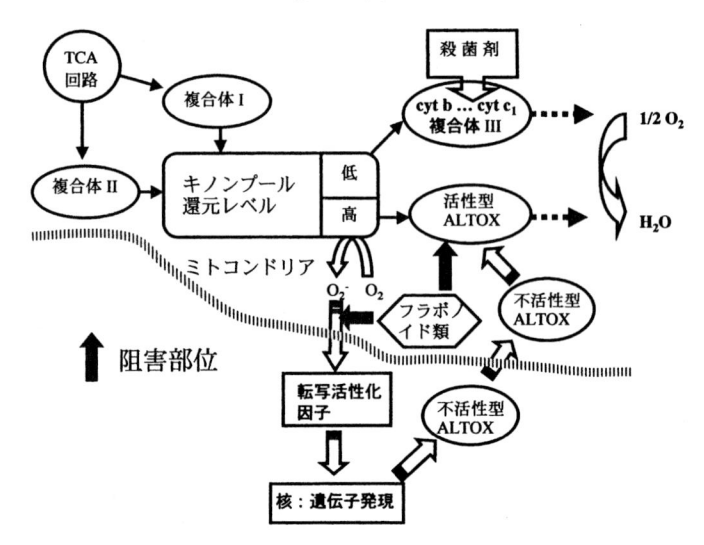

図 4.21 ストロビルリン系殺菌剤の作用機構

広い抗菌スペクトラムを持ち低濃度で優れた防除効果を示す．その理由は，植物体に存在するフラボノイド類，なかでもフラボン，フラバノンおよびナリンゲニンが，ストロビルリン系薬剤を処理したときに発生する菌体内の O_2^- を消去し，alternative pathway の酸化酵素オルタネーティブオキシダーゼ（ALTOX）の誘導を阻害するためであることが明らかになった．さらに，フラボンやフラバノンは，すでに誘導された ALTOX の酵素活性を直接阻害することも判明した．つまり，圃場でストロビルリン系薬剤が高い防除効果を発現する作用機構は，図 4.21 に示したように

① ストロビルリン系薬剤によるミトコンドリア複合体Ⅲの直接阻害，
② 植物体内に存在するフラボノイド類による ALTOX の誘導阻害および直接的な ALTOX 活性阻害

によることが明らかとなった．

シアゾファミドは複合体Ⅲの阻害剤であるが，その阻害部位は o-center 阻害剤のストロビルリン系殺菌剤と異なり，i-center のユビキノン還元部位であると考えられている．

d．脱共役剤

特異的に酸化的リン酸化を阻害し，ATP の生合成を阻害する化合物を脱共役

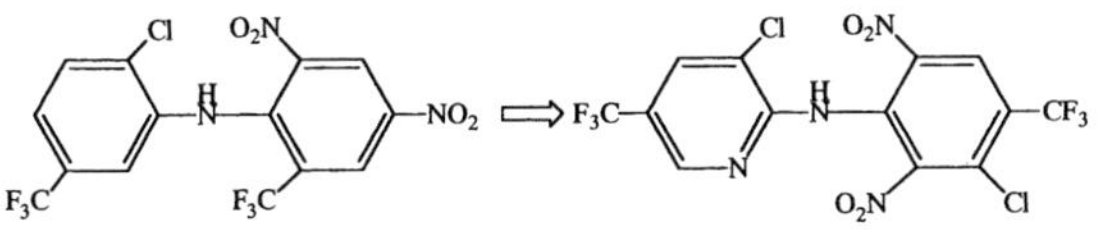

4.2 殺菌剤の作用機構

フェントリファニル　　　　　フルアジナム

図 4.22　酸化的リン酸化阻害剤

剤（アンカップラー）と呼ぶ．脱共役剤は電子伝達系を阻害せず，むしろ電子の供給を促進するため酸素消費が促進される（図 4.20）．脱共役剤には農業用殺ダニ剤であるジフェニルアミン系の誘導体（フェントリファニル）が知られているが，これを先導化合物として，フェニル基を芳香族ヘテロ環に改変し創製された N-フェニルピリジナミン系のフルアジナム（図 4.22）も酸化的リン酸化の脱共役剤として作用し，胞子発芽，付着器形成，菌糸の侵入や伸長および胞子形成を阻害する．この脱共役作用には，ピリジン環のトリフルオロメチル基の疎水性と電子的効果が大きく関与していることが示唆された．さらに，脱共役作用だけでなく，ベンゼン環 3 位の塩素が関与した酵素との求核置換反応も重要であると考えられている．フルアジナムは殺菌剤としてだけでなく殺ダニ剤としても使用されている．

貴く腐れば

植物病原菌の中でも不完全菌の一種である灰色かび病菌（*Botoritys cinerea*）は，多犯性で種々の作物に罹病性を示す．ところが，この病原菌で罹病したぶどうを原料として醸造したのが，貴腐ワインと呼ばれる世界的に有名なデザートワインである．「腐っても鯛」ならぬ正しく「腐ったぶどうのワイン」である．本菌が上手く感染したぶどうは水分が蒸発し，しぼんでしまうため，果実中の糖度が結果的に 30〜40% まで濃縮される．この貴く腐敗したぶどうを原料とすれば醸酵後も糖分が 10% ほど残り，甘口で口当たりが非常に滑らかな最高級白ワイン「貴腐ワイン」の出来上がりである．

4.2.3　紡錘糸形成阻害剤（ベンズイミダゾール系・負相関交差耐性剤）

a．ベンズイミダゾール系薬剤

3-アルコキシカルボニル-2-チオウレイドベンゼンを先導化合物として，ベンゼン環無置換のチオファネートメチルが浸透移行性を有する優れた殺菌剤として

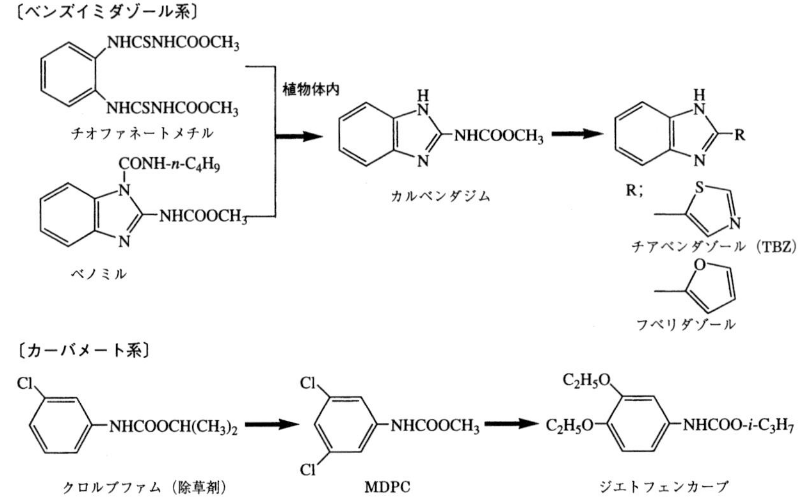

図 4.23　β-チューブリン阻害型細胞分裂阻害剤

開発された．さらに，チオファネートメチルと同様な活性を示す化合物としてベノミルが開発されたが，図 4.23 に示すように，両化合物は植物体に浸透移行した後，共通のベンズイミダゾール系化合物カルベンダジム（MBC）に代謝され，主要な殺菌作用を発現していることよりベンズイミダゾール系薬剤と総称されるようになった．

　本系統の殺菌剤を処理した分生胞子は，発芽後，細胞分裂阻害に由来する発芽管の膨潤と湾曲などの形態異常を示すのが特徴である．その作用特性より，DNA の生合成阻害が推測されたが，詳細な研究により有糸分裂の阻害による 2 次的な結果であることが示唆された．つまり，カルベンダジムは，細胞の核分裂過程で生じる微小管を形成する β-チューブリン（微小管タンパク質）に結合し，紡錘糸への重合を妨げることにより，正常な細胞分裂を阻害していることが判明した．また，カルベンダジムの殺菌活性とチューブリン上にある結合部位への親和性との間に高い相関があることも明らかとなった．

　一方，ベンズイミダゾール系殺菌剤に耐性を示す糸状菌は，活性本体であるカルベンダジムのチューブリン上にある結合部位への結合親和性が著しく低下しており，薬剤耐性と結合親和性が密接に関係していることが示唆された．圃場より分離されたベンズイミダゾール系殺菌剤耐性菌は，β-チューブリン遺伝子内で

の点突然変異株であり，198番目のグルタミン酸（Glu）と200番目のフェニルアラニン（Phe）が他のアミノ酸に置換していた．ベンズイミダゾール系殺菌剤に耐性を示す糸状菌は，薬剤散布を中止しその淘汰圧を排除しても，自然環境下で感受性菌とほとんど同様な適応性を示し，その密度は低下しなかった．

b．N-フェニルカーバメイト系薬剤

N-フェニルカーバメイト系除草剤の中に，ベンズイミダゾール系殺菌剤耐性菌に特異的に活性を発現し，感受性菌には活性を示さない化合物が報告され，積極的な開発研究の結果，**表4.1**のように，ベンズイミダゾール系殺菌剤耐性菌にのみ高い殺菌活性を示し，作物に薬害のないジエトフェンカーブが商品化された（**図4.23**）．このように，ある薬剤に耐性になると別の薬剤に感受性になる現象を「負相関交差耐性」といい，耐性菌にのみ有効な薬剤を「負相関交差耐性」活性を示す薬剤（負相関活性系薬剤）と呼ぶ．

N-フェニルカーバメイト系薬剤の作用機構は，ベンズイミダゾール系殺菌剤と同様に微小管構成タンパク質β-チューブリンに結合し細胞分裂を阻害する．負相関交差耐性は**図4.24**のように，ベンズイミダゾール系殺菌剤とジエトフェンカーブの共通の結合部位内の198番目のアミノ酸（Glu）をコードする遺伝子

表4.1 灰色かび病菌に対する50%生育阻害濃度（ppm）

	感受性菌	耐性菌
カルベンダジム	0.05	>100
ジエトフェンカーブ	>100	0.04

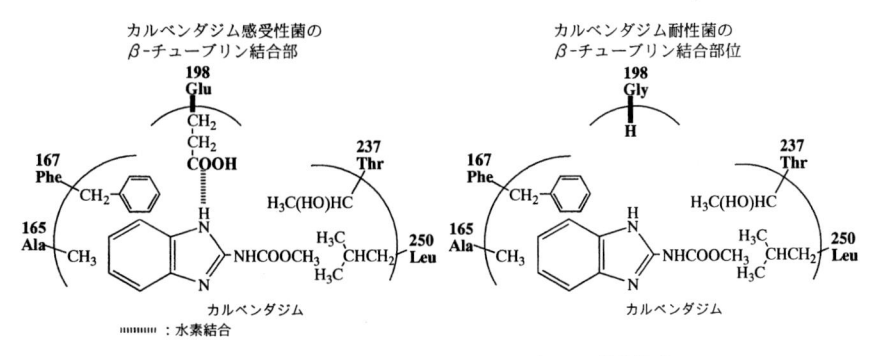

図4.24 細胞分裂阻害剤とβ-チューブリンの結合様式

の点突然変異で引き起こされることが明らかとなった．つまり，ベンズイミダゾール感受性菌では，ベンズイミダゾール環の窒素原子がGluのカルボニル基と水素結合することが活性発現に必須であるが，ジエトフェンカーブは結合できない．しかし，耐性菌は，198番目のアミノ酸GluがGlyやAlaのように立体的に小さく，かつ水素結合能のないアミノ酸に変異したため，ベンズイミダゾールは結合できないが，ジエトフェンカーブは上手く結合できると考えられている．また，これらの阻害剤は，分生胞子の形成阻害作用があり，圃場での安定した効果に役立っている．

カルベンダジムからさらに展開し，カルバモイル基の代わりにチアゾール基を持つチアベンダゾールやフラン環を持つフベリダゾールが開発され，チアベンダゾールは工業用の防かび剤としても使用されている．

4.2.4 SH酵素阻害剤

解糖系やクエン酸（TCA）回路は，生物がエネルギーを獲得するうえで必須の生体反応である．この生体反応の中で，

① システインのSH基を活性中心とする酵素（酸化還元酵素や脱水素酵素）の直接阻害（酸化還元阻害剤）
② 補酵素CoAやリポ酸のSH基との反応による酵素反応阻害（アルキル化剤）
③ 酵素反応に補酵素として必須の重金属をキレートすることによる酵素反応阻害（キレート化剤）

をSH酵素阻害剤と総称する．このSH酵素阻害剤には，古くから使用されてきた硫酸銅，水酸化銅やボルドー液のような無機銅およびキノリンのような有機化合物を配位子とした銅キレート剤がある．さらに，1934年頃から合成研究された最も古い有機合成殺菌剤の一つであるジチオカーバメート類，そしてジカルボキシイミド剤もSH酵素阻害剤に含まれる．主な阻害部位は，解糖系，ペントースリン酸経路やTCA回路で調べられている．

解糖系は，図4.25に示したように，炭素数6個のグルコースより2分子のリン酸化された炭素数3個のグリセルアルデヒド-3-リン酸を経て，ピルビン酸に変換する生合成系である．つまり，この反応は，リン酸化された2分子のピルビン酸を生合成するため，グルコースをフルクトースに異性化し，リン酸化後，ア

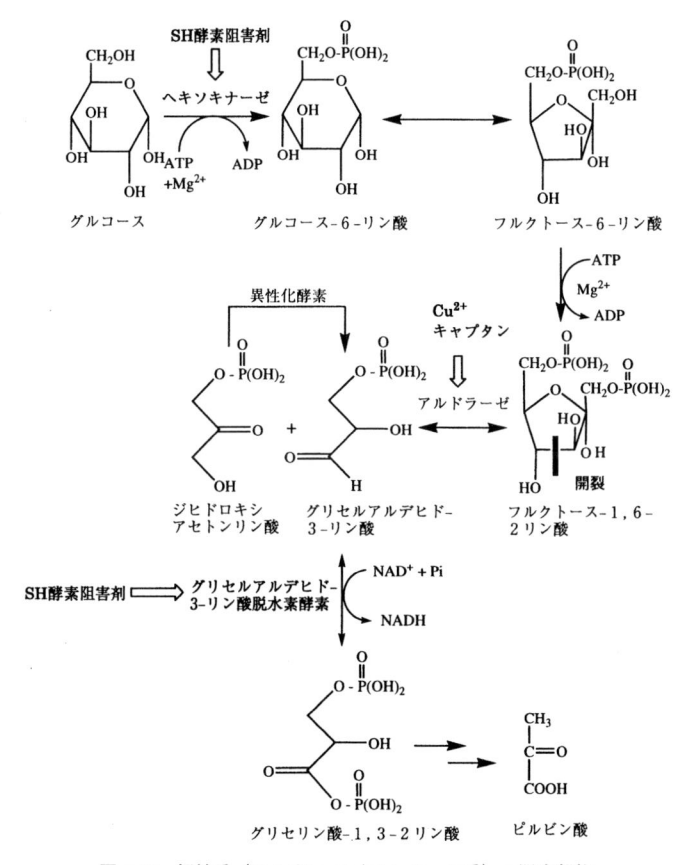

図 4.25 解糖系（エムデン-マイエルホーフ系）の阻害部位

ルドラーゼで環開裂することが目的の反応である．この生合成系で，SH酵素阻害剤の標的となる酵素は，図 4.25 中矢印で示したヘキソキナーゼ，アルドラーゼやグリセルアルデヒド-3-リン酸脱水素酵素である．ペントースリン酸経路では，グルコース-6-リン酸脱水素酵素や 6-ホスホグルコン酸脱水素酵素が阻害剤の標的である（**図 4.26**）．たとえば，ボルドー液の効果は，銅イオンがペントースリン酸経路の 6-ホスホグルコン酸脱水素酵素に強い親和性を持ち，その酵素活性を阻害するためであると考えられている．

　解糖系で生成したピルビン酸は，脱炭酸によりアセチル CoA となり，TCA 回路に入り，炭素数 4 個のオキザロ酢酸とクライゼン縮合反応し，炭素数 6 個の

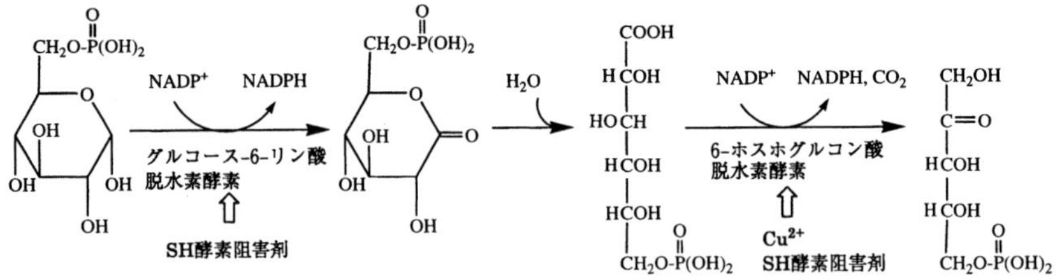

図 4.26 ペントースリン酸経路の阻害部位

クエン酸へと変換される．クエン酸は，図4.27中丸印で示した3級水酸基が脱水反応を受け，二重結合を持つ cis-アコニット酸に変換する．この二重結合に水が付加し，より反応性の高い2級水酸基を持つイソクエン酸を生合成する．この水酸基の酸化によりオキサロコハク酸を生じ，2回の連続した脱炭酸によりスクシニルCoAを生合成する．この過程で，2分子の還元型補酵素NADHを得る．このように，TCA回路は，解糖や脂肪酸のβ酸化などの異化作用によって生じたピルビン酸を完全に水と二酸化炭素に分解する酸化的過程である．さらに，ここで生じたNADHやFADH$_2$の還元型補酵素は，ミトコンドリアの電子伝達系と共役しているため，糖，アミノ酸および脂肪酸の完全な酸化的分解により最大のエネルギーを獲得することが可能となっている．また，TCA回路は，生体構成物質の生合成に原料を供給する生理的役割も果たしている．したがって，TCA回路の阻害剤は，致命的な効果を及ぼすことができる．このTCA回路でSH酵素阻害剤の標的となる酵素は，アコニターゼ，α-ケトグルタル酸脱水素酵素およびコハク酸脱水素酵素である．さらに，ピルビン酸からアセチルCoAを生合成するピルビン酸脱水素酵素も標的となる．

SH酵素阻害剤は，阻害部位が多様であるため対象病害菌のスペクトルが広く，また，抵抗性が発達しにくいことより，作物保護の基幹剤として使用されてきた．しかし，多くの薬剤が浸透移行性に乏しく，高濃度散布処理しなければならないという欠点がある．

4.2.5 宿主抵抗性誘導剤

直接病原菌に作用せず，対象作物の病原菌への抵抗性（病害防除システム）を高める薬剤にプロベナゾールがある（図4.28）．プロベナゾールを根部より吸収

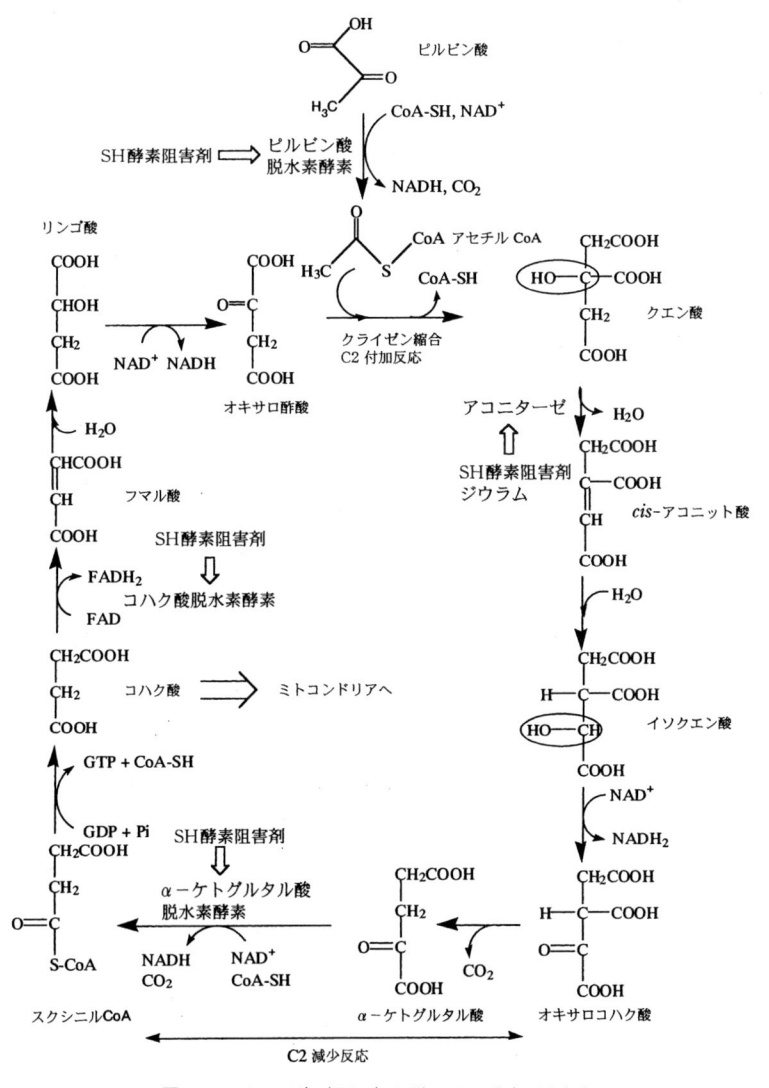

図4.27 クエン酸(TCA)回路のSH酵素阻害部位

したイネにいもち病菌が感染すると，病原菌の侵入に対し物理的な障壁となるリグニンの生合成に関与するフェニルアラニンアンモニアリアーゼ（PAL）やパーオキシダーゼなどの酵素活性，および化学的防御物質であるファイトアレキシンの生合成に関与するフェニルプロパノイド系酵素群の活性が速やかに上昇す

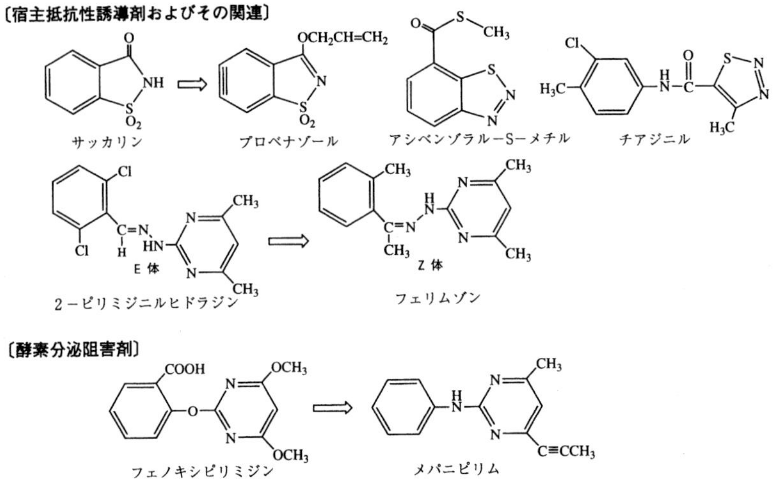

〔宿主抵抗性誘導剤およびその関連〕

サッカリン　プロベナゾール　アシベンゾラル-S-メチル　チアジニル

2-ピリミジニルヒドラジン　フェリムゾン

〔酵素分泌阻害剤〕

フェノキシピリミジン　メパニピリム

図4.28　その他の阻害剤 (1)

る．さらに，イネ体内では，細胞膜を構成しているリン脂質にホスホリパーゼA 2 (PLA 2) が作用して遊離した α-リノレン酸にリポキシゲナーゼ(LOX)が働き，抗菌活性のある酸化型不飽和脂肪酸の生合成も行われる．

　プロベナゾールの正確な作用点は不明であるが，植物が本来持っている病害防除システムに関するシグナル伝達系に作用しているのではないかと考えられている．植物は病原菌が感染すると，生体防御のためその周辺で細胞が壊死する過敏感反応を生じる．この情報は植物全体に伝達され，全身に抵抗性が誘導される．このように植物全体に抵抗性が誘導されると，同一の病原菌や他の病原菌に対しても生体防御反応を引き起こし，感染を防ぐことができる．このような現象を全身獲得抵抗性（Systemic Acquired Resistance, SAR）と呼ぶ．

　このSAR誘導のシグナル経路に関与する一群の遺伝子も明らかになりつつある．SAR発現では，植物体内でサリチル酸（SA）の生合成が誘導される．このように，植物本来の生体防御システムであるSARを誘導する化合物をplant activatorと総称し，その定義は

① 代謝物を含む化合物に直接的な抗菌活性がまったくない
② 植物本来のSARと同様の発病抑制スペクトラムを示す
③ 植物本来のSARと同一のマーカー遺伝子を発現させる

ことである．

プロベナゾールは，SA の生合成を誘導すると考えられているが，イネゲノムの全遺伝子の決定や遺伝子発現解析手法の進歩により，その正確な作用点が早晩解明されるであろう．一方，アシベンゾラル-S-メチル（図 4.28）は，プロベナゾールと異なる作用の plant activator として実用化された．アシベンゾラル-S-メチル処理した植物は，SA を蓄積しないことから，この化合物は，SA と同様の作用をしていると考えられている．また，チアジニルも宿主植物の生体防御反応を誘導することにより，病原菌による感染を防ぐことができる．

4.2.6　その他の作用機構

医薬品を目的として合成されたピリミジン系化合物の中から，まったく新規な化学構造を有する殺菌剤フェリムゾンが創製された．フェリムゾンは，図 4.28 に示したように 2-ピリミジニルヒドラゾンを基本骨格とする先導化合物を，作物への薬害軽減といもち病への治療および予防効果を発揮させるため，アルデヒド部をケトン体に構造修飾した防除剤である．

ベンゼン環の置換基は，2 位のメチルまたは塩素が必須である．幾何異性体間に活性の差はほとんどないとされるが，Z 異性体が市販されている．フェリムゾンは，いもち病菌の胞子発芽を完全には阻害しないが，発芽管の伸長や菌糸の生育および胞子形成を阻害する．また，菌糸生育の阻害は殺菌的ではなく，静菌的である．フェリムゾンを処理したイネは，いもち病菌感染後に，罹病葉が黄褐色のハローの内側にグリーンアイランドと呼ばれる特徴的な緑色部位を形成する．フェリムゾンを処理した菌糸からの電解質の顕著な漏出が観察されることから，フェリムゾンは，いもち病菌の細胞膜に作用し，その機能に影響を及ぼし菌糸生育を抑制すると考えられている．しかし，フェリムゾンは，放射性ラベルした酢酸の脂質への取込みを阻害するが，特異的に生合成阻害を受けた成分が認められなかったことより，脂質の生合成を阻害しないと結論づけられている．フェリムゾンが治療効果を有することより，日照や湿度を考慮して作成された，いもち病発生予察システム「BLASTAM」，「BLASTL」を活用し，AMeDAS（アメダス）の気象情報によって得られたいもち病菌の感染好適日の 1，3，5 日後にフェリムゾンを処理して，発病抑制効果をあげている．

メパニピリム（図 4.28）は，分岐アミノ酸の生合成を阻害するピリミジニルカルボキシン系除草剤の知見を活用して，架橋部の原子を酸素から窒素に構造改

変したアニリノピリミジン系殺菌剤である．ピリミジン環の5位への置換基導入は活性が低下したが，4, 6位への置換基導入は活性を維持し，4位にメチル基，6位にプロピニル基を持つ化合物が最も優れた活性を示した．メパニピリムは，灰色かび病菌の胞子発芽阻害効果をほとんど示さないが，胞子の発芽管伸長，付着器形成および侵入に対して効果を発揮する．メパニピリムは，植物病原菌が宿主植物に感染するときに分泌するペクチナーゼなどの植物細胞壁分解酵素の分泌を阻害する．

根こぶ病菌（*Plasmodiophora brassicae*）の防除剤として使用されていたペンタクロロニトロベンゼン（PCNB）は，環境への影響が懸念され，代替剤が望まれていた．根こぶ病菌に効果を示す化合物の共通点がスルホンアミド骨格を有することであることが分かり，この骨格を先導化合物として合成展開されたフルスルファミドが開発された（図4.29）．根こぶ病菌に効果を示すにはアニリン部のニトロ基の位置が4位であることが重要であり，2-クロロ-4-ニトロアニリンが選択された．ベンゼンスルホン酸部位は，置換基の電子的性質やその数に関係なく防除効果を示し，3-トリフルオロメチル-4-クロロベンゼンスルホン酸が選択された．フルスルファミドは，土壌中の根こぶ病菌の休眠胞子に作用し，感染過程の最初の段階である根毛感染を阻害することが確認されているが，その作用機構の詳細は不明である．

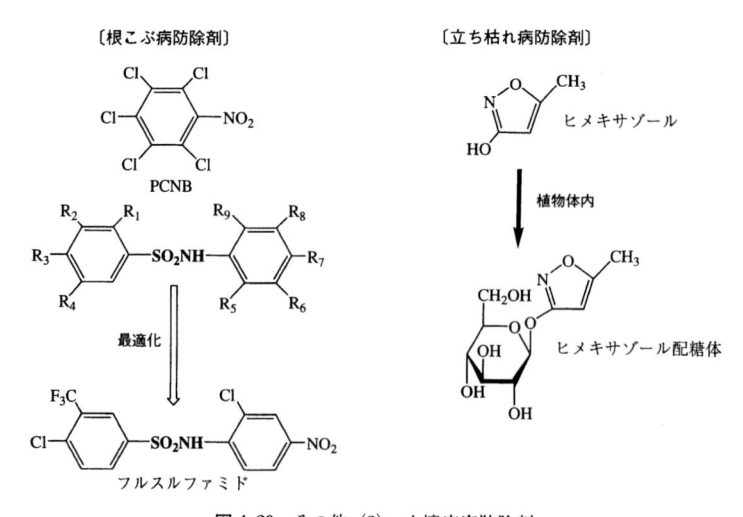

図4.29 その他（2）土壌病害防除剤

また，土壌病害を防除する目的で，土壌処理剤としてイソキサゾール骨格を持つヒメキサゾールが実用化された（図4.29）．配糖体も殺菌作用があるが，本化合物の阻害は電子伝達系，脂質生合成やタンパク質の生合成等ではない．未知の作用機構であることが示唆されているが，いまだにその詳細は判明していない．

　市販されている殺菌剤の中には，詳細な作用機構が未解明な薬剤もいまだに残されているが，これらの作用機構が解明されれば，生合理的（biorational）な新規薬剤の創製に役立つかもしれない．さらに，化合物の骨格が異なっていても作用機構が同じであれば同じ薬剤であるとみなす必要があり，異なる作用機構の殺菌剤をローテーションして使用することが抵抗性発達を抑えるためにも重要である．そのためにも作用機構の詳細な解明は重要な意味を持っている．

参考文献
1) Andersson, A., et al.: Structure, Vol. 4, pp. 1161-1170（1996）
2) Bossche, H. V., et al.: Mode of Action of Antifungal Agents, Trinch, A. P. J. and Ryley, J. F. ed., pp. 321-341, Cambridge Univ. Press（1985）
3) Kato, K., et al.: J. Med. Chem., Vol. 28, pp. 165-175（1997）
4) 鎌倉高志：日本農薬学会誌，Vol. 23, pp. 65-72（1998）
5) 佐々木満，他編：日本の農薬開発，pp. 18-32, pp. 181-262, 日本農薬学会（2003）
6) 田村廣人，他：日本農薬学会誌，Vol. 24, pp. 189-196（1999）
7) 林　茂，他：日本農薬学会誌，Vol. 22, pp. S 219-228（1994）
8) 藤村　真：日本農薬学会誌，Vol. 19, pp. S 219-228（1994）
9) 松浦一穂，他：日本農薬学会誌，Vol. 19, pp. S 197-207（1994）
10) 本山高幸：日本農薬学会誌，Vol. 26, pp. 287-291（2001）
11) Motoyama, T.: J. Pesticide Sci., Vol. 23, pp. 56-61（1998）

5. 除草剤

　農耕の歴史において，初期に作物として栽培された植物は，収穫量が多いことや生長が速いことで選ばれたと考えられる．しかし，やがて農作物が商品となるにつれ，むしろ栄養的な価値や嗜好性により選抜され，商品としての価値の高い作物が多く栽培されるようになった．一般にこれらの作物は，いわゆる雑草と比べると生長が遅く，競争力が劣るものが多い．したがって，十分な収穫量や品質を確保するためには，何らかの方法で雑草を防除することが必要となった．農業の歴史は雑草との戦いでもあった．目に見えない微生物や飛び回る害虫の防除のためには，古くからさまざまな手段が試みられてきたのに対して，雑草の防除には，人力による草取りがかなりの労力や時間を費やして行われていた．

　そのような中で，18世紀末，硫酸銅の水溶液に農作物に害を与えることなく雑草のみを枯らす作用が見いだされた．小麦の葉はロウ質が多く水分をはじくが，雑草の葉はその成分が少ないため，薬剤が長く葉面にとどまることにより枯れてしまう．すなわち，化学物質による植物間での選択的な作用の発見といえるが，同時に器具の腐食や土壌の酸性度を増すなどの問題も生じた．

　1930年代には，殺虫剤として使用されていたジニトロ-o-クレゾールに除草効果があることが見いだされたが，他の生物に対しても強い毒性を示すことより，やはり使用上での問題があった．しかし，1940年代に，植物に特有の植物ホルモンの作用をかく乱する2,4-D（2,4-ジクロロフェノキシ酢酸）に，広葉雑草に対する選択的な殺草作用が見いだされて，実用的な選択性除草剤の概念が確立された．その後，今日までに光合成をはじめとする植物に特有の代謝過程に基づく多くの除草剤が開発されてきたが，このような除草剤の研究開発では，いずれも植物である作物と雑草との間で選択性を見いださなければならないという困難な課題をクリアすることが必要であった．

　わが国に化学農薬が導入された初期の頃は，殺菌剤や殺虫剤に比べると，除草剤の生産量の占める割合は低いものでしかなかった．欧米などの大規模農業では

除草剤の必要性が高かったのに対して，日本では狭い田畑での農作業が中心であったため，主に人力による対応がなされていた．しかし，日本経済が高度成長期に入り，労働力が都市に流出するにつれて除草剤の需要も高まり，農薬市場に占める割合も急速に伸びてきた．現在では，殺虫剤と並び市場の三分の一を占める状況にあり，農作物の収穫保護の役割とともに，農作業の軽減化という点でも大いに貢献している．特に，日本における水田での除草は夏の炎天下での重労働であったが，その作業時間を見ると，除草剤導入前の昭和24年には10アール当たり50.6時間もあったのに対して，現在では2時間以下と大幅に軽減されている．これには，高い活性を有する薬剤自体の開発とともに，粒剤化，フロアブル剤や一発処理剤などの開発に見られるように，製剤化における工夫や新しい散布技術の導入も大きく貢献している．

5.1 除草剤の分類

除草剤は，それぞれ特有の作用を示し雑草を枯死させるが，その作用の現れ方や特徴，使用時期などにより分類がなされている．まず対象とする植物の面から，特定の植物種のみに作用する選択性除草剤と，あらゆる植物を枯らしてしまう非選択性除草剤に分けることができる．また，散布する時期により，種子が発芽する前に土壌を処理する発芽前処理剤と，発芽した後，土壌処理または茎葉処理に用いられる発芽後処理剤とに分類される．さらに，薬剤を散布した際，植物が散布された薬剤と接触した部位で作用を受ける場合と，薬剤が根や葉から吸収され植物体全体にゆきわたり作用が現れる場合とがあり，それに基づき，薬剤が最も効果を発揮できるように製剤化や散布方法が工夫されている．前者は接触型除草剤と呼ばれ，茎葉処理剤として，一方，後者は移行型除草剤と呼ばれ，吸収される部位により土壌散布剤または茎葉処理剤としてそれぞれ製剤化されている．

5.2 除草剤の作用機構

植物体内に吸収された除草剤は植物にさまざまな影響を与えるが，除草剤としての作用を発揮するためには，体内を移動した後，それぞれの作用点で一定の濃

度に達する必要がある．その中で，最も低い濃度で強く直接的に作用する点を一次作用点という．このような作用点における除草剤の作用は，化合物の化学構造と密接な関係があり，酵素レベルでの解明がなされている．現在用いられている主要な除草剤を作用機構により分類すると，1) 光合成阻害剤および 2) 関連する光色素生合成阻害剤，3) 栄養代謝系の阻害剤（アミノ酸生合成阻害剤，脂肪酸生合成阻害剤），4) ホルモン作用かく乱型除草剤，5) その他（細胞分裂阻害剤，SH基の阻害剤，セルロース生合成阻害剤など）に分けることができる．しかし，複数の作用を有し，複合的な作用で殺草活性を示すと考えられる場合も多く，また作用点がまだ明らかにされていないものもある．

　これらの作用機構は，植物に特有の普遍的な代謝過程を標的にしたものが多く，一般にそれらに基づく植物間での選択性は得にくい．したがって，選択的除草剤における選択性は，多くの場合，植物間での吸収や代謝能力の違いに基づいている．一方，哺乳類や昆虫はこれらの作用点を持たない場合が多く，そのような生物と植物との間での選択性は極めて高いと考えられる．

5.2.1　光合成系への作用

　光合成は，太陽エネルギーを利用して二酸化炭素と水から炭水化物を生合成する，植物に特有の代謝過程である．一部の藻類を除き，植物以外の生物はこの能力を持っていないので，地球上の全生物の生存に必要なエネルギーは，植物のこの機能により生産される糖類，さらにはそれから誘導されるタンパク質や脂質などに依存している．したがって，食糧としての作物を栽培するという農業は，植物のこの能力に基づくものであり，どのようにしてその能力を最大限に発揮させるかということが大きな課題であるといえよう．一方で，光エネルギーはうまく活用できなければ植物にとって極めて有害なものとなる．すなわち，植物の弱点もここに見いだすことができ，これまでに開発された多くの除草剤が光合成およびそれに関連する代謝系の阻害を第一次作用点としている．

　光合成は，光エネルギーを化学エネルギーに変える過程である明反応と，それから得られた高エネルギー中間体を用いて二酸化炭素を固定する暗反応と呼ばれる過程とからなっている（**図 5.1**）．すなわち，クロロフィルなどの色素で集められた光エネルギーは，光化学系IIおよび光化学系Iを経て電子伝達系へ導かれる過程で，高エネルギー中間体であるATPを生成し，さらに明反応の最終生成

5.2 除草剤の作用機構

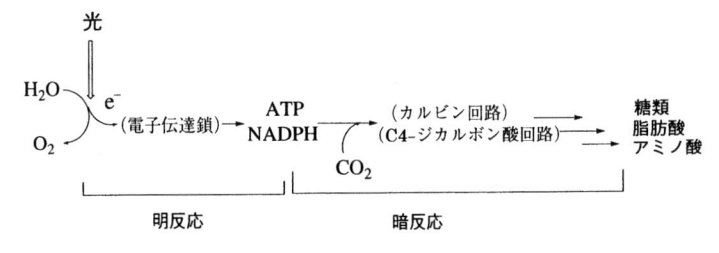

図5.1 光合成における明反応と暗反応

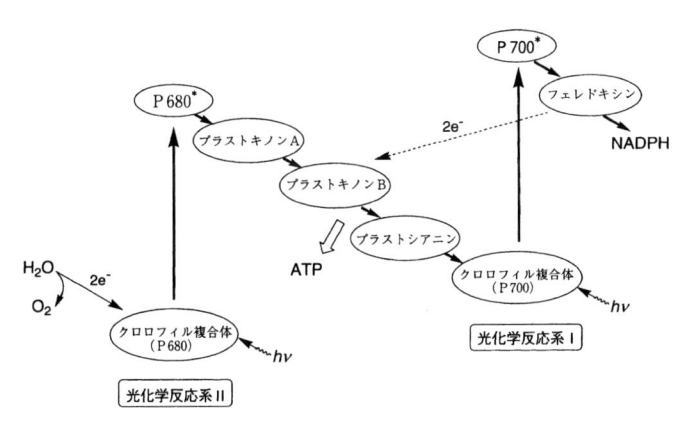

図5.2 光合成電子伝達系

物として NADPH を生成する（**図5.2**）．生成した ATP や NADPH は，カルビン回路あるいは C4-ジカルボン酸回路において，二酸化炭素の固定やその後の糖や有機酸の生成に利用される．

a．光化学系II電子伝達の阻害

これまでに開発された光合成阻害型除草剤は，すべて明反応の阻害剤であり，光化学系IIからの電子伝達系を阻害することが知られている．阻害作用は，取り出したクロロフィルを用いて試験管内でも調べることができ（これは Hill 反応と呼ばれる），光合成阻害の指標として用いられる．このグループに属する化合物は，特に光化学系IIからの電子伝達に関与するプラストキノン B（PQ_B）近辺で作用することが知られているが，実際の作用および結合部位には多少の違いが見られることから，三つのグループに分けられている（**図5.3**）．

すなわち，C1グループとしてトリアジン系（シマジン，プロメトリンなど），カーバメート系（フェンメディファムなど），ウラシル系（レナシル，ブロマシ

ルなど)，ピリダジノン系（メトリブジン）などの化合物があり，除草剤結合タンパク質であるD1の264番目のセリンに結合し正常な電子の流れを阻害する．C2グループとして尿素系の化合物（ジウロン，リニュロン，イソウロンなど）は，同じD1タンパク質の219番目のバリンに結合する．いずれの場合も結合は緩やかなものであり，水素結合が関与していると考えられている．C3グループとしてベンゾチアジアゾール系のベンタゾン，ニトリル系のアイオキシニル，フェニルピリダジン系のピリデートなどの化合物は，プラストキノンと競合すると考えられている．これらの除草剤は，除草剤の開発における初期の頃から大量に使用されたため，抵抗性の植物も多く出現している．その抵抗性のメカニズムとして，D1タンパク質における1個のアミノ酸が変異したことにより，除草剤分子が結合できなくなったためであることが知られている．すなわち，アトラジン抵抗性では264番目のセリンがグリシンに置換され，ジウロン抵抗性では219番目のバリンがイソロイシンに置換されている．

現在用いられている光合成を阻害する化合物の作用特性は，殺草効果が比較的

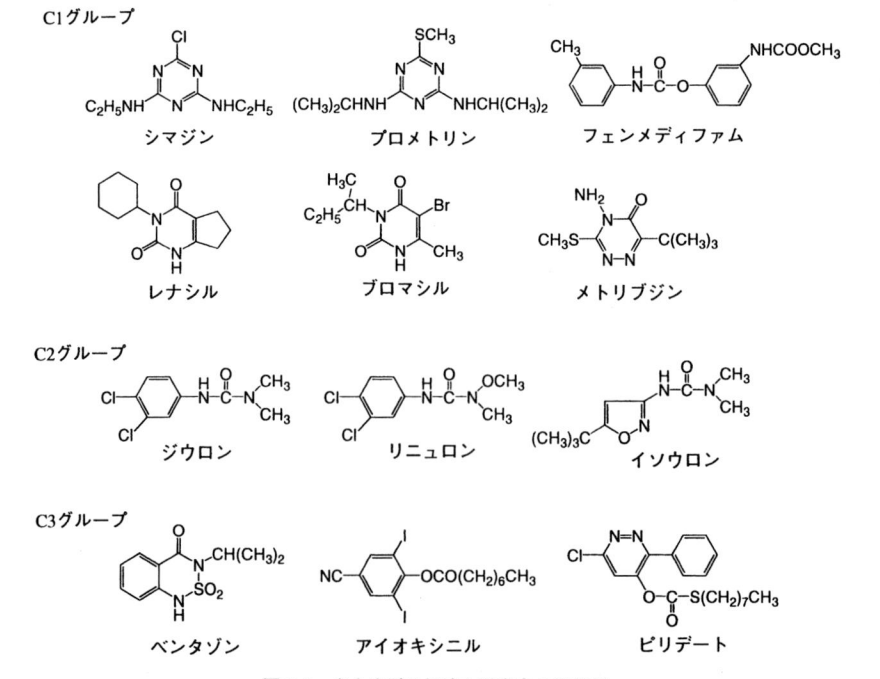

図5.3 光合成電子伝達を阻害する除草剤

ゆっくり現れることである．このことより，光合成阻害により植物が枯れるのは，エネルギー代謝に必要な炭水化物が得られないためだと考えられたこともあったが，現在では，後述の作用に光を必要とする除草剤と同じように，電子伝達系の停止に伴って一重項酸素が発生し，それにより膜構造が破壊されることが主な要因と考えられている．

光合成は植物に特有の代謝過程であり，動物との間での選択性は高い薬剤が期待できる．しかし，植物間での選択性は得にくく，実際の除草剤の選択性はそれぞれの植物における薬剤の吸収や代謝能力の差に依存している．

b．光化学系Iからのラジカルの生成

パラコートやジクワットなどのジピリジル系除草剤は，光の存在下で強い殺草活性を示す．その作用は，光化学系Iからフェレドキシンを経てNADPH生成系へ伝達される電子を奪うことであり，特に，フェレドキシンへの電子移動を仲介しているタンパク質（PsaC）への高い親和性による．パラコートの場合，そこからの電子により一電子還元されてパラコートラジカルが生成され，そのパラコートラジカルが元に戻る際，分子状酸素を還元してスーパーオキシドラジカルが生成される．さらにクロロプラスト内で過酸化水素，ハイドロキシラジカルが生成され，これらが細胞膜構造を破壊して殺草作用を発現する（**図5.4**）．

この系統の化合物は，選択性のない接触型除草剤であり，土壌中では直ちに吸着されて不活性化される．

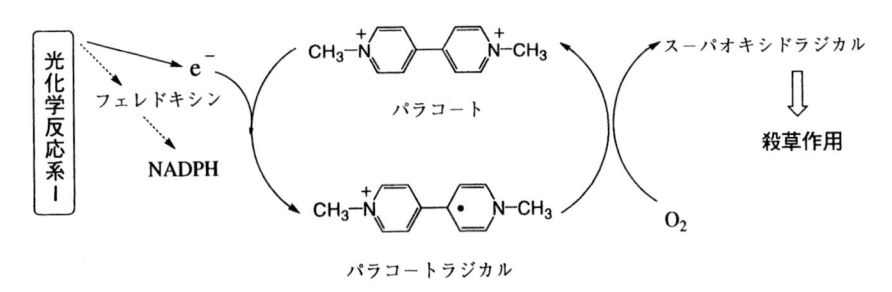

図5.4 ジピリジル系除草剤の作用機構

5.2.2 光色素生合成阻害

a．クロロフィル生合成阻害剤（プロトックス阻害型除草剤）

ジフェニルエーテル系のビフェノックス，あるいは環状イミド系のフルミオキ

サジンやペントキサゾン,トリアジノン系のカルフェントラゾンエチル,そのほかピラフルフェンエチルなどの除草剤は,光存在下でなければその作用を発揮することができない.その作用機構は,ポルフィリン環生合成過程において,プロトポルフィリノーゲンIXからプロトポルフィリンIXの生成を触媒するプロトポルフィリノーゲンIX酸化酵素（プロトックス）を特異的に阻害し,プロトポルフィリノーゲンIXが異常蓄積することに起因する.蓄積したプロトポルフィリノーゲンIXは,クロロプラストから細胞質に浸出し,非酵素的あるいはパー

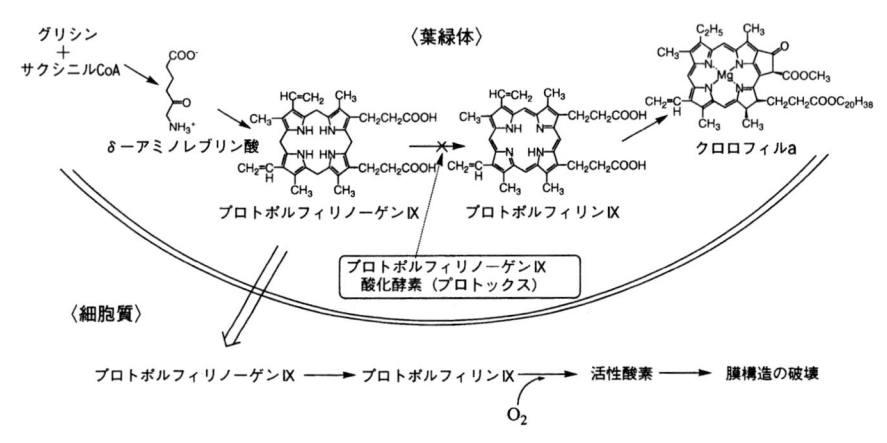

図5.5 クロロフィル生合成とプロトックス阻害剤の作用機構

図5.6 プロトックス阻害剤

オキシダーゼの作用によりプロトポルフィリンIXに酸化されて細胞内に蓄積する．蓄積したプロトポルフィリンIXは，光と酸素の存在下で光増感剤として働き，活性酸素（一重項酸素）を発生させる．これにより，膜構造が破壊され植物は枯死する（**図5.5，図5.6**）．

b．カロテノイド生合成阻害剤

カロテノイドは葉緑体のチラコイド膜に多く含まれており，活性酸素やパーオキシドからクロロフィルを保護する役割を果たしている．葉緑体におけるカロテ

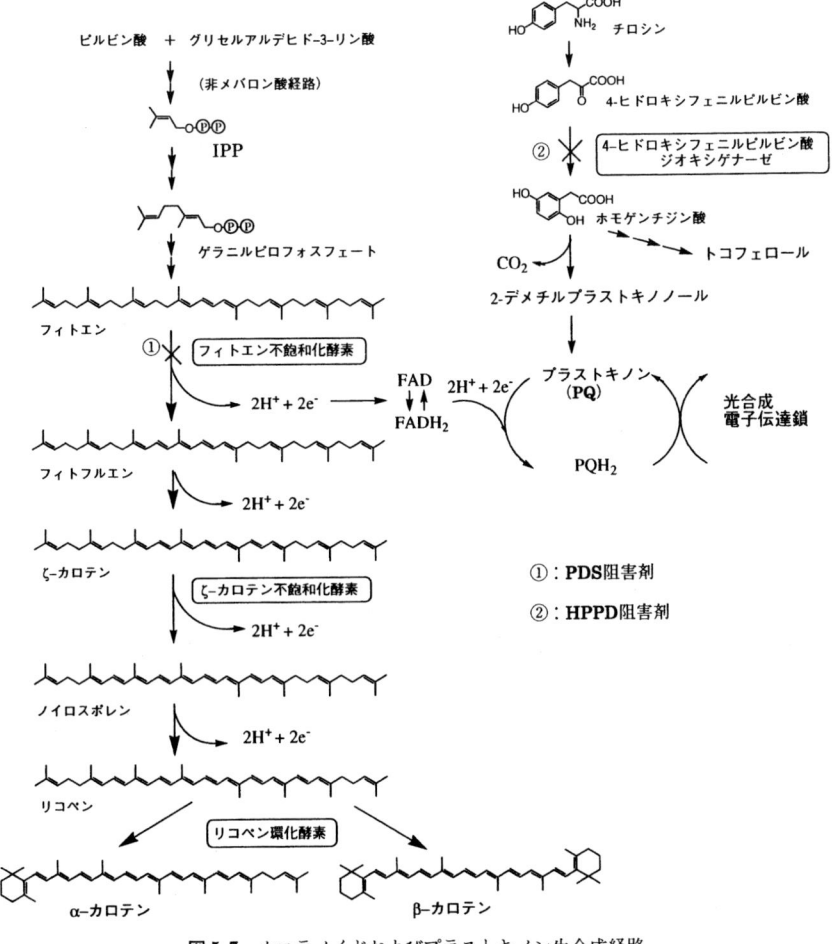

図5.7 カロテノイドおよびプラストキノン生合成経路

ノイドの生合成は，非メバロン酸経路により生成したイソペンテニルピロリン酸 (IPP) を前駆体としている．重合により生成した炭素数 40 のフィトエンから，順次水素が引き抜かれ（不飽和化），共役二重結合を 11 個有したリコペンとなり，さらに環化して α- および β-カロテンとなる．このようなカロテノイドの生合成系が阻害されると，植物は光による活性酸素の発生に対して保護作用を失い，その結果，クロロフィルが分解されて白化し枯死する（図 5.7）．

カロテノイドの生合成を阻害する除草剤として，ジフルフェニカンやわが国では未登録であるがフルリドンやピリダジノン系のメトフルラゾンなどがある（図 5.8）．これらは，カロテノイド生合成過程において，フィトエンからフィトフルエンへの変換にかかわるフィトエン不飽和化酵素（PDS）を阻害する．

一方，ピラゾレートやピラゾキシフェン，ベンゾフェナップ，ベンゾビシクロンなど（図 5.9）は，PDS 自体を阻害することはないが，PDS からの電子の受容体であるプラストキノンの生合成を阻害することにより，間接的に PDS の機能を停止させる．プラストキノンは光合成電子伝達でも重要な役割を果たしてい

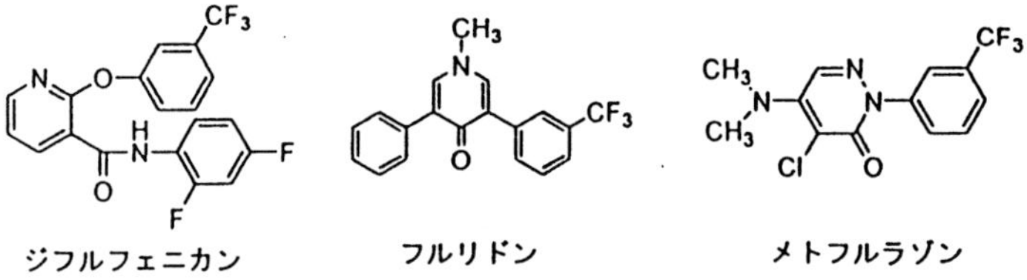

ジフルフェニカン　　フルリドン　　メトフルラゾン

図 5.8　カロテノイド生合成系における PDS 阻害剤

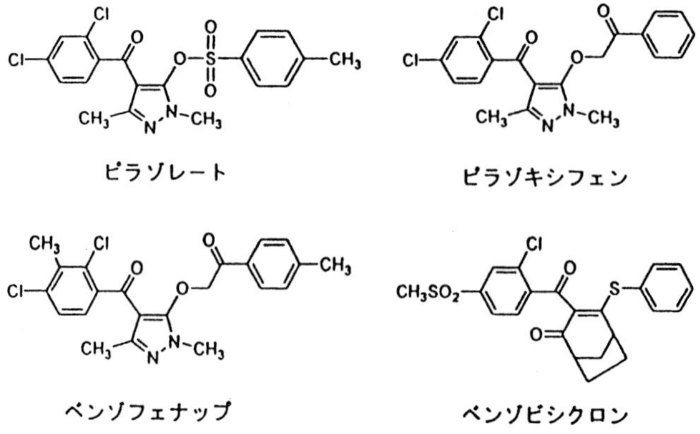

ピラゾレート　　　　　　ピラゾキシフェン

ベンゾフェナップ　　　　ベンゾビシクロン

図 5.9　カロテノイド生合成系における HPPD 阻害剤

るが，植物体内ではアミノ酸のチロシンから生合成されることが知られている．その生合成過程において，阻害剤は4-ヒドロキシフェニルピルビン酸からホモゲンチジン酸への変換を触媒する酵素である4-ヒドロキシフェニルピルビン酸ジオキシゲナーゼ（HPPD）を阻害する．これにより，プラストキノン合成が停止し，その結果としてカロテノイド生合成におけるPDS反応が阻害され，PDS阻害剤と同様の症状が現れる．

5.2.3 栄養代謝阻害剤
a．アミノ酸生合成阻害剤
1) アンモニア同化阻害剤（グルタミン合成酵素阻害剤）

植物の代謝過程で最も重要なのは光合成であるが，同じくらい重要な植物特有の代謝過程としてアンモニア同化がある．植物内の窒素化合物のもととなるこの代謝過程は，ATP存在下でグルタミン酸にアンモニアが取り込まれ，グルタミンを生成する反応である（図5.10）．土壌中の放線菌から見いだされた除草剤ビアラホスは，この反応を触媒するグルタミン合成酵素を阻害する．その結果，グルタミン合成とそれに続くアミノ酸代謝が阻害されるとともに，植物体内にアンモニアが異常に蓄積される．

植物に対するアンモニアの毒性についてはさまざまな症状が報告されているが，この場合の殺草活性は，必要なグルタミンやグルタミン酸が不足することにより，光呼吸などのさまざまな代謝系がかく乱される結果であると考えられている．特に，グルタミン酸は，光合成において炭酸固定に関与しているリブロースビスリン酸カルボキシラーゼ/オキシゲナーゼ（Rubisco）の阻害剤であるグリ

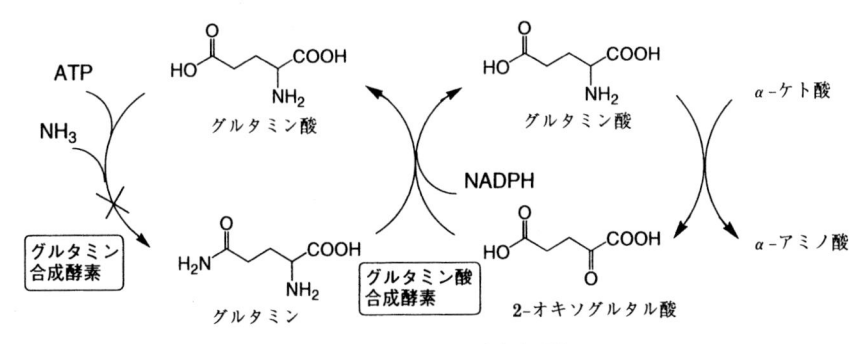

図5.10　グルタミン生合成経路

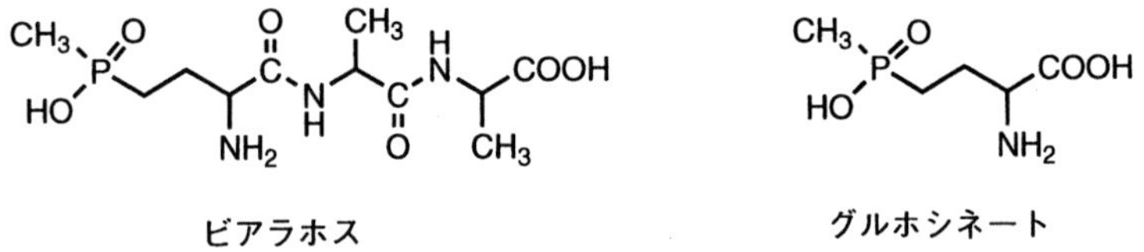

120　　　　　　　　　5. 除　草　剤

ビアラホス　　　　　　　　　　　グルホシネート

図5.11　グルタミン合成酵素阻害剤

コール酸の代謝に関係していることから，グルタミン酸が供給されないとグリコール酸やグリオキシル酸の蓄積を引き起こし，光合成の電子伝達系を過還元の状態にしてしまう．その結果，光合成阻害剤と同じ症状がもたらされる．

　ビアラホス（図5.11）は，C-P結合を有するアミノ酸を含むトリペプチドである．その末端の二つのアラニン部分が脱離した化合物はグルタミン酸と構造が類似しており，これが活性本体である．これを化学的に合成することにより製品化したのがグルホシネートである．これらは非選択性の茎葉(けいよう)処理剤である．

2）分枝アミノ酸生合成阻害剤（アセト乳酸合成酵素阻害剤）

　スルホニル尿素系化合物は，極めて高い活性を示す除草剤として導入された．その活性は，1ヘクタール当たり数g～数十gの散布量で十分な効果を得ることができ，それまでの除草剤の常識を打ち破るものであった．その作用機構は，側鎖に枝分かれを持つアミノ酸であるバリン，ロイシン，イソロイシンを生合成するための鍵酵素であるアセト乳酸合成酵素（ALS）を特異的に阻害することで

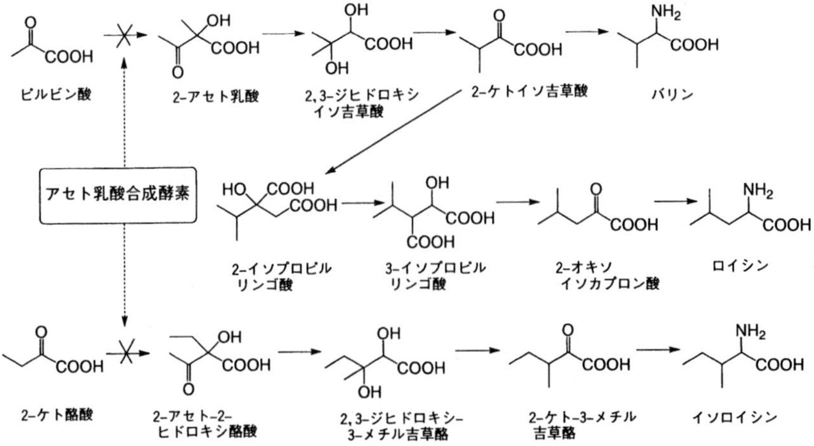

ピルビン酸　→　2-アセト乳酸　→　2,3-ジヒドロキシイソ吉草酸　→　2-ケトイソ吉草酸　→　バリン

アセト乳酸合成酵素

　　　　　　　2-イソプロピルリンゴ酸　→　3-イソプロピルリンゴ酸　→　2-オキソイソカプロン酸　→　ロイシン

2-ケト酪酸　→　2-アセト-2-ヒドロキシ酪酸　→　2,3-ジヒドロキシ-3-メチル吉草酸　→　2-ケト-3-メチル吉草酸　→　イソロイシン

図5.12　分枝アミノ酸生合成経路

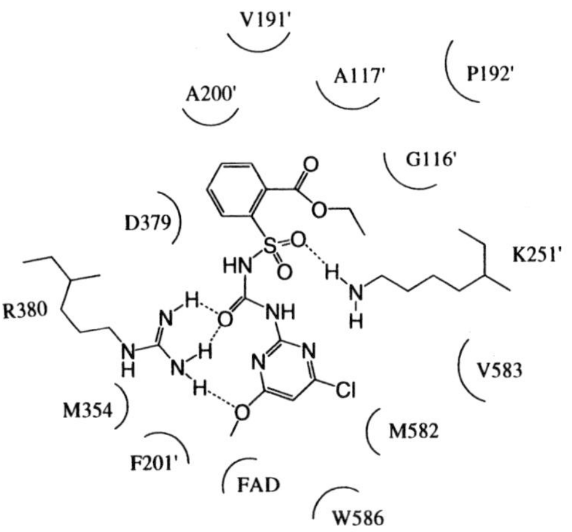

図 5.13 クロリムロンエチルと酵母アセト乳酸合成酵素との相互作用の模式図[10] ('は異なるモノマーに由来する．点線は水素結合を示し，他のアミノ酸とは疎水的な相互作用をする．)

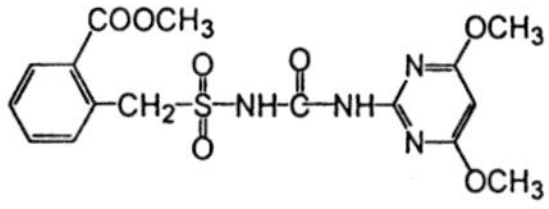

ベンスルフロンメチル 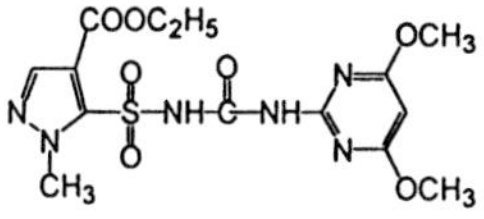　ピラゾスルフロンエチル 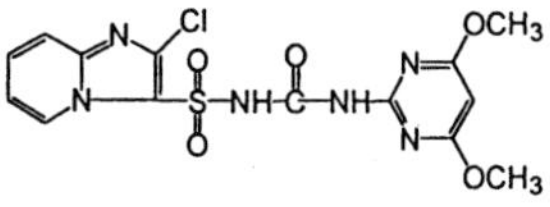　イマゾスルフロン

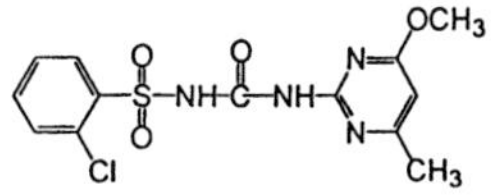

クロロスルフロン 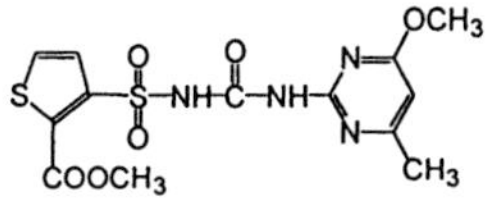　チフェンスルフロンメチル 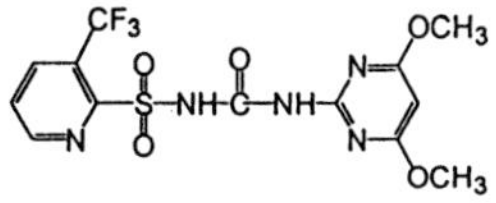　フラザスルフロン

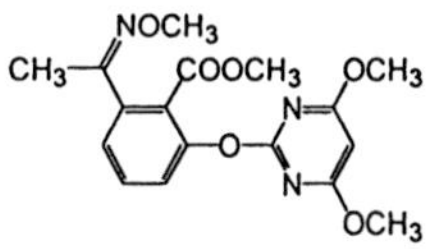

ピリミノバックメチル 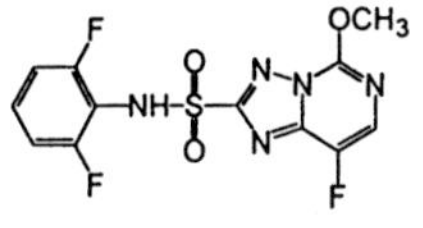　フロラスラム

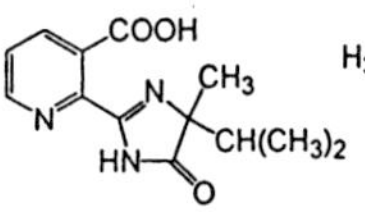

イマザピル 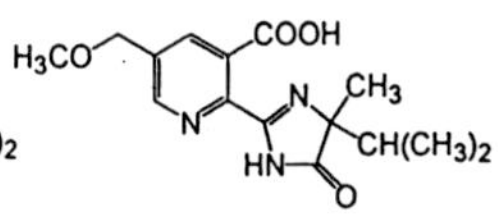　イマザモックス 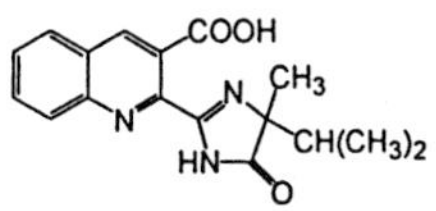　イマザキン

図 5.14 ALS 阻害剤

ある（図 5.12）．その阻害様式は，本来の基質とは異なる部位で酵素と結合することに起因しており，スルホニル尿素系化合物の一つであるクロリムロンエチルでは図 5.13 のような相互作用が示されている．

植物において分枝アミノ酸の生合成が阻害されると，正常なタンパク質の合成ができなくなり，生育が停止して枯死する．一方，これらのアミノ酸は，人にとっては必須アミノ酸であり，その生合成経路は存在しないことより，動物-植物間の選択性は極めて高く，LD_{50} 値も 5000〜10000 mg/kg（ラット，経口）と極めて低毒性である．さらに，植物体内で代謝される速度が異なることに基づき，植物間での選択性も示す．水田用のベンスルフロンメチル，ピラゾスルフロンエチルおよびイマゾスルフロンなどが，ムギ用のクロロスルフロン（わが国では未登録）およびチフェンスルフロンメチルが，さらには畑用，芝用の除草剤としてフラザスルフロンなどが，それぞれ開発されている（図 5.14）．また，薬剤は植物体内で移行するため，土壌処理，茎葉処理のいずれでも有効である．

ピリミジルオキシ安息香酸系のピリミノバックメチルやトリアゾロピリミジン骨格を持つフロラスラム，さらにはイミダゾリノン系のイマザピル，イマザモックス，イマザキンなどの除草剤も（図 5.14），構造的には大きく異なるが，同じく ALS を阻害することが知られている．

3） 芳香族アミノ酸生合成阻害剤（5-エノールピルビルシキミ酸-3-リン酸合成酵素阻害剤）

植物や微生物においては，チロシン，フェニルアラニン，トリプトファンなど

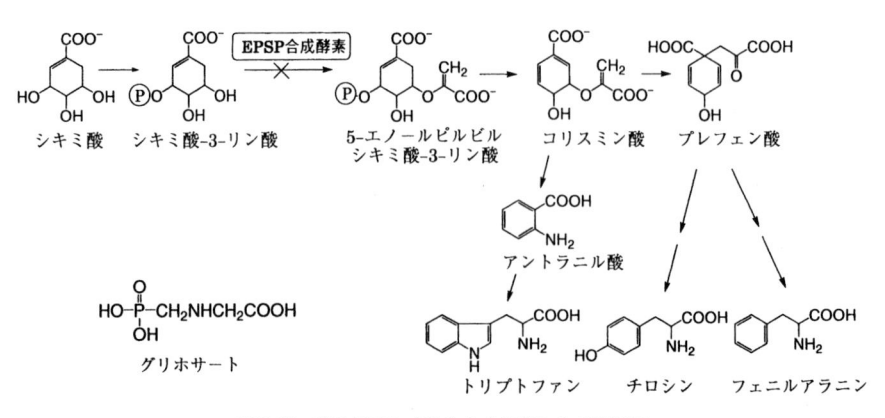

図 5.15　芳香族アミノ酸生合成経路および阻害剤

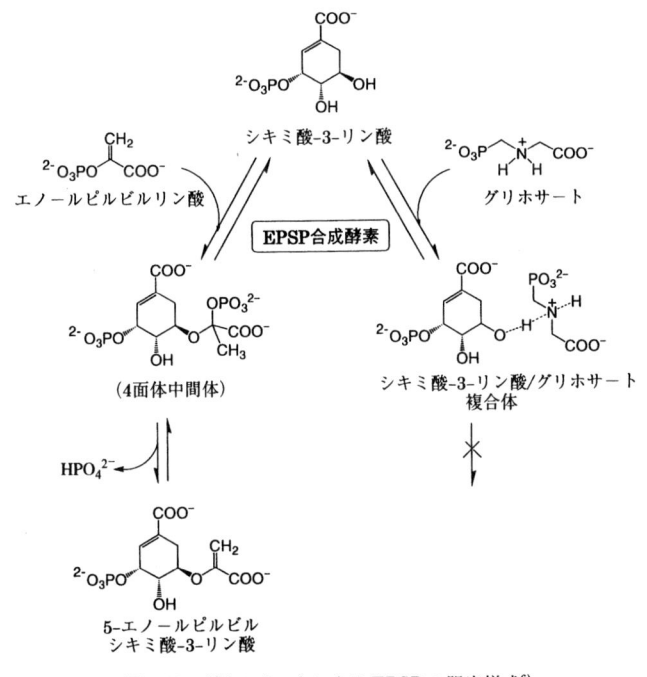

図 5.16 グリホサートによる EPSP の阻害様式[6]

の芳香族アミノ酸は，フラボノイド，アントシアニンやアルカロイド類などの二次代謝物質と同じようにシキミ酸からコリスミン酸を経由する，いわゆるシキミ酸経路により生合成される．グリホサートは，このシキミ酸経路において，シキミ酸-3-リン酸とホスホエノールピルビン酸から 5-エノールピルビルシキミ酸-3-リン酸（EPSP）を合成する酵素である EPSP 合成酵素と複合体を形成し阻害する（図 5.15，図 5.16）．これにより，チロシン，フェニルアラニンやトリプトファンなどが生合成されず，また植物内で保たれていた各代謝経路間での調和が乱されて，植物は枯れてしまう．一方，動物にはシキミ酸経路はなく，これらのアミノ酸も人にとっては必須アミノ酸であることから作用を受けることはない．

本剤（商品名ラウンドアップ）は，非選択性の茎葉処理剤で，茎葉から植物体内に吸収され，地下部まで移行して地上部，地下部を枯死させる．遅効性であるが，一年生雑草，多年生雑草から雑灌木にまで幅広い効果がある．また，土壌中では土壌微生物により速やかに分解される．本来は，非選択的であるため作物栽

培時には使用できなかったが，グリホサートに対して耐性を示す微生物由来のEPSP合成酵素が見いだされたことから，その遺伝子を作物に組み換えて，多くのグリホサート耐性作物が作出され，作物栽培時でも使用が可能になっている（9章参照）．

b．脂肪酸生合成阻害剤

アミノ酸と同様に，植物はすべての脂肪酸を生合成する．その開始反応は，アセチル-CoA に二酸化炭素が取り込まれ，マロニル-CoA を生成する反応であり，これを触媒するのがアセチル-CoA カルボキシラーゼ（ACCase）である．炭素数 16 前後の飽和脂肪酸は，脂肪酸合成酵素の作用で，アシルキャリヤタンパク質（ACP）に結合した形でマロニル-CoA を縮合することにより合成される．さらに鎖長が長い脂肪酸，特に炭素数 20 以上の脂肪酸は，別の鎖長延長酵素（elongase）によって炭素鎖を伸ばすという形で合成される．基質は ACP に結合した形ではなく，炭素数 16 から 20 の脂肪酸の CoA 誘導体である．さらに，植物は不飽和脂肪酸を多く含み，それらは重要な機能を持つことが知られている．不飽和脂肪酸は飽和脂肪酸から不飽和化されることにより生合成される

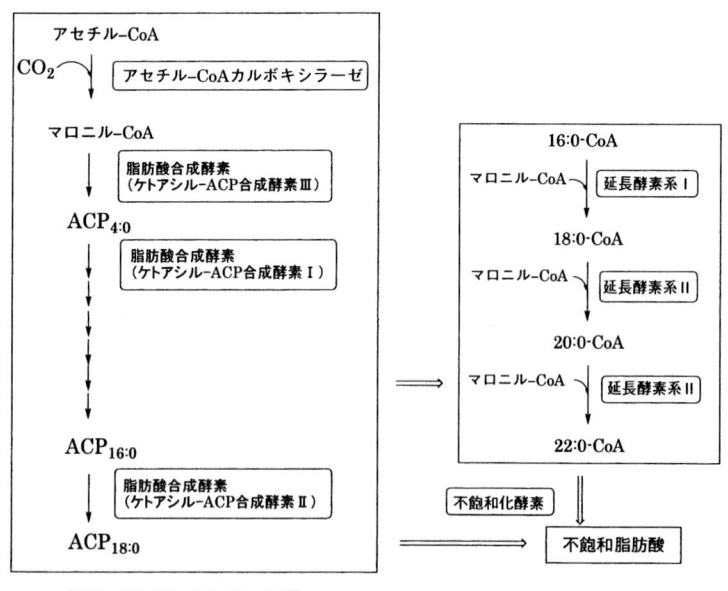

図 5.17　脂肪酸生合成経路

が，これを触媒する酵素が不飽和化酵素（desaturase）である．一方，動物はすべての脂肪酸を生合成するわけではなく，多くを植物から摂取している．特に，不飽和脂肪酸類については必須脂肪酸として植物から摂取しなければならない．

したがって，上記の3種類の酵素の阻害により脂肪酸の生合成を阻害することは，植物にとっては極めて深刻なダメージとなるが，動物にはあまり影響はなく，選択性の高い除草剤として利用できることになる．

1) アセチル-CoA カルボキシラーゼ阻害剤

アリールオキシプロピオン酸系の化合物は，脂肪酸生合成系のアセチル-CoA カルボキシラーゼを阻害する．したがって，植物は脂肪酸を生合成することができず，細胞膜機能が破壊され枯れてしまう．この系統の化合物はカルボン酸部に不斉炭素を有しているが，初期のフルアジホップブチルやキザロホップエチルなどの除草剤にはラセミ体が有効成分として用いられていた．しかし，R 体の活性がはるかに高いことが明らかにされ，最近ではフルアジホップ-P-ブチルやシハロホップブチルのように光学活性体が用いられるようになっている．

また，シクロジオン系のセトキシジム，クレトジム，テプラロキシジムなどの化合物も同じ作用を示すことが明らかにされている．しかし，阻害様式は，フェノキシプロピオン酸系では非拮抗的阻害，シクロジオン系では拮抗阻害であることより，両系統の除草剤の結合部位は異なることが示唆されている（図 5.18）．

2) 炭素鎖伸長阻害

従来，タンパク質合成を阻害すると考えられていたクロロアセトアミド系のアラクロール，メトラクロールなどは，脂肪酸の炭素鎖伸長を抑制することにより，長鎖脂肪酸の生合成を阻害することが明らかにされた．特に，脂肪酸延長酵

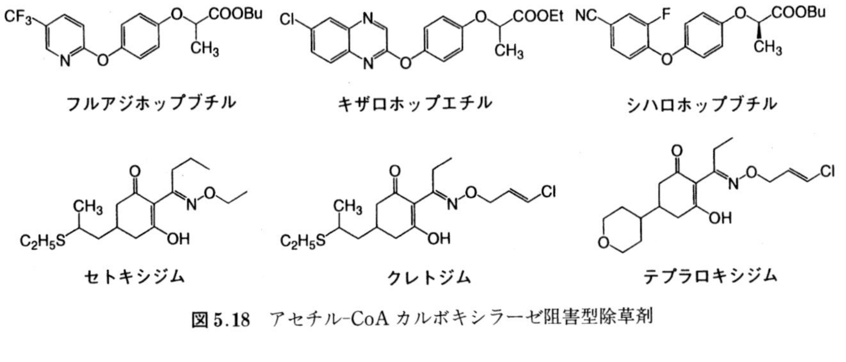

フルアジホップブチル　　　キザロホップエチル　　　シハロホップブチル

セトキシジム　　　クレトジム　　　テプラロキシジム

図 5.18　アセチル-CoA カルボキシラーゼ阻害型除草剤

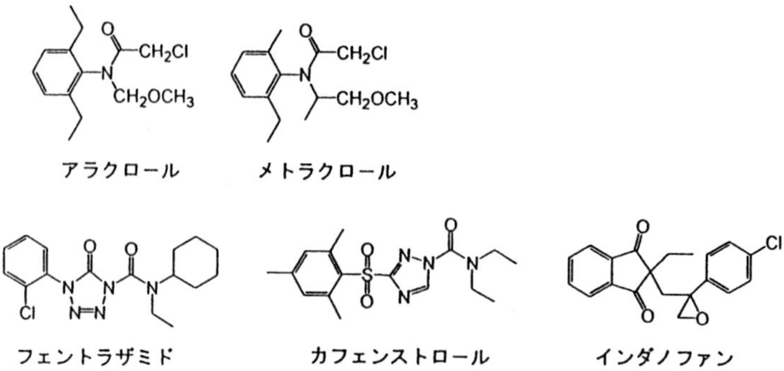

図 5.19 超長鎖脂肪酸生合成を阻害する除草剤

素系を阻害することにより,炭素 20 以上の超長鎖脂肪酸 (VLCFAs) の生成が顕著に抑制される.これらの脂肪酸は,量的には少ないと考えられているが,重要な生理機能を持ち,以後の細胞分裂ができなくなり,植物は枯れてしまう.

最近開発されたフェントラザミドやカフェンストロールは炭素数 20 から 24 の長鎖脂肪酸の合成を抑制し,これまでにない新規な骨格のインダノファンは,特に炭素数 22 以上の長鎖脂肪酸の合成を抑制する(**図 5.19**).

3) 不飽和化酵素阻害剤

前に述べたように,ピリダジノン系のメトフルラゾンは,カロテノイド生合成系において飽和炭素鎖前駆体からの不飽和化を触媒する不飽和化酵素を阻害する.同様に,不飽和脂肪酸の生合成において,不飽和化酵素を阻害し,たとえば,パルミチン酸からのパルミトレン酸の生成を抑制することが知られている.

5.2.4 ホルモン作用かく乱型除草剤

植物ホルモンは,自らの生育を調節する内生物質であり,必要なときに生成され,役目を終えると速やかに代謝されて量的な調節がなされている.その調節が乱されると,植物の生育に異状を来たしてしまう.フェノキシ酢酸系の 2,4-D,MCPA など(**図 5.20**)は,低濃度では植物ホルモンの一つであるオーキシン(インドール酢酸)と同じ作用を示すが,高濃度では殺草活性を示す.すなわち,これらの化合物は植物体内で代謝されにくいため,植物内での存在量が多くなり,正常な植物ホルモンの作用をかく乱し,やがては枯らしてしまう.また,これらの化合物は植物への吸収や体内での代謝が植物間で異なるため,選択性を持

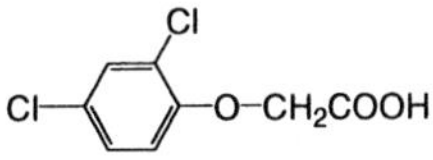

図5.20 オーキシン活性型除草剤

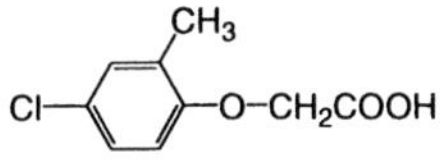

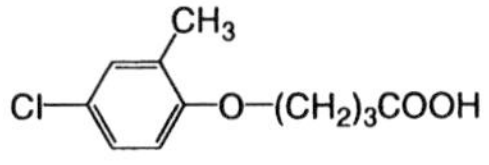

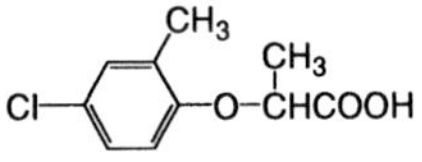

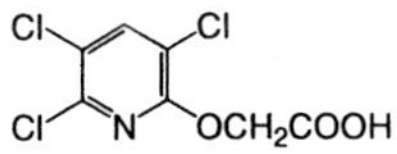

つことが知られている．一般に，広葉雑草は感受性であり，イネ科の植物は抵抗性を示すことから，わが国では水田用除草剤として導入された．広葉雑草が害を受けやすいのは，茎葉からの吸収移行性が大きいことによるといわれている．炭素鎖の長いMCPBも植物体内でのβ酸化によりMCPAに変換されて同じ作用を示す．β酸化能の低いクローバーなどの植物は，MCPAには感受性であるが，MCPBには非感受性であることが知られている．

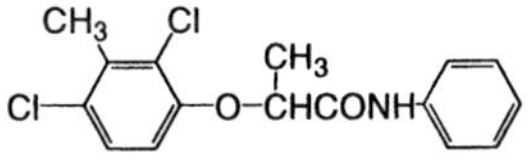

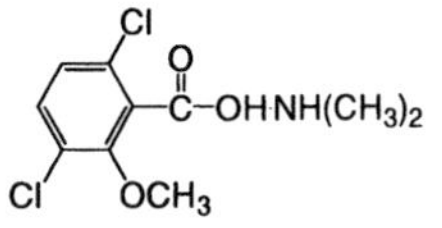

芳香族カルボン酸系の化合物であるMDBAなどもオーキシン活性を示し，濃度が高ければ植物の正常な生育を抑制し枯死させる．

5.2.5 その他の除草剤

現在用いられている除草剤の中には，すべての生物にとって共通の，ある意味で生命にとって必須の代謝過程を作用点とする薬剤も知られている．これらの薬剤においても，選択性は重要な因子であることは間違いなく，何らかの要因で選択性を有するもののみが除草剤として登録されている．

a．細胞分裂阻害剤

除草剤の中で，細胞分裂を阻害して殺草性を示すと考えられているものが数種知られている（**図5.21**）．植物の生長においても有糸分裂による細胞分裂は必須の過程であり，その過程は，まず核内におけるDNAの複製により形成された一対の染色体が，細胞の赤道面を横切って平面状に配列される．次に，対を成した

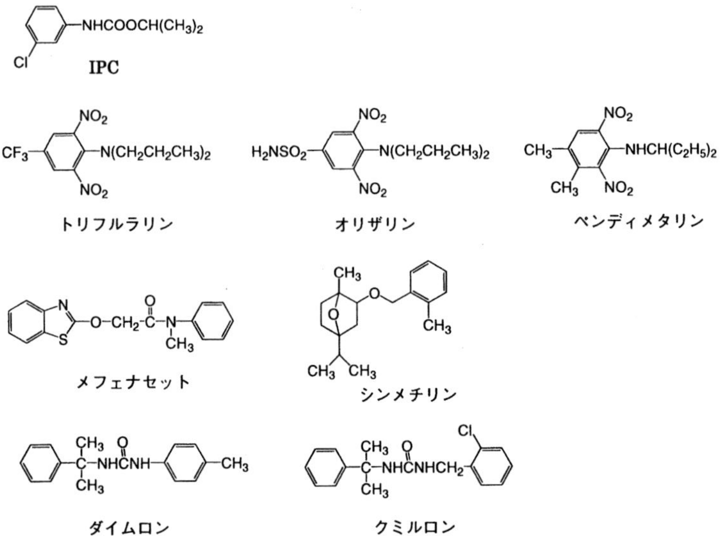

図 5.21 細胞分裂を阻害する除草剤

これらの染色体のそれぞれは，微小管からなる紡錘糸(ぼうすいし)により反対極に引き寄せられる．その後，細胞膜，細胞壁の生成を経て二つの独立した細胞となり，分裂は完了する．カーバメート系除草剤 IPC は，この微小管を構成する球状タンパク質であるチューブリンに直接結合することはないが，微小管の形成を妨げることが示されている．一方，トリフルラリンやオリザリン，ペンディメタリンのようなジニトロアニリン系の除草剤はチューブリンに直接作用し，その微小管中での重合を阻害すると考えられている．

そのほか，メフェナセット（酸アミド系）やシンメチリン（シネオール系）などの水田用除草剤も，ノビエ類などの根部や幼芽部の生長点における静止期・代謝期の細胞に作用し，細胞分裂を阻害する．また，水田用の尿素系除草剤であるダイムロンやクミルロンは，従来の尿素系化合物に見られる光合成阻害作用は認められず，主として根の細胞分裂・細胞伸長阻害作用により植物を枯死させる．

b．SH 基の阻害剤

チオフェン環を有する酸アミド系のジメテナミド，チオールカーバメート系のベンチオカーブやエスプロカルプ（**図 5.22**）は雑草発芽前の土壌処理で効果を示し，幼少雑草を枯殺する．これらの化合物の阻害部位はタンパク質合成阻害と

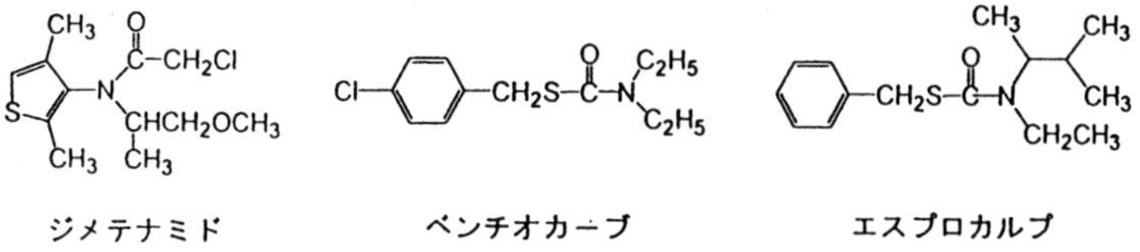

図5.22 SH基を阻害する化合物

されてきたが,他の重要な代謝過程,たとえば脂質やフラボノイドなどの生合成の阻害も顕著であることが知られている.現在では,補酵素Aをはじめとする重要な酵素のSH基を阻害すると考えられており,多くの代謝過程がその影響を受け,結果的には,生長点の細胞分裂・細胞伸長などが抑制され枯死する.

c. セルロース生合成阻害剤

アジンジアミン系の化合物であるトリアジフラムは,トリアジン環を有しているが光合成阻害活性はなく,植物細胞壁の主要な構成成分であるセルロースの生合成を阻害すると考えられている.これにより,雑草の根や幼芽部の生育を抑制し枯死させる.ニトリル系のジクロベニルも同様な作用を示すと考えられている(図5.23).

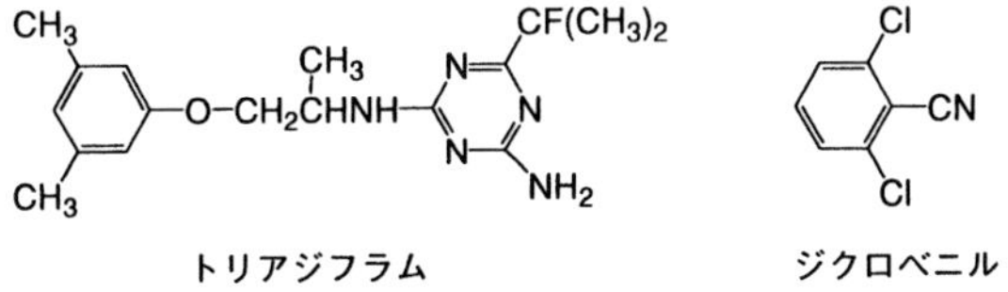

図5.23 セルロース生合成阻害剤と考えられている化合物

5.3 除草剤の選択性

農薬にとって,選択性は最も重要な特性の一つである.除草剤の場合,その重要性が他の農薬に比べて特に大きいと考えられる.まず,標的である植物(雑草)と,微生物や哺乳類のような他の生物種との間の選択性を持つ必要があるが,これらは生物間での形態,生態,さらには生理的な差異などにより比較的容易に見いだされる.一方,栽培される作物も自然に生育してくる雑草も同じ植物であり,しかも分類学的にも極めて近い植物である場合も多いなかで,除草剤は何らかの要因でそれらを区別して作用することが必要とされるが,前述の作用機

構に基づく選択性を見いだすことは，極めて困難である．

　除草剤における選択性の発現は，いくつかの要因に分けて考えることができる．すなわち，植物自体の形態の特徴，植物体内への吸収・移動などの生態的，生理的要因と，植物体内での代謝による活性化，不活性化などの生体内の化学的な反応に起因する生化学的要因である．実際の除草剤においては，これらの要因によって生じる選択性を組み合わせることにより，最も効果的な製剤化，施用法が工夫されている．さらには，非選択性の除草剤でも，後述のように施用方法や時期を工夫することにより，好ましい選択性を発現させることも可能である．いずれにしても，薬剤の特性とともに植物についての理解を深め，最も効果が得られるような施用法，施用時期などを考える必要がある．

5.3.1 植物の形態に基づく選択性

　植物の形態的な差異や生育のステージの違いは，除草剤の作用における選択性の一因になり得る．すなわち，葉や根系の大きさ，形などの違いにより，植物における薬剤との接触，さらには植物による吸収量は大きく異なると考えられ，その結果として選択性が発現される．

　たとえば，根系の大きさと薬剤の土壌への吸着性との関係で発現する選択性として，果樹園での下草の除草に用いられるパラコートやジクワットの例がある．すなわち，パラコートやジクワットは陽イオン構造であるため吸着性が強く，土壌表面近くにとどまる．そのため比較的浅い根系を持つ下草は枯死するが，根系の大きい果樹はまったく影響を受けない．

　また，田植え後の水田において，イネの苗はあまり除草剤の影響を受けないが，ヒエなどの雑草は枯死する．これは，イネ苗の生長点は土壌中に植え込まれているため，水田水中の除草剤と接触することがないことによる．アミド系除草剤のほとんどが本質的な選択性がないのに選択性を確保しているのは，このような理由によると考えられる．

5.3.2 薬剤の吸収と移動に基づく選択性

　2,4-Dが最初の除草剤として開発されたのは，植物間での選択性が認められたからである．すなわち，2,4-Dに対してイネ科の植物のような単子葉植物は抵抗性を示すが，広葉植物は感受性である．この選択性は，植物体内での移動速度が

著しく異なることによることが明らかにされている．また，吸収速度が植物によって異なる薬剤も知られている．

5.3.3 植物体内における代謝解毒に基づく選択性

植物体内に吸収された薬剤は，酵素の作用あるいは化学反応により代謝される．そのような反応に関与する多くの酵素が知られているが，それらが触媒する反応により酸化反応，加水分解反応，脱アミノ・脱メチル反応および抱合反応などに分類できる．それらの能力は植物間によって大きく異なるため，植物体内での薬物の濃度は大きく変化し，それにより選択性が発現される．その際，薬剤としての活性を失う場合（不活性化）だけでなく，逆に活性が高まる場合（活性化）もある．

a．植物体内における不活性化に基づく選択性
1） シトクロムP450による酸化

不活性化による選択性発現の例として，生体内の多くの酸化反応を触媒するシトクロムP450は，広範な除草剤を酸化的に代謝することが知られている．たとえば，イネや大豆はベンタゾンを代謝解毒する能力が高く，速やかに水酸化して不活性代謝物とし，さらにグルコース抱合体に変換する（図5.24）．しかし，雑草ではそれらの能力が低い．

スルホニル尿素系除草剤は，低薬量で高活性を示すことが最大の特徴であるが，それぞれの作物に選択性のある化合物が開発されていることも特徴の一つとしてあげることができる．たとえば，クロロスルフロンはコムギ類の雑草防除に，ピラゾスルフロンエチルとイマゾスルフロンなどは水稲栽培において好ましい選択性を示す．この選択性は，それぞれの作物が薬剤を吸収後，速やかに水酸化や脱メチル化により代謝解毒する（図5.25）のに対して，雑草類はその能力

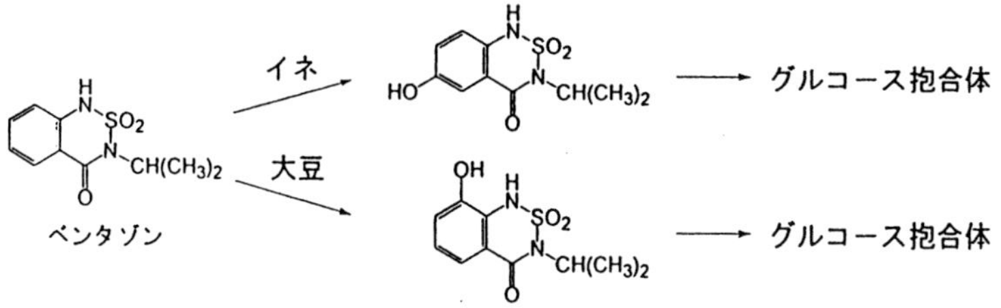

図5.24 作物によるベンタゾンの代謝

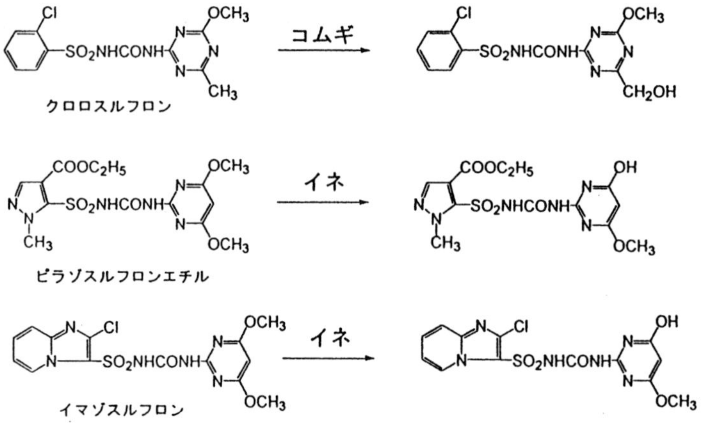

図 5.25 スルフォニル尿素系除草剤の作物による代謝

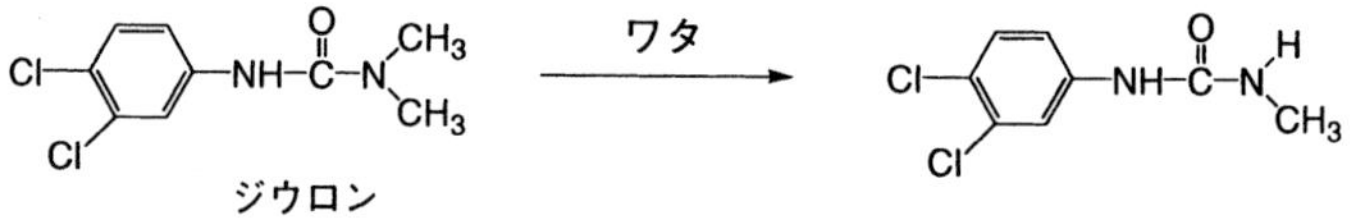

図 5.26 ジウロンの脱メチル化

が低く，シトクロム P 450 の作用による代謝速度に著しい差があることにより発現される．たとえば，イマゾスルフロンのイネ切除葉身部での半減期は 4.0〜5.1 時間であるのに対して，ミズガヤツリ切除葉中では 25.8〜35.2 時間であった．

同様に，尿素系除草剤のジウロン（**図 5.26**）は，ワタなどの作物におけるシトクロム P 450 の作用による N-脱メチル反応が選択機構だと考えられている．

2) グルタチオン抱合による不活性化

植物において一般的に見られるグルコース，アミノ酸やグルタチオンなどとの結合による抱合体の形成も，除草剤の不活性化にかかわっており，これらの能力が植物種によって異なることによって選択性が発現される．たとえば，トウモロコシはグルタチオン抱合活性が強く，トリアジン系除草剤はグルタチオンとの抱合体を形成し解毒される（**図 5.27**）．これに対し，大豆やコムギなどではこのようなグルタチオン抱合はほとんど進行しない．

薬害軽減剤と呼ばれているある種の化合物は，それ自体何ら生理作用を示さないが，処理した植物内のグルタチオン濃度を増加させることが知られている．たとえば，アメリカで広く利用されている N,N-ジアリル-2,2-ジクロロアセトア

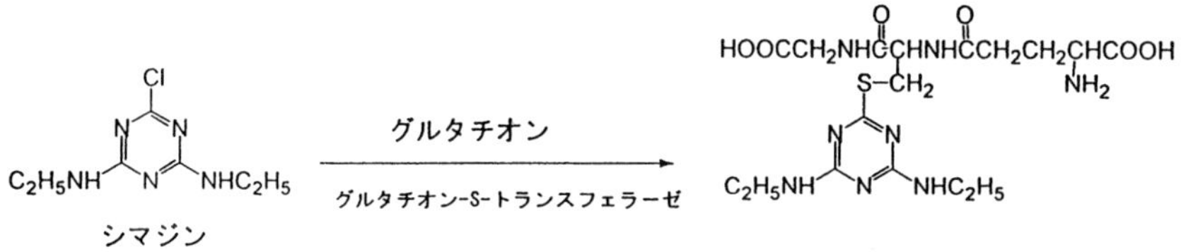

図 5.27 トリアジン系除草剤のグルタチオン抱合

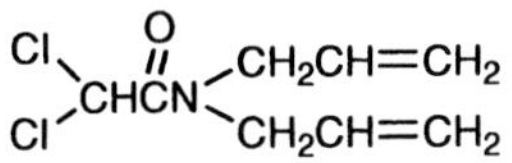

R-25788

図 5.28 薬害軽減剤

ミド (R-25788) は，トウモロコシのグルタチオン含量を増加させ，チオカーバメート系除草剤の薬害を防ぐことができる（**図 5.28**）．

3) 加水分解による不活性化

DCPA（プロパニル）は，イネの直播栽培にも使用できるほど高い選択性を示す．イネはアリルアシルアミダーゼにより，DCPAを速やかに加水分解して解毒するのに対し，ノビエやヤナギタデなどの雑草は，この酵素活性が極めて弱く枯れてしまう（**図 5.29**）．

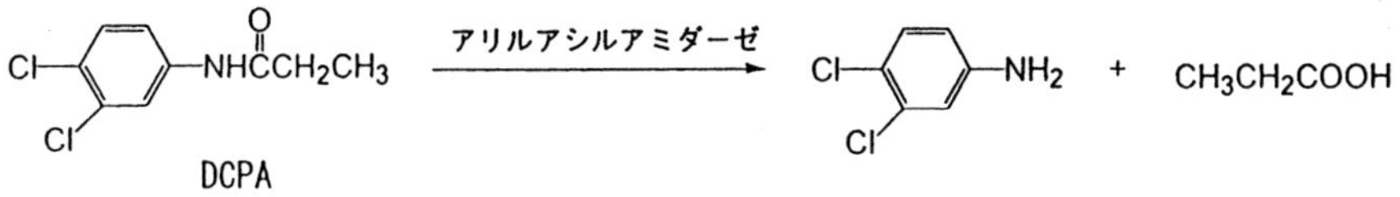

図 5.29 DCPAの加水分解

4) 非酵素的な不活性化

植物体内において，酵素が関与しない反応による不活性化も知られている．たとえば，トウモロコシのトリアジン系除草剤に対する抵抗性の発現はこの例である．トウモロコシは，シマジンなどの塩素を水酸基に変化させるが，この反応を触媒するのは酵素ではなく，**図 5.30**に示すようにトウモロコシに含まれる 2,4-ジヒドロキシ-7-メトキシ-1,4-ベンゾキサジン-3-オン（DIMBOA）であることが明らかにされている．

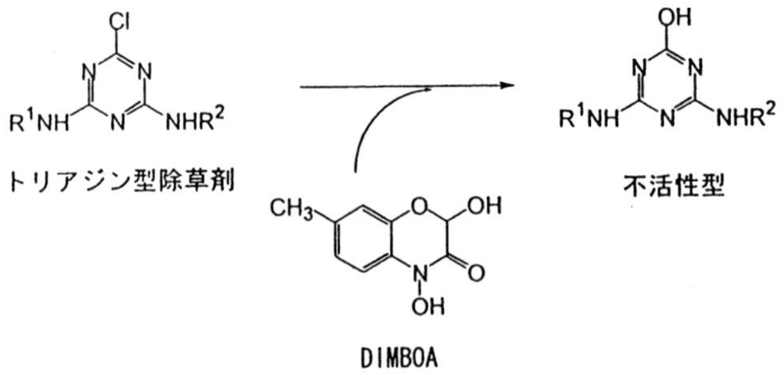

図 5.30 トウモロコシにおけるトリアジン系除草剤の非酵素的分解

b. 植物体内における活性化に基づく選択性

　ある種の除草剤は，散布されるときは不活性な形であり，植物体内の代謝過程で活性な形に変化する．このような活性化の能力が，植物間で違うことによる選択性発現の例が知られている．

　MCPBは植物によるβ酸化を受け，MCPAに代謝され活性を発揮することが知られている（5.2.4項参照）．エンドウは，この能力が欠けているためMCPBをMCPAに代謝活性化できないことから影響を受けない（図5.31）．

　また，構造中にエステル部位を有する除草剤の中には，植物体内で遊離の酸へ加水分解されて活性を示すことが知られているものがあり，この加水分解能力の差が植物間で大きい場合，選択性が発現される．たとえば，水田用ALS阻害剤ピリミノバックメチルの活性本体は，加水分解されて生じるカルボン酸体である．雑草であるノビエは，この加水分解能が極めて高いことが知られており，速やかに枯れる（図5.32）．イネ・ヒエ間の選択性は，両植物体内での活性化の速度の違いが一因であると考えられている．

　以上の例のように，植物体内で活性化される化合物は，脂溶性が高く，膜の透過性に優れている構造（長い炭素鎖やエステル体）で散布される場合が多く，植物体内へ速やかに移行した後，活性化されて作用を発揮するプロドラッグである

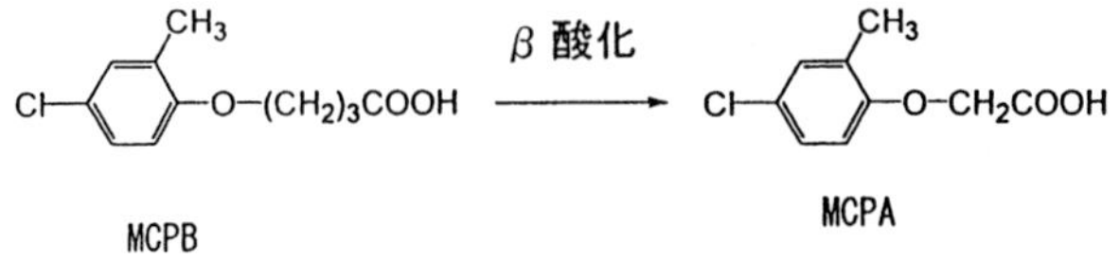

図 5.31　MCPBのβ酸化による活性化

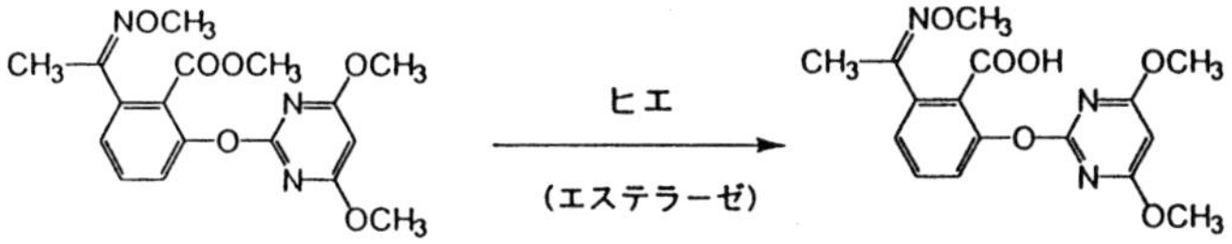

図 5.32 ヒエによるピリミノバックメチルの活性化

と考えられる．このような特質は，薬剤の施用において優れた性質を示すだけでなく，選択性の発現にとっても有効なものである．

農薬によるダイオキシン汚染

現在のダイオキシンの発生源は，95％以上がごみ焼却場の排ガスによるものであるが，過去に使用された農薬による汚染が，これまでのダイオキシンの発生量の約31％だと見積もられている．ダイオキシンを不純物として含んでいた除草剤は，ベトナム戦争において使用されたオレンジ剤の成分である2,4,5-Tおよび2,4-D，わが国で殺菌剤および除草剤として使用されたPCP，水田の初期除草剤として使用されたCNP，NIPおよびクロメトキシニルなどである．これらのうち，2,4,5-Tはダイオキシンの中でも最も毒性が高い2,3,7,8-TCDD (2,3,7,8-Tetrachlorodibenzodioxin) を含むが，PCPは1,2,3,4,5,6,7,8-OCDDを，CNPは1,3,6,8-TCDDを多く含むとされ，その起源を推測することができる．現在ではこれらの除草剤はほとんど失効し，代替剤への移行等が進んでいるが，農薬に携わる人々は，このような事実を重く受け止め，安全性への指針としなければならない．

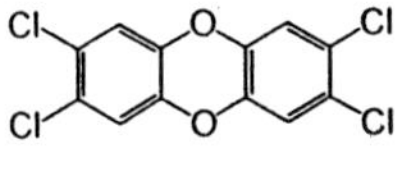

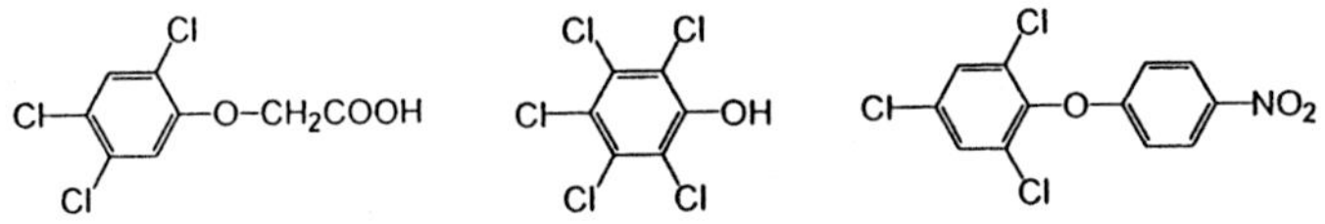

図 5.33 ダイオキシンと関連する除草剤

5.3.4 標的酵素の違いに基づく選択性

アセチル-CoA カルボキシラーゼ（ACCase）阻害剤（5.2.3項bの1）を参照）はイネ科植物を特異的に枯殺することから，広葉作物中のイネ科雑草防除に使用されている．そのターゲットである ACCase には，広葉植物の葉緑体に存在する原形質型と細胞質にある真核細胞型のアイソザイムがある．イネ科植物は真核細胞型のみであり，除草剤によって阻害されるのは葉緑体の真核細胞型のみであるため，選択性が発現される．

5.4 他感作用物質

植物が放出する天然の化学物質が他の生物の生命現象に阻害的あるいは促進的な影響を与えることが知られており，これをアレロパシー（allelopathy, 他感作用）と呼ぶ．アレロパシーという用語を最初に定義したのはドイツの植物学者モーリッシュ（Molisch）であり，allelon（お互いの）と pathos（あるものの身に降りかかるもの）を合成して allelopathy という言葉が作られた．植物間のアレロパシーは植物群落の形成，帰化植物の侵入現象，農業における連作障害（忌地現象）発現に関与していると考えられる．これらの作用は，雑草防除，病害虫防除に利用できるのではないかと期待されており，現在，多くの植物から他感作用物質（Allelochemical）の同定，作用機構の解明，農業現場での実用化に向けての研究が進められている．

アレロパシーは，葉から雨露によってこし出される物質，根から放出される物質，茎葉や花から放出される揮発性物質，落ち葉からにじみ出す物質，それらが分解して生成する物質などによって発現される．他感作用物質として報告される物質は極めて範囲が広く，ほとんどすべての二次代謝物質に及んでおり，ライスによりその生合成経路から，低分子有機酸，フェノール性物質，アルカロイド，テルペノイドなど15種類に分類されている（**図5.34**）．これらの他感作用物質は，細胞分裂，膜の透過性，光合成や呼吸，エネルギー代謝，植物ホルモンへの影響など，さまざまな生理作用を示すことが知られている．

藤井らが植物に含まれる植物生長阻害成分を精力的に検索したところ，最も強い活性成分を含んでいたのは，オキナグサとセンニンソウであった．その活性成分としてプロトアネモニンが同定されているが，体内ではその前駆体のラナンキ

5.4 他感作用物質

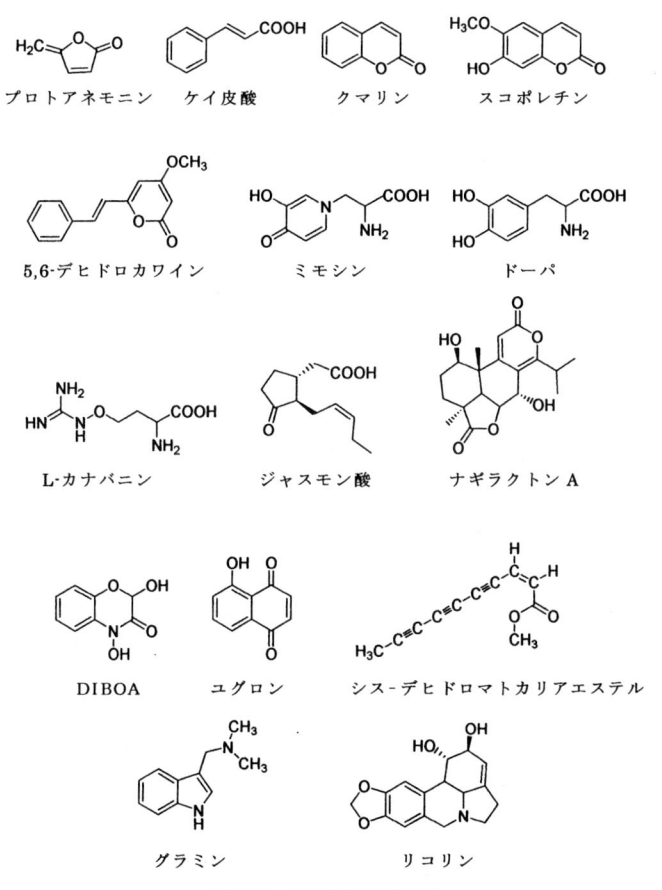

図5.34 主な他感作用物質

（プロトアネモニン，ケイ皮酸，クマリン，スコポレチン，5,6-デヒドロカワイン，ミモシン，ドーパ，L-カナバニン，ジャスモン酸，ナギラクトンA，DIBOA，ユグロン，シス-デヒドロマトカリアエステル，グラミン，リコリン）

ュリンという配糖体として存在し，すりつぶしたりすると，酵素の作用でプロトアネモニンが生成される．プロトアネモニンにはカビの発芽や生長を阻害する活性もある．

　ケイ皮酸誘導体は，高等植物によって生産される他感作用物質として最も一般的に同定されているものである．たとえば，ゴムタンポポが群生すると，中央部の生育が悪くなる現象が古くから知られているが，この植物の根系から生育抑制物質としてケイ皮酸が同定された．ケイ皮酸誘導体はフェニルアラニンまたはチロシンから合成され，高等植物に広く分布している．

クマリン類はケイ皮酸から生合成され，植物界に広く分布している．通常植物生体内では，配糖体として無害な形であらゆる部分に存在しているが，乾燥や磨砕によって分解され遊離すると考えられている．クマリンは，コムギの芽生えの生育を強く阻害することや，タマネギやユリの根の有糸分裂を阻害することが知られている．エンバクには他感作用物質としてクマリン誘導体のスコポレチンが含まれており，アブラナ科の生育を顕著に抑制する．

沖縄県では，昔からゲットウの葉を伝統食品であるムーチーの包装材に，種子を健胃薬や鎮吐薬として漢方に用いてきた．精油成分は防虫剤，防かび剤，香料，化粧品などに使用されているが，人の皮膚の炎症を抑える効果もある．ゲットウは独特な群落を形成し，他感作用物質として5,6-デヒドロカワインが報告されている．この物質は胃潰瘍，十二指腸潰瘍，血栓性疾患の予防効果，皮膚の老化を抑えるコラーゲン合成促進作用などもあり，さらに加水分解すると，活性酸素消去作用の強い化合物が得られることなどから，機能性食品および化粧品業界からも注目されてきている．

熱帯植物ギンネムは世界中に数百種類の品種があるが，国内で最も広く分布しているのは主にハワイアンタイプで，沖縄のいたるところに独特な群落を形成している．このギンネム群落内には，他の植物があまり認められないか，あるいは非常に抑制された形で生育している場合が多い．これは他感作用物質ミモシンによるものである．ミモシンは家畜に対しても脱毛，繁殖障害，成長抑制，甲状腺腫など種々の障害を引き起こすことが知られており，また，がん細胞の抑制作用も報告されている．

ムクナはアレロパシーの強いマメ科植物である．やせた土地でもよく生育し，よい緑肥となること，種子は食用に茎葉は牧草になり多収穫であること，繁茂して地表を覆い雑草制圧作用があること，病害虫の被害を受けにくく線虫密度を減らすことなどの特性を持つ．また，ムクナはブラジルではハマスゲやチガヤといった難防除雑草を抑えるのに用いられる．他感作用物質として特殊なアミノ酸であるドーパ（L-3,4-ジヒドロフェニルアラニン）が同定された．ドーパは葉や根の生体重の約1％も含まれており，主に広葉雑草の生育を阻害する．

ナタマメが雑草との競合に強いことは経験的に知られているが，その主な用途は緑肥であり，窒素固定をするために減肥効果が期待される．また，ナタマメは，塊茎を作るために除草剤による防除が困難なハマスゲの密度を減少させるこ

とが知られている．この雑草抑制作用には，生長速度の速さ，養分吸収力の強さ，葉を展開して他の雑草を日陰にしてしまう効果が考えられるが，含まれる他感作用物質も関与している．他感作用物質として，葉や根や種子に含まれる特殊なアミノ酸のL-カナバニンが同定された．カナバニンは50 ppmの濃度で雑草の生長を阻害する活性がある．カナバニンはイネ科植物を阻害する効力もあるので，メヒシバなどのイネ科雑草が繁茂する畑では雑草抑制効果がある．

植物の精油成分で香気物質であるジャスモン酸のメチルエステルは，ある種の微生物によっても生産されるが，それが植物の生長阻害活性を有していることが明らかにされている．1974年にカボチャの未熟種子から，ククルビン酸と命名された生長抑制物質とそのグリコシドが単離されたが，これはジャスモン酸の還元体であった．また，ゴガツササゲの未熟種子からもジャスモン酸が単離・同定されている．

ナギは生長が大変遅い樹木であるが，この樹林には下草が見られず，特異な群落を形成している．そのナギ純林形成にはセスキテルペン系化合物ナギラクトンAが他感作用物質として関与していることが明らかにされている．

ベンゾオキサジノン誘導体DIBOAは，もともとカビなどの病害に対する抵抗性物質としてムギ類から見いだされた二次代謝物質である．コムギ，ライムギ，ライコムギには存在するが，オオムギ，エンバク，イネには存在しない．植物体中では，配糖体として存在しており，植物体が傷つけられると，エンド-β-グルコシダーゼの作用で加水分解されて生成する．最近では，この誘導体が，昆虫や病害に対する抵抗性発現だけでなく，雑草抑制効果も示すことが報告されている．その阻害作用は双子葉類に顕著であるが，イネ科植物にはほとんど阻害作用がないため，コムギやライムギを天然の除草剤として利用しようとする提案がアメリカ合衆国でなされている．

クルミ類の生息する周辺の雑草の生育が抑えられる現象について，ナフトキノン誘導体ユグロンが他感作用物質として報告されている．この作用は，クルミの樹皮や果実に，1,4,5-トリヒドロキシナフタレンの配糖体が含まれており，これが土壌中などで加水分解後，酸化されてユグロンを生成するためであるとされている．ユグロンは5×10^{-4} Mの濃度でトウモロコシの根の呼吸を完全に阻害する．ユグロンが強い植物生育阻害物質であることは，その後，多くの追試で確認されている．

セイタカアワダチソウの生産するアレロパシー物質は cis-デヒドロマトリカリアエステルである．セイタカアワダチソウは，この物質を根から分泌することによって近隣の植物の生育を抑制し，自己の生育を盛んにしていることが明らかにされている．

オオムギの他感作用物質としてアルカロイドのグラミンが報告されている．ハコベの生育を 80% 阻害し，小麦にはまったく影響しない．

高橋らは，ヒガンバナの鱗茎(りんけい)には雑草の生育を強く阻害する物質が含まれており，セイタカアワダチソウなどのキク科雑草を強く阻害するが，イネ科植物には影響が少ないことを明らかにした．ヒガンバナの増殖は地下部の鱗茎の分裂で起こり，これらの鱗茎は土質を問わず容易に再生し，過湿にも強く，畦畔(けいはん)や土手で繁殖する．これらのことから，ヒガンバナは，イネの生育初期から初夏において，畦畔の雑草を抑制する畦畔管理植物として適すると思われる．ヒガンバナは活性物質として有毒アルカロイドのリコリンを含んでいる．

以上のように，アレロパシー作用を持つ多くの植物が見いだされているが，実用に供されているものは少ない．実用化を阻む問題点として次のことが考えられる．

① 化学合成農薬に比較して作用が弱く，多量に施用する必要がある．
② 有効成分を抽出するには費用がかかり製品の価格が高くなる．
③ 同じ属でも種により作用の程度が異なる．
④ 人畜に対する毒性が定かでないものも多い．
⑤ 有効成分が明らかではない場合がある．

問題点の解決法としては，人畜に対して毒性のない有効成分を優先的に活用する．育種的に有効成分の高い個体を選抜する．栄養診断，土壌診断に相当するアレロパシー診断技術を確立し，耕作放棄地や未利用地を活用してアレロパシー植物を多量に栽培し，粉末にして実用化するなどが考えられる．

参考文献

1) 平井憲次，大野竜太：新農薬開発の最前線，山本 出編，シーエムシー出版 (2003)
2) 石田泰雄，吉川治利，太田一成，熊崎安襄：日本農薬学会誌，Vol. 21, pp. 247-258 (1996)
3) L. G. Copping and H. G. Hewitt : Chemistry and mode of action of crop protection agents, The Royal Society of Chemistry, pp. 17-45 (1998)

4) 松本　宏：次世代の農薬開発, 日本農薬学会編, pp. 239-251, ソフトサイエンス社 (2003)
 5) 宮本純之編：新しい農薬の科学, 廣川書店 (1993)
 6) M. F. Alibhai and W. C. Stallings: Proc. Natl. Acad. Sci., USA, Vol. 98, pp. 2944-2946 (2001)
 7) 農薬ハンドブック 2001 年版, 日本植物病疫協会 (2001)
 8) P. Boger and G. Sandmann: Target sites of herbicide Action, CRC Press (1989)
 9) 佐々木満, 他編：日本の農薬開発, pp. 33-54, pp. 263-364, ソフトサイエンス社 (2003)
10) S. S. Pang, L. W. Guddat, and R. G. Duggleby: J. Biol. Chem., Vol. 278, pp. 7639-7644 (2003)
11) 髙橋信孝：基礎農薬学, 養賢堂 (1989)
12) 田丸正敏, 河野一彦, 花井　涼, 木村芳一：日本農薬学会誌, Vol. 27, pp. 188-198 (2002)
13) 山本　進, 縄巻　勤, 若林　猛, 葛西　豊：日本農薬学会誌, Vol. 21, pp. 259-268 (1996)
14) 輿語靖洋：次世代の農薬開発, 日本農薬学会編, pp. 229-238, ソフトサイエンス (2003)
15) E. L. Rice, 八巻敏雄, 安田　環, 藤井義晴共訳：アレロパシー, 学会出版センター (1991)
16) 藤井義晴：アレロパシー, 農文協 (2000)
17) 益永茂樹：水情報, Vol. 19, pp. 4-11 (1999)

6. 植物生長調節剤

　植物の生長や生理応答に対して影響を与える物質を総称して，植物生長調節物質（Plant Growth Regulator：PGR）と呼ぶ．植物生長調節物質には，植物界に普遍的に存在し，植物が自ら生合成すると同時に微量で特異的な作用を示す植物ホルモン類や，化学的に合成された物質，あるいは微生物をはじめとする他の生物が生産する広い範囲の物質が含まれている．したがって，植物生長調節物質は大きく二つに分類できる．一つは植物ホルモン，およびその類縁体として分類できる化合物群であり，いまひとつは植物ホルモンとは関係はないが，植物に対して何らかの作用を示す生理活性物質群である（図6.1）．植物生長調節剤とは，これらの植物生長調節物質の中で，急性，亜急性および慢性毒性試験，発がん性試験，催奇形性試験，魚毒性試験など種々の試験で安全性が確認された後，農業用薬剤として認可を受けて製品化されている物質である．植物生長調節剤を考える場合，除草剤，特に植物ホルモン系除草剤との区別は非常に難しい．同じ薬剤を施用した場合でも，対象植物を枯らすことが目的であれば除草剤として，生長を制御することが目的であれば植物生長調節剤としてとらえる必要がある．

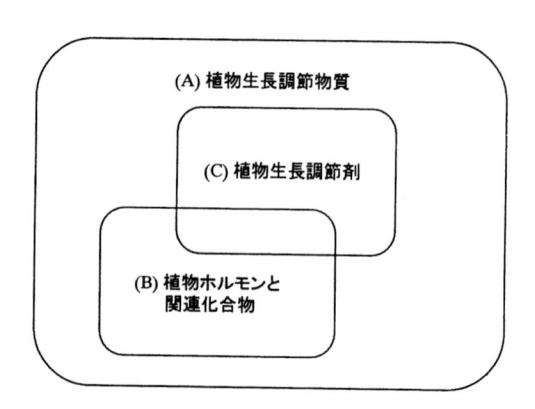

図6.1　植物生長調節物質，植物ホルモンおよび関連化合物，植物生長調節剤の概念図

平成14年度の農林水産省の統計によれば，わが国の耕地面積は480万haを切り，食糧自給率はカロリーベースで40%，穀物自給率は28%にすぎない．穀物自給率28%という値は175か国中130番目であり，主要先進国の中でも異常に低い値である．農業を支えている人々は375万人（総就業人口に対して約4%）であり，農業従事者の高齢化と農業後継者の減少にも歯止めはかかっていない．

こうした厳しい状況にありながらも，農産物の商品化が進み，貿易自由化に伴う輸入品との競争，産地間競争が激化しているため，品質向上と出荷時期調節による他産地生産物との差別化が強く求められている．したがって，農家の安定経営のためには，栽培植物の生理機能を調節して増収や労働条件の改善を図ると同時に，生育の促進や抑制，開花期や熟期の調節，品質の改変など多くの作用を持つ植物生長調節剤を使用して，生産物の付加価値を上げる必要性がますます増えてきている．

6.1 植物ホルモンと類似な構造を持つ植物生長調節剤

植物ホルモンは動物ホルモンとはいくぶん定義が異なっている．動物学で用いられるホルモンは「1. 特定の分泌器官で生合成される，2. 血流によって標的器官に運ばれる，3. 極微量で生理作用を示す物質である」と定義されている．しかしながら，植物においては分泌器官や標的器官が明らかでないうえに，血流そのものが存在しない．ここでは一般的な植物ホルモンの定義「植物自身が生合成し，微量で特異的な作用を持ち，植物界に普遍的に分布する物質」に従って話を進めることにする．

この定義があるとはいえ，植物ホルモンと考えられている物質群について，すべての研究者間で統一見解があるわけではない．古典的な植物ホルモン―オーキシン，ジベレリン，サイトカイニン，アブシジン酸，エチレンの5種類に加え，最近ブラシノステロイドとジャスモン酸が付け加えられた．この7種以外に，サリチル酸が植物ホルモン候補として上げられているし，実体は分からないもののフロリゲン（開花ホルモン）の存在も推定されている．

6.1.1 オーキシンおよび関連化合物

オーキシンは最初に植物ホルモンとして認められた化合物である．植物の屈性

現象や器官形成の原因物質として多くの研究者が努力した結果，この物質が比較的簡単な構造を持つインドール-3-酢酸（IAA）であることが明らかにされている．歴史的に見ると，オーキシンは Kogel が人尿から，Thimann がカビの一種である *Rhizopus* の培養液から，そして Haagen-Smit がコーンミールから結晶として単離してはいたものの，その時点ではこれが本当に植物に含まれるホルモンであるかどうかについては明らかではなかった．植物ホルモンとして認められたのは，1946 年に Haagen-Smit がトウモロコシの未熟種子に含まれていることを明らかにし，さらにこの化合物が多くの植物に普遍的に含まれていることが明らかにされた時点からである．オーキシンの生理作用は極めて多様であり，単なる生長促進ホルモンとしてとらえることはできない．茎・根の伸長，頂芽の生長，果実の肥大，発根，組織分化に対して促進的に働くとはいえ，その促進作用は濃度依存的であり，濃すぎる濃度においては抑制的に働く．また，側芽の生長，休眠種子の発芽，落果，落葉を阻害する．光や重力による屈曲，木部の分化，単為結果の誘導のみならずカルスの形成や生長を促進する．こうした多様な生理活性を持つオーキシンは，植物体内では代謝が早く環境中で容易に分解するため，そのまま生長調節剤として使われることはない．

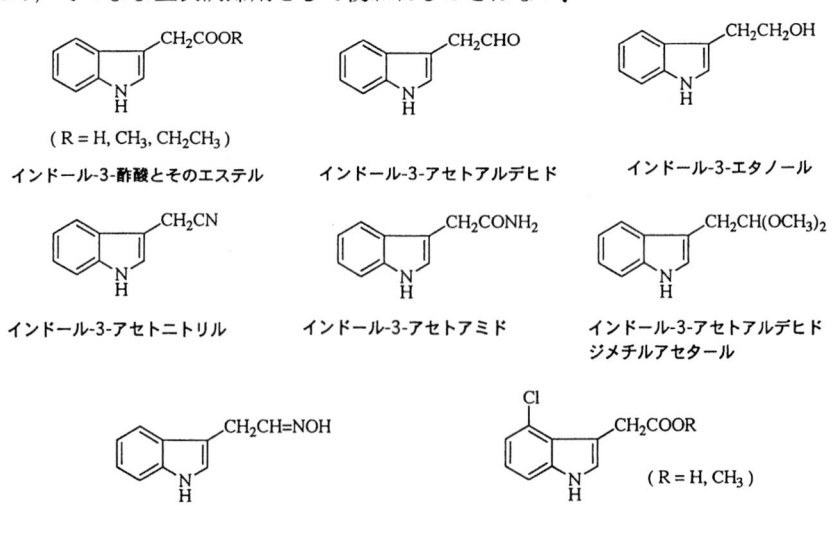

図6.2 インドール酢酸およびインドール酢酸関連化合物

6.1 植物ホルモンと類似な構造を持つ植物生長調節剤   145

　図6.2に，インドール-3-酢酸並びに植物体内に存在しインドール-3-酢酸と同様な活性を示す関連化合物を示している．この中で，4-クロロインドール-3-酢酸は，高等植物の成分としては非常に珍しい塩素置換された芳香環を持っている．この塩素原子の存在により芳香環の電子密度が下がり，植物体内においてインドール-3-酢酸よりはるかに安定になるため，今後，植物生長調節物質としての利用が期待できる．

　このようなインドール酢酸類をリードとして，種々のオーキシン活性を持つ化合物群が合成され，その一部がオーキシン関連生長調節剤として利用されている．代表的なオーキシン型生長調節剤および関連化合物を**図6.3**に示す．落果や落葉はオーキシン，アブシジン酸，エチレンなどの植物ホルモンによって制御されているが，合成オーキシンであるジクロルプロップはナシ，リンゴの落果防止剤として使われ，エチクロゼートはミカンの摘果剤として使用されている点は興

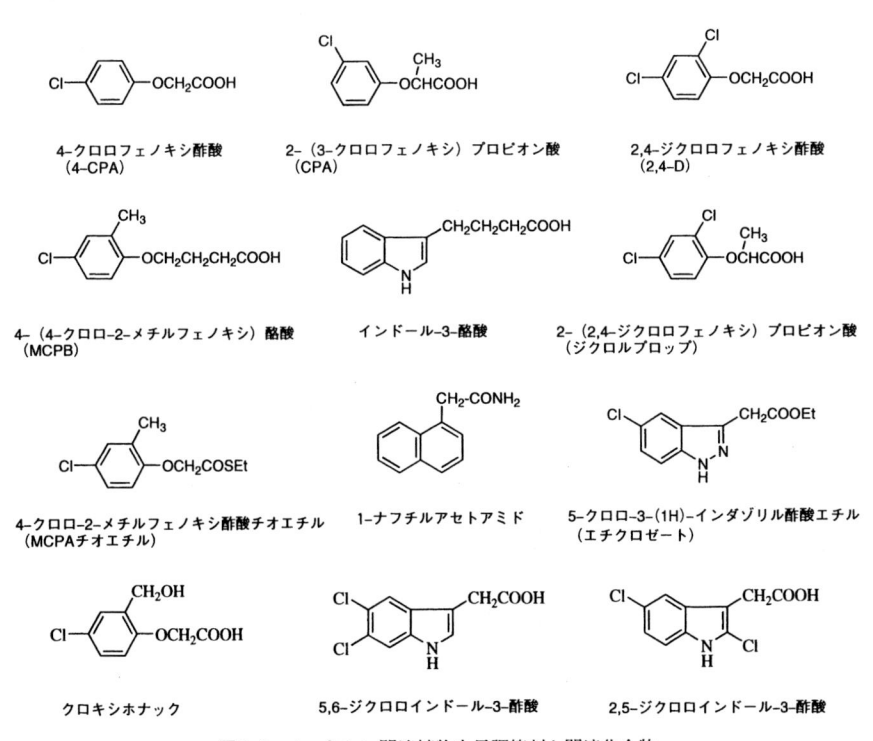

図6.3　オーキシン関連植物生長調節剤と関連化合物

味深い．オーキシンは単為結果を促進することから，オーキシン活性を持つ 4-CPA やクロキシホナックがトマトやナスの着果促進と果実肥大のために使われている．オーキシンの発根促進作用を利用した調節剤としては，インドール-3-酪酸と 1-ナフチルアセトアミドが存在する．また，農業現場での利用ではないが，植物細胞の組織培養においては，2,4-D や 1-ナフタレン酢酸をはじめとする合成オーキシンが，欠くことのできない薬剤として使用されている．現在用いられているオーキシン系生長調節剤とその用途を**表 6.1**に示している．

一方，オーキシン活性を持つ化合物だけでなく，オーキシンと拮抗的に働く物質も生長調節剤として利用可能である．これらは植物体内でのオーキシンの極性移動（頂芽で作られたオーキシンが根の方向へ向かって移動する現象）を阻害することで活性を示す．実用的には，マレイン酸ヒドラジドのカリウム塩やコリン塩が貯蔵中のジャガイモやタマネギ萌芽抑制，ブドウの新梢抑制，タバコの腋芽の抑制に広く使われてきたが，2002 年に花卉以外の農産物に対する農薬登録が失効した．アンチオーキシン活性を示す化合物を図 6.4 に示す．研究用には 4-クロロフェノキシイソ酪酸と 2,3,5-トリヨード安息香酸が広く使われている．現在は，3-インドリル-3-トリフロロメチルプロピオン酸 イソプロピルエステルが登録を目指して試験中である．

表 6.1 オーキシン系植物生長調整剤

種類名	適用植物	使用目的
インドール酪酸	キク，ベゴニア，ツツジ，ツバキ，チャ，クワ，その他	発根促進
エチクロゼート	柑橘類 温州ミカン カキ	夏秋梢伸長抑制 熟期促進，浮皮軽減 着色促進
クロキシホナック	トマト，ナス	着果増進，果実肥大
ジクロルプロップ	ナシ，リンゴ	落果防止
マレイン酸ヒドラジド	タバコ	腋芽抑制
MCPA チオエチル	甘夏，伊予柑，ネーブル 河内晩柑	ヘタ落ち防止 落果防止
4-CPA	メロン トマト，ナス	着果促進 着果促進，果実肥大，熟期促進

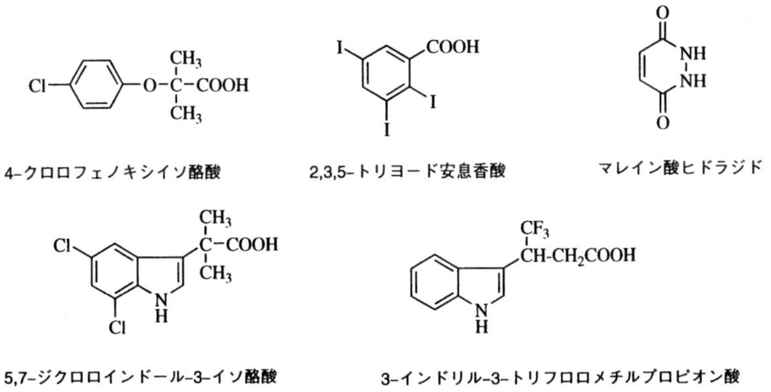

6.1 植物ホルモンと類似な構造を持つ植物生長調節剤

4-クロロフェノキシイソ酪酸　　2,3,5-トリヨード安息香酸　　マレイン酸ヒドラジド

5,7-ジクロロインドール-3-イソ酪酸　　3-インドリル-3-トリフロロメチルプロピオン酸

図6.4 アンチオーキシン活性を持つ化合物

6.1.2 ジベレリンおよび関連化合物

　ジベレリンは1926年黒澤によりイネ馬鹿苗病菌の毒素として報告された化合物である．後に健康な植物体内にも存在することが明らかになり，植物ホルモンとして認められるようになった．現在，植物および菌の生産物並びにグルコース抱合された化合物まで含めると150種を超える化合物が単離され，構造が決定されている．ジベレリン類はGAと表記し，発見された順に数字を下付の数字で表す．生合成的にはジベレリンはジテルペンに属する化合物である．植物においてはGA_1，GA_3，GA_4が比較的広く分布し，植物中の活性型ジベレリンであると考えられている．図6.5にGA_1，GA_3，GA_4の構造とGA_{12}からの生合成経路を示す．ジベレリンは種子の発芽を促し無傷の植物の伸長生長を促進するだけでなく，抽台の誘導，春化処理の代用，発芽促進，開花促進，落葉の抑制などの作用を持つ生長促進ホルモンと考えられている．このジベレリンに関連する化合物を植物生長調節剤として使用する場合，2通りの使い方が考えられる．一つは発酵法により安価に得られるGA_3を用いて，ジベレリン本来の作用を利用する方法であり，いまひとつは植物体内でのGAの生合成を阻害する物質を用いて，GAの作用を抑制する使い方である．

　先に述べたように，GA_3は発酵法により大量かつ安価に生産できるようになったため，このGA_3を用いた栽培技術がいくつも確立されている．最も広く知られているのが，GA_3による単為結果を用いた種なしブドウの生産である．開

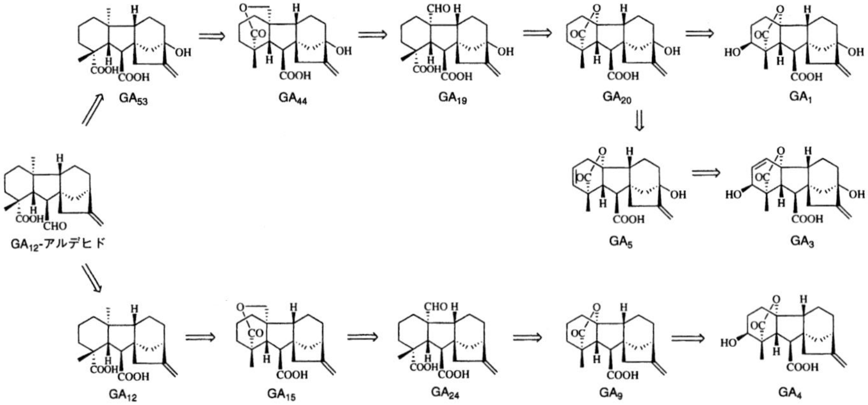

図 6.5 植物体内での活性型ジベレリン GA_1, GA_3, GA_4 の生合成経路

表 6.2 ジベレリンの農業への代表的利用法

種類名	適用植物		使用目的
ジベレリン	ワサビ		花茎抽出促進, 発生量増大
	キュウリ		果実肥大
	ナス		空洞化防止
	サヤインゲン		節間伸長促進
	イチゴ		果柄伸長促進, 着果数増加, 熟期促進
	セルリー		肥大促進, 生育促進
	フキ, ミツバ		生育促進
	タラノキ		萌芽促進
	柑橘		花芽抑制
	日向夏		無種子化, 落果防止
	長門ユズ		着果安定
	ブドウ	キャンベル, アーリー高尾	果房伸長 果粒肥大
		マスカット, デラウエア	無種子化, 熟期促進
		ハニーシードレス	着粒促進, 果粒肥大
		ヤングデラ	着粒安定, 果粒肥大
	キク, シラン		開化促進, 生育促進
	アイリス, トルコギキョウ		生育促進
	シクラメン		開化促進
	プリムラ		開化促進
ジベレリンペースト	ナシ		熟期促進

6.1 植物ホルモンと類似な構造を持つ植物生長調節剤

花の前後に2回，GA_3で処理すると，多くの品種で無種子化と果粒肥大化が起こる．柑橘類に対しては落果防止や花芽抑制剤として，イチゴに対しては着果数の増加と熟期の促進を目的として使用されている．花卉園芸用としては生育と開花促進を目的として使用されている．代表的な使用例を**表6.2**に示す．

一方，農作物の栽培において植物の背丈を抑えることは有効である場合が多い．生長抑制剤の使用により，果樹栽培における高所での作業を軽減することができるし，穀類の栽培では倒伏を押さえ収穫の機械化を容易にするからである．植物の伸長生長を抑制する目的で使われる生長調節剤を矮化剤と呼ぶ．**図6.6**に汎用されている矮化剤の構造を，**表6.3**にはその主な用途を示した．矮化剤にはGAの生合成を阻害し，植物体内のGA濃度を下げることで生長を抑制する活性

ウニコナゾールP　　　　　パクロブトラゾール

イナベンフィド　　　　　フルルプリミドール

ダミノジッド　　メピコートクロリド　　クロルメコート

プロヘキサジオンカルシウム　　トリネキサパックエチル

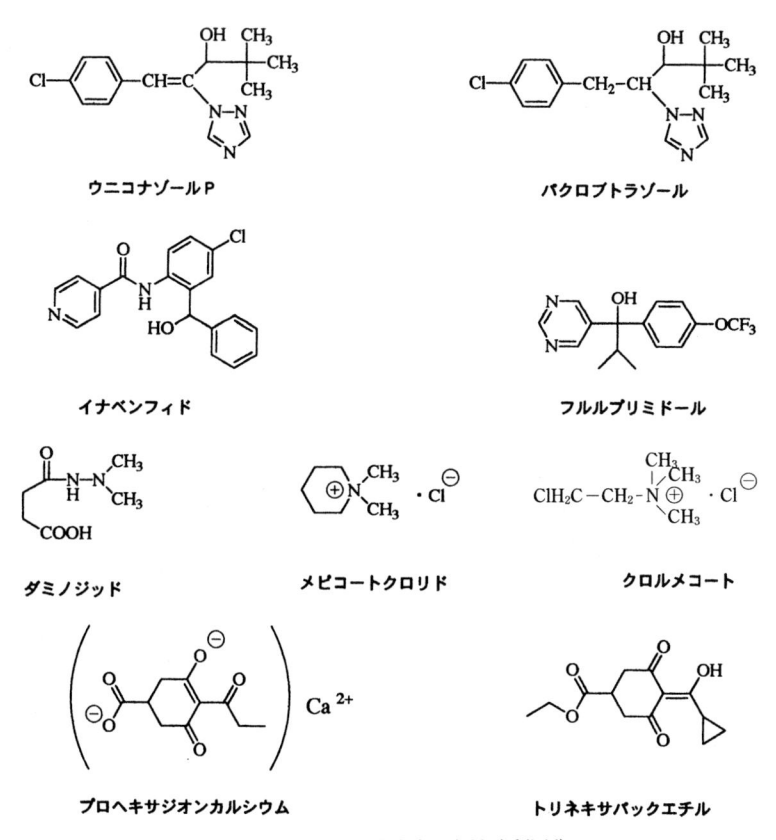

図6.6 ジベレリン生合成阻害剤（矮化剤）

表6.3 ジベレリン生合成阻害剤の農業への利用例

種類名	適用植物	使用目的
パクロブトラゾール	水稲	倒伏軽減
	シバ	伸長抑制
	温州ミカン，オウトウ，モモ，ヤマモモ，サザンカ，シャクナゲ，ツツジ	新梢伸長抑制
	一年生雑草，多年生雑草	生育抑制
	水稲，小麦	倒伏抑制
	キャベツ，イチゴ	徒長抑制
	キク	花茎伸長抑制
	ストック	開化促進
プロヘキサジオンカルシウム塩	シバ	生育抑制
	水稲	倒伏軽減
	イネ（育苗箱）	徒長防止，倒伏軽減
	キク	花首伸長抑制
	ストック	開花促進
イナベンフィド	キャベツ，イチゴ，テンサイ	徒長抑制
	キク，ポインセチア	矮化
ウニコナゾールP	シャクナゲ，ツツジ	矮化，着蕾数増大
	小麦	伸長抑制
	ハイビスカス	伸長抑制
	バレイショ	過繁茂軽減
	シバ	草丈伸長抑制
クロルメコート	小麦	茎桿の伸長抑制
	ハイビスカス	矮化
	バレイショ	過繁茂軽減
ダミノジッド	キク，葉ボタン，ペチュニア，ポインセチア，アザレア，その他	伸長抑制
トリネキサパックエチル	シバ	伸長抑制
フルルプリミドール	シバ	草丈の伸長抑制
	一年生雑草，多年生広葉雑草	伸長抑制
メピコートクロリド	ブドウ（巨峰）	着粒増加
	ブドウ（ピオーネなど）	新梢伸長抑制

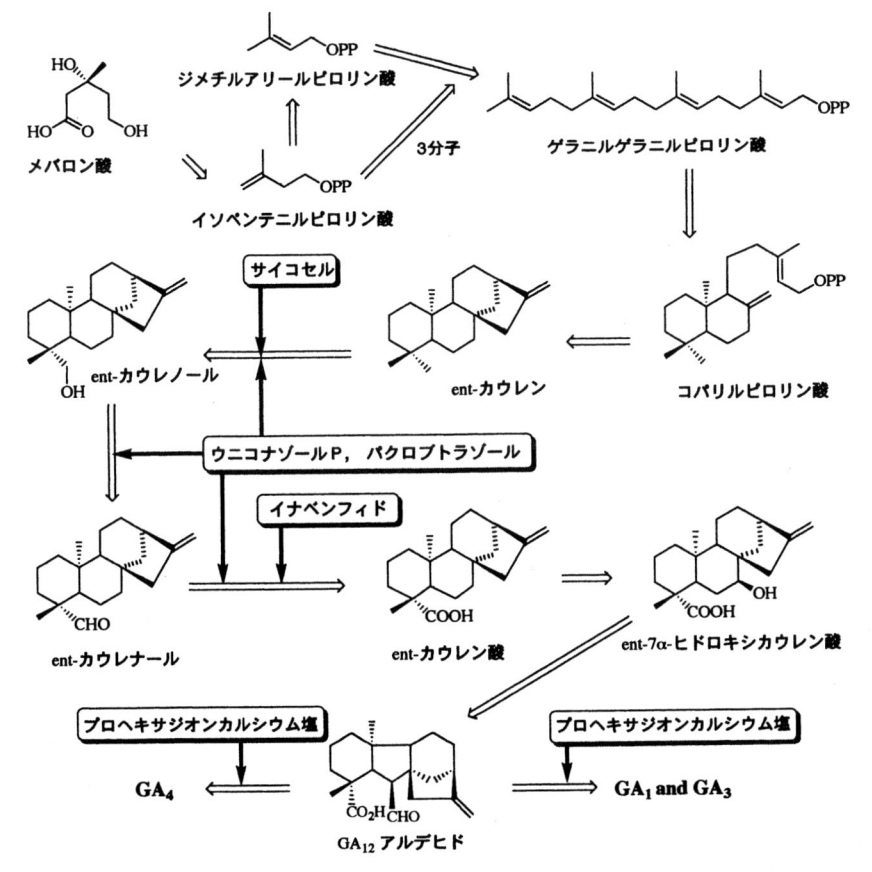

6.1 植物ホルモンと類似な構造を持つ植物生長調節剤

図6.7 GA生合成を阻害する矮化剤の阻害位置

を持つものが多い．図6.7に，一部の薬剤のジベレリン生合成における阻害段階を示した．

6.1.3 サイトカイニン

サイトカイニンは生長促進型のホルモンとして分類されている．オーキシンやジベレリンが細胞の伸長を促し，草丈を伸ばす作用を示すのに対し，サイトカイニンは細胞分裂を促すことで生長を促進する．近年まで植物起源のサイトカイニンは，6位の窒素原子にイソプレンユニットが結合したアデニン誘導体と考えら

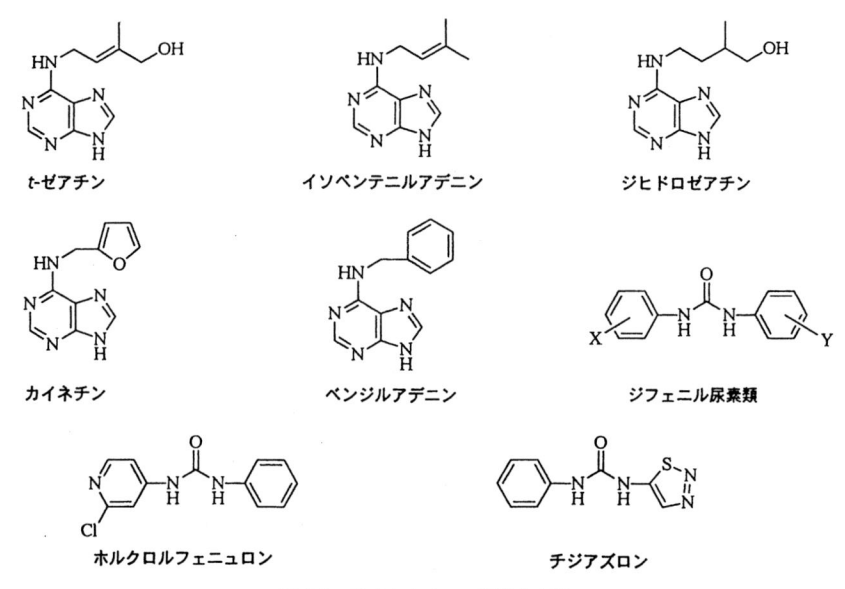

図6.8 サイトカイニン関連化合物

れてきたが，ベンジルアデニンが植物中から見いだされたことに伴いカテゴリーの拡大が起こっている．また，カイネチンと同じ頃ココナッツミルクから単離されたジフェニル尿素についても，本来の植物成分であるかどうかに疑問は残っているものの，この化合物をモデルとして合成されたジフェニル尿素誘導体に細胞分裂促進作用が認められたうえに，片方のフェニル基をピリジンや他のヘテロ環で置き換えた化合物が高いカルス増殖能を示すことから，これらを含めてサイトカイニンと呼んでいる．サイトカイニンはまた，植物の組織培養用試薬として植物バイオテクノロジーでは欠くことのできないものとなっている．サイトカイニン関連化合物の構造を図6.8に示す．

サイトカイニンである t-ゼアチンは生合成的立場から見ると非常に興味深い．ゼアチンと同じくイソペンテニル化されたアデニンが，トランスファーRNA（tRNA）のアンチコドンの隣に存在するからである．この事実は，サイトカイニンがtRNAの分解産物として，真核生物，原核生物を問わずtRNAを持つ生物に広く存在することを意味しており，植物以外の生物における存在意義に興味が持たれる．ただし，高等植物においては，上に述べたtRNAの分解系の寄与は小さく，図6.9に示したように，アデノシンモノリン酸に対するイソペンテニ

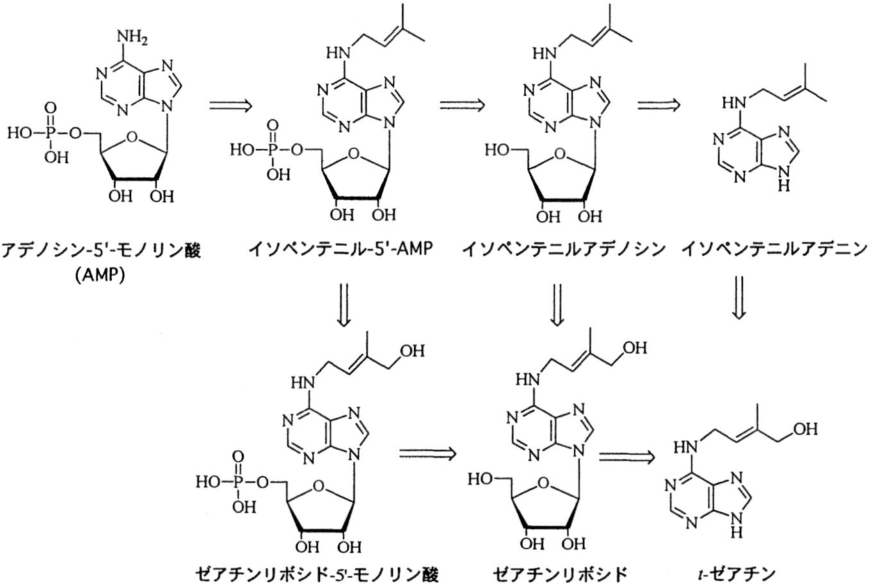

6.1 植物ホルモンと類似な構造を持つ植物生長調節剤

図6.9 ゼアチンの生合成経路

表6.4 サイトカイニン関連化合物の農業への利用例

種類名	適用植物	使用目的
ベンジルアデニン	水稲（箱育苗）	老化防止
	アスパラガス	萌芽促進
	温州ミカン	着花促進
	ブドウ（デラウエア，マスカット，ベリー，その他）	花振い防止
	リンゴ	側芽発生促進
	カボチャ，スイカ，メロン，ユウガオ	着果促進
ホルクロルフェニュロン	カボチャ，スイカ，メロン	着果促進
	キウイ，ナシ，西洋ナシ	果実肥大促進
	ブドウ（デラウエア）	果粒肥大促進，花振い防止
	ブドウ（無核ピオーネ）	着粒安定
	ブドウ（マスカット，ベリーA）	果粒肥大促進
	ブドウ（マリオ）	無種子化，果粒肥大促進
	ビワ（3倍体）	果実肥大促進，着果安定
	チューリップ（促成栽培）	花丈伸長促進および茎の肥大促進

ル化から始まる生合成系が重要であることが知られている．農業用生長調節剤としては，ベンジルアデニンが水稲苗の老化防止，リンゴの側芽発生促進，ブドウの花振い防止などを目的として，ホルクロルフェニュロンがブドウの果粒肥大を目的として使われている．詳細を表6.4に示した．

6.1.4 アブシジン酸

アブシジン酸（ABA）は1963年に，Addicottらはワタ幼果の脱離促進物質（abscicin）として，Waringらはカバの幼芽の休眠物質（dormine）として，それぞれ単離した化合物である．1967年の国際化学生長調節物質会議においてアブシジン酸（Abscisic acid）の名称が与えられた．ABAは高等植物中に普遍的に存在し，一般的には高等植物の種子や芽の休眠の誘導と維持，気孔閉鎖に伴う蒸散抑制，生長を阻害する生長阻害型ホルモンであると理解されている．また，ABA発見の端緒となった葉や幼果の脱離促進作用は，ABA本来の作用ではなく，次に述べるエチレンとの相互作用の結果であることが明らかになっている．現時点では，ABAは植物が高温や低温，水不足，強光などのストレスにさらされたときに働く抗ストレスホルモンであるとされているが，近年この定義に合わ

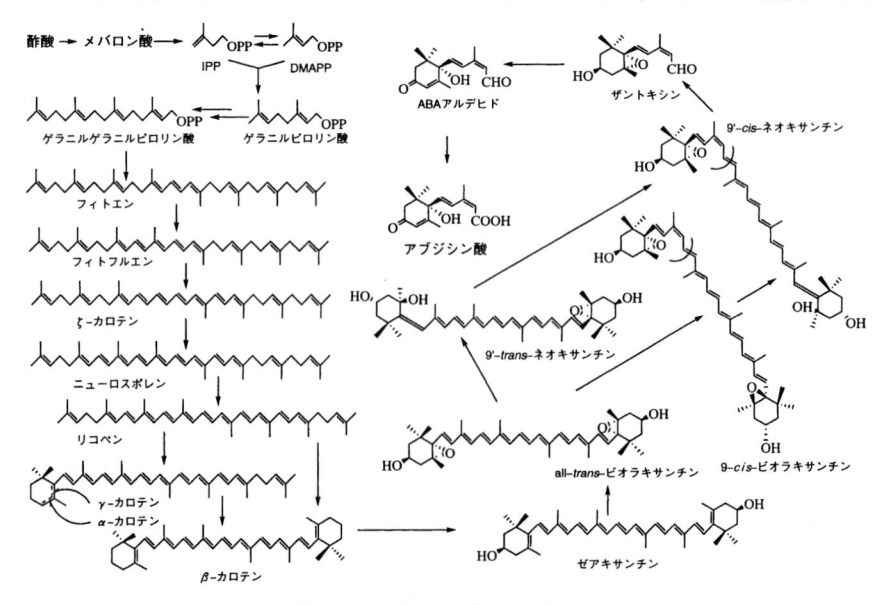

図6.10 アブシジン酸の生合成経路

ないような活性も見いだされている．ABA はその構造からセスキテルペンとして分類されているが，高等植物においてファルネシルピロリン酸から直接閉環して生合成されるという報告例は少なく，図 6.10 に示すように β-カロテンの酸化生成物であるビオラキサンチン，ネオキサンチンの酸化に伴う側鎖の開裂によって生合成されるアポカロテノイドであると考えられている．

近年，発酵法や不斉合成法の開発により安価に (S)-ABA が利用できるようになったため，ABA の農業園芸分野での実用化試験が進められた．当初は ABA の生長抑制的な活性をターゲットにして行われてきたが，老化種子や悪条件下での発芽を促進する作用が見いだされ，1996 年には湛水直播水稲の出芽苗立率向上剤として農薬登録が行われている．近年ではイモ類の増収効果，果実の肥大と成熟促進など，従来の ABA の生理活性とは違った効果を目的とした適用試験が行われており，今後の展開が期待される．

6.1.5 エチレンおよび関連化合物

照明用ガス灯に近い街路樹の葉の異常や早期の落葉，ガス灯から漏れたガスによるカーネーションの眠り病など，エチレンが原因で起こる現象は 100 年以上前から知られていた．これらの現象を引き起こす原因物質がエチレンであり，また，リンゴ果実をはじめとして，多くの植物によりエチレンが生産されていることが明らかにされた．現在では，エチレンは唯一の気体状植物ホルモンとして認められている．エチレンは，一般的には生長阻害ホルモンと考えられており，ジベレリンやオーキシンと拮抗的に働く．同時に，接触，切断，病害，塩害あるいは低温処理など，ほとんどあらゆる障害は植物のエチレン生成を誘導することが知られている．しかしながら，ABA の場合と同じくエチレンは生長阻害のみを行うのではなく，果実の成熟促進，不定根の発根促進，花芽形成の促進など多様な生理活性を示すことが知られている．

図 6.11 に示すように，生合成はアミノ酸であるメチオニンを出発物質とし，S-アデノシルメチオニン，生体成分としては比較的珍しいシクロプロパン環を持つ 1-アミノ-1-シクロプロパンカルボン酸（ACC）を経由して行われる．エチレン生合成系については研究が進んでおり，各段階の酵素遺伝子も単離されている．

エチレンの農業への適用については，エチレンそのものが果実の成熟促進に用

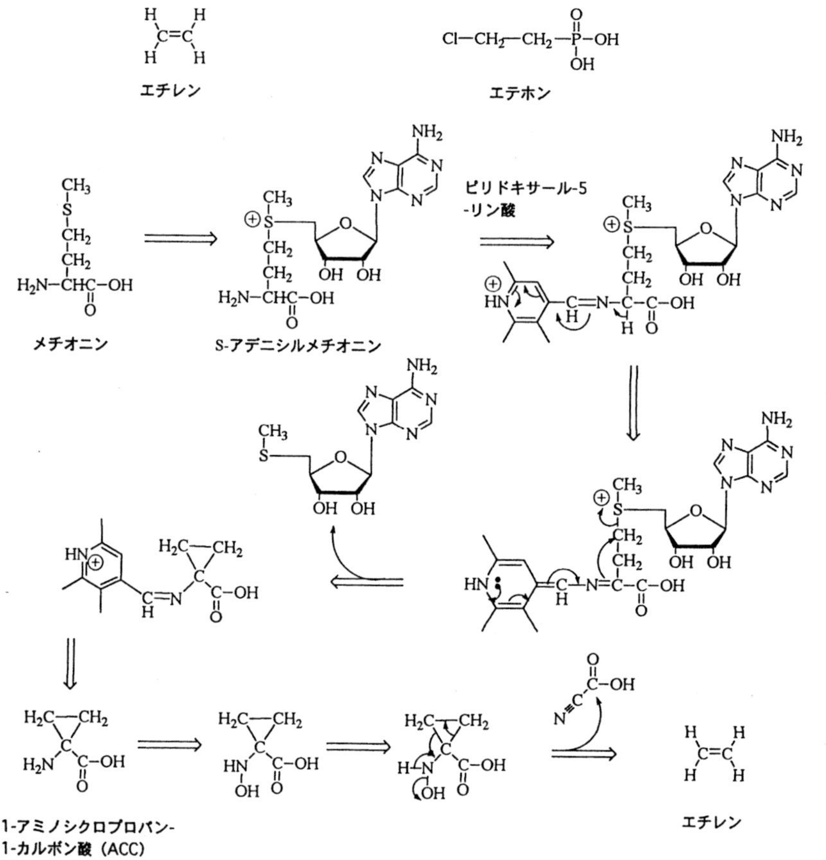

図6.11 エチレン，エテホンおよびエチレン生合成経路

いられている．エチレン発生剤であるエテホンは，pH 4以上の水溶液で容易に分解しエチレンを発生するため，**表6.5**に示すように非常に多くの用途に用いられている．また，ゼオライト・過マンガン酸カリウムを成分とするエチレン吸収剤が花卉や果実の保存用に使用されている．

6.1.6 ブラシノライド

ブラシノライドは，1979年アメリカ農務省のGroveらによってセイヨウアブラナの花粉から単離されたステロイド骨格を持つ植物ホルモンである．その後，このブラシノライドに類似した構造を持つ化合物が次々と報告されたため，一群

表6.5　エテホンの農業への利用例

種類名	適用植物	使用目的
エテホン	アナナス類　エクメア・ファシアータ	着花促進，開花促進
	麦類	節間伸長抑制，倒伏軽減
	カボチャ（西洋カボチャ）	雌花花成促進
	トマト	熟期促進
	タンカン，ポンカン，キンカン	着色促進
	ハッサク	離層形成促進
	温州ミカン	全摘果
	イチジク，おうとう，カキ，ナシ	熟期促進
	西洋ナシ（ラ・フランス）	摘果，摘花
	ブドウ	花振い防止，落葉促進
	パイナップル	開花促進
	キク（電照栽培）	早期不時発蕾防止
	ホオズキ	着色促進

の化合物をブラシノステロイドと総称することになった．ブラシノライドはオーキシン，ジベレリン，サイトカイニン，エチレンに対するバイオアッセイ系において活性を示す場合が多い．ブラシノステロイドは，基本的には植物細胞の分裂，伸長，分化などを促す，新たなタイプの植物ホルモンと考えられている．ブラシノライドで処理された植物は全体的に大きくなり，かつストレスに対する耐性が向上することが知られている．このためブラシノライドの実用化の試みは，さまざまな作物の生長促進，増収，品質向上を目的として行われたが，野外での有効性が不安定であったため，まだ実用化はされていない．粗放な栽培条件下やストレスのかかる状況においては，バイオマス量の増加，増収が可能であるとの報告がある．また，作物の草型制御は農業上最も重要な課題の一つであるが，双子葉植物ではジベレリン，ブラシノライドを生合成できない変異体は矮化することが知られている．ジベレリン生合成阻害剤であるウニコナゾールはブラシノライドの生合成も阻害する．そこで，ウニコナゾールの構造をもとにブラシノライド生合成阻害剤の開発が行われ，シトクロムP450阻害作用を持ちブラシノライド生合成を阻害するブラシナゾールが見いだされた（**図6.12**）．現在，ブラシナゾールは実用化に向けて試験中である．

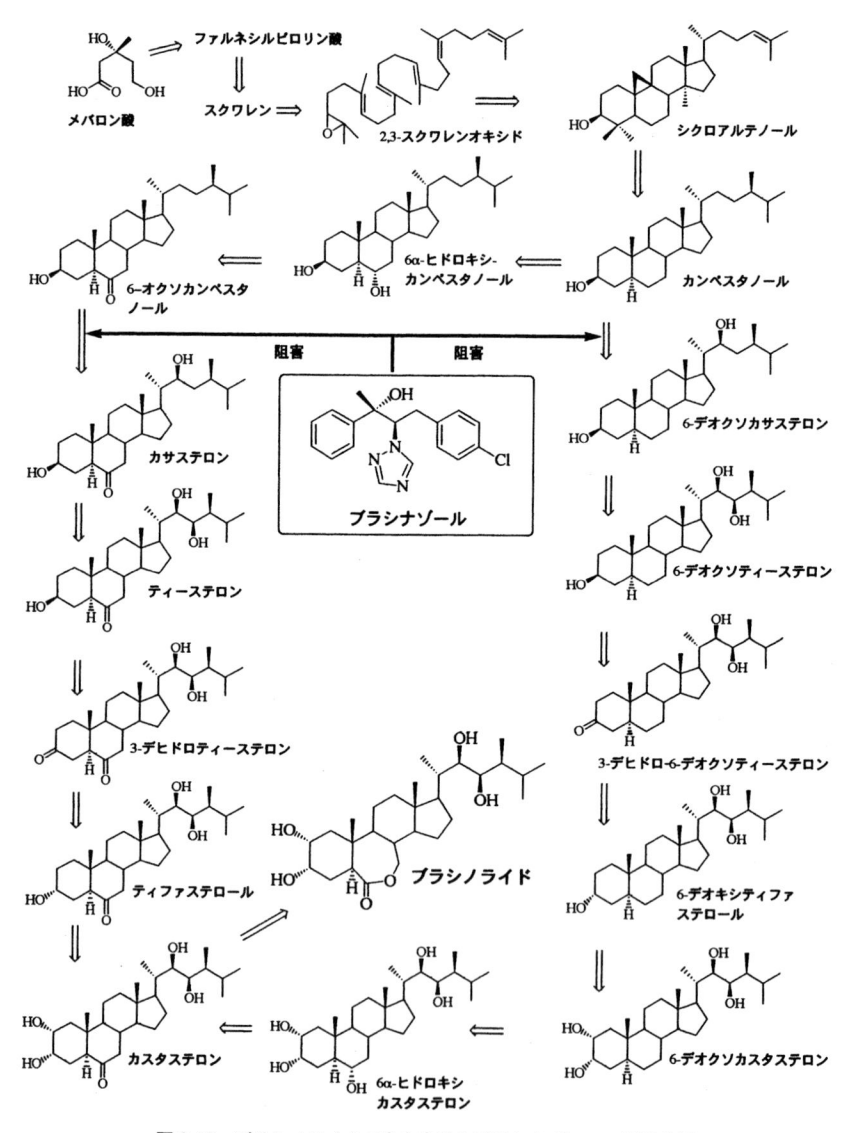

図 6.12 ブラシノライドの生合成系とブラシナゾールの阻害位置

6.1.7 ジャスモン酸と関連化合物

ジャスモン酸メチルはジャスミンの香気成分として，遊離のジャスモン酸は植

6.1 植物ホルモンと類似な構造を持つ植物生長調節剤

物病原菌 *Lasiodiplodia theobromae* の培養液から単離・構造決定された．その後，ジャスモン酸関連化合物が広く植物界に分布することが明らかにされたため，現在ではジャスモン酸（JA）を第7番目の植物ホルモンと考える研究者が増えてきている．JAは生合成的にはポリケチドに属し，図 6.13 に示すように不飽和脂肪酸であるリノール酸を原料として生合成される．JAは，単に植物の

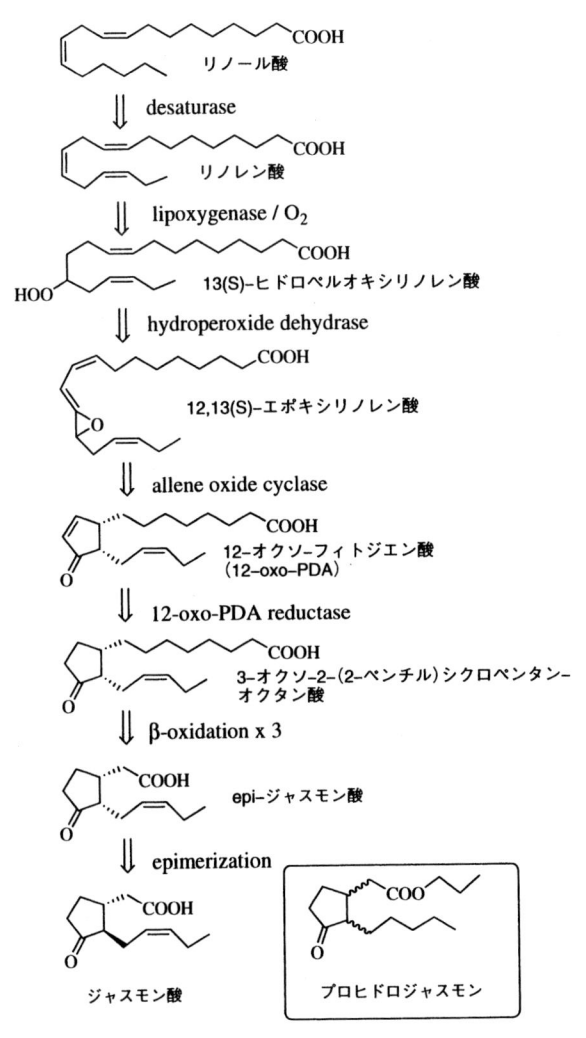

図 6.13　ジャスモン酸生合成経路とプロヒドロジャスモン

伸長生長や老化を促進し，種子の発芽を阻害する物質としてはとらえきれない．近年では，傷害や刺激を受けた植物で傷害誘導遺伝子が発現するときに，シグナル伝達物質としてJAが機能する可能性が示されている．このようなJAの性質を利用する目的で生長調節剤の開発が行われ，2003年に，プロヒドロジャスモンがリンゴの着色促進剤として認可され，さらに適用拡大試験が続けられている．同時に，JAとアミノ酸が結合したアミドが，傷害抵抗性遺伝子を誘導するエリシター活性を持つことから，ファイトアレキシン誘導剤として開発が行われている．

6.2 植物ホルモン以外の植物生長調節剤

植物ホルモンとは関係ないが，植物の発芽，生長，発根，蒸散など，植物の種々の生命現象に影響を与える化合物が多数存在し，その一部が生長調節剤として用いられている．主な薬剤の構造を**図6.14**に，種類名と適用植物，並びに使用目的を**表6.6**に示した．

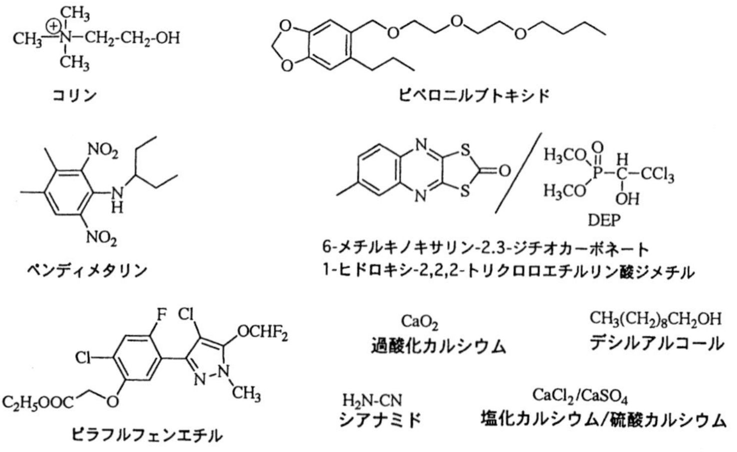

図6.14 その他の植物生長調節剤

6.2 植物ホルモン以外の植物生長調節剤

表6.6 その他の植物生長調節剤と主な用途

種類名	適用植物	使用目的
塩化カルシウム・硫酸カルシウム水溶剤	温州ミカン	浮皮軽減
過酸化カルシウム	水稲	発芽率向上,苗立歩合の安定
キノキサリン・DEP水和剤	リンゴ	摘葉
コリン液剤	カンショ イチゴ・モモ	発根促進,イモ肥大 果実肥大
クロレラ抽出物液剤	シバ トマト	張芝の活着促進 熟期促進
混合生薬抽出液剤	シバ バラ イチゴ	根の伸長促進 発根促進 初期生育促進
シアナミド液剤	オウトウ・ブドウ バレイショ	萌芽促進 茎葉枯凋
デシルアルコール乳剤	タバコ	腋芽抑制
トリネキサパックエチル	シバ 水稲	生育抑制 倒伏軽減
パラフィン水和剤	水稲	蒸散軽減
ピペロニルブトキシド	タバコ	光化学オキシダント傷害回避
ピラフルフェンエチル乳剤	バレイショ	茎葉萎凋
ペンディメタリン乳剤	タバコ	腋芽抑制
ワックス水和剤	キャベツ・キュウリ・ナス スギ・ヒノキ・マツ	蒸散抑制・萎凋防止 蒸散抑制

参考文献

1) 浅見忠夫:次世代の農薬開発,安部 浩・桑野栄一・児玉 治・鈴木義勝・藤村 真(編),ソフトサイエンス社 (2003)
2) 小柴共一:植物ホルモンのシグナル伝達―生合成から生理機能へ,福田裕穂,町田泰則,神谷勇治,服部束穂(監修),秀潤社 (1998)
3) 小柴共一,神谷勇治:新しい植物ホルモンの科学,講談社サイエンティフィック (2002)
4) 高橋信孝,増田芳雄:植物ホルモンハンドブック(上),培風館 (1994)
5) 高橋信孝,増田芳雄:植物ホルモンハンドブック(下),培風館 (1994)
6) 田村三郎:ジベレリン化学・生化学および生理,東京大学出版会 (1969)
7) 吉原照彦:植物細胞工学,2, pp.523-531,秀潤社 (1990)
8) H. Heldt,金井龍二(訳):植物生化学,シュプリンガーフェアラーク東京 (2000)
9) H. Mohr and P. Schopfer,網野真一,駒嶺 穆(監訳):植物生理学,シュプリンガーフェアラーク東京 (1998)

「植調剤」?

6章を書いていて，言葉の選び方で悩んでしまった．生長調節剤，生長調整剤，成長調節剤，成長調整剤，生育調節剤，生育調整剤などと，いろいろな呼び方があり，どれが正しいのか分からない．電子政府のホームページで検索すると，どれをキーワードにしても，該当する項目が存在する．生長と成長，現在では使い分けがルーズになっているが，基本的には生長が植物，成長が動物を担当する．生長を選んだ．調節と調整，英語では regulation と adjustment に対応するのであろうが，これもなかなか難しい．植物の生長に影響を与える物質は plant growth regulator という．Regulation の訳語であれば調節が適当な気がする．したがって，植物生長調節剤を採用した．しかし農林水産省監修の2002年度版「農薬便覧」には植物成長調整剤となっている．まあ，縮めて植調剤といえば同じである．

いつも少数派

「ジベレリンはトルコギキョウの生長促進剤として使われている」と書いた．小さなことだが，ここでもトルコキキョウとするかトルコギキョウとするかで，大いに迷った．Web上で調べると，トルコキキョウで4 180件，トルコギキョウで3 730件のヒットがあった．多数決で決めるとすれば，トルコキキョウとすべきであろう．だが，この植物はキキョウ科ではなくリンドウ科に属する植物である．さらに，トルコの名を冠しているにもかかわらず，北アメリカ原産らしい．とすれば，せめてキキョウ科の植物ではないということだけでも明確にするために，ギキョウを使うほうがよいのではないか．迷いながらも，トルコギキョウを選んだ．私が考えて選ぶ言葉は，トルコギキョウ，植物生長調節剤を含め常に少数派である場合が多い．

ちなみに，この花の花言葉は，「楽しい語らい・優美・希望」である．

〈植物生長調節剤関連学会のアドレス〉
1) http://www.soc.nii.ac.jp/jscrp/index.html　植物化学調節学会
2) http://www.griffin.peachnet.edu/pgrsa/　アメリカ植物生長調節学会
3) http://www.ipgsa.org/index.htm　国際植物生長物質会議

7. 農薬の代謝・分解

　農薬は作物を保護する目的で通常，作物やそれらが栽培される土壌に対して散布される．つまり農薬は環境中に放出される化学物質である．図7.1に示すように，散布された農薬は作物に取り込まれるものや土壌に落ちるものがあり，土壌を経由して作物に取り込まれるものや土壌下層へ移行するものもある．作物中に残留した農薬は人や家畜に摂取されることになり，水田や畑地に散布されたものの一部は田面水や河川等の水系に入る．このように農薬は環境中においてさまざまな動きがあり，同時にそれらの場所で代謝・分解される．代謝にかかわる要素は，植物による代謝，土壌微生物による代謝，動物による代謝があり，分解には，植物や土壌表面での光分解，水中での光分解や加水分解などがある．農薬の代謝・分解のされ方はその化学構造によりさまざまである．散布された農薬が環境中でどのように動き，どのように代謝・分解され消失していくかを明らかにする研究，すなわち環境科学研究は農薬の人や環境に対する安全性評価をするため

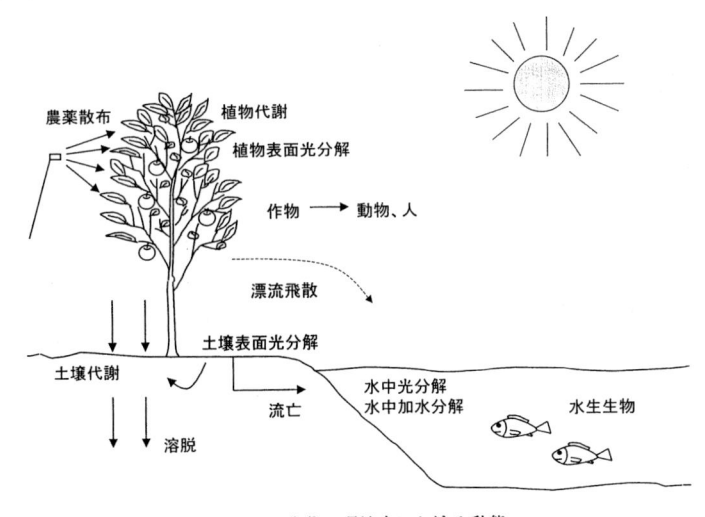

図7.1　農薬の環境中における動態

の基礎となる重要なものである．農薬を安全に使用するためには，その使用に先立って動物に対する毒性試験とは別に詳細な環境科学研究によって，その環境動態を明らかにしておくことが必要であり，義務づけられている．一般に化学物質は代謝されることにより脂溶性物質から極性物質へ変化し，さらに代謝が進み最終的に炭酸ガスにまで無機化されるものも多い．また，一般に毒性は低下する方向に向う．しかし，化学物質によっては代謝されることによって逆に，より毒性のある物質，活性代謝物が生じる場合がある．代謝・分解の過程で活性代謝物が生成しないかどうか，あるいは蓄積する性質のある物質が生成しないかどうかを調べることも安全性評価の観点から重要なことである．

農薬は一般に選択性を有している．選択性があるということは，たとえば，哺乳類に対する毒性は低いが微生物や植物に対しては強力な殺菌活性や除草活性を示す場合，あるいは植物間において同じ量を処理してもある雑草は枯らすが農作物には無影響である場合などである．化学物質の選択性のメカニズムには，一般に生物生育ステージや生体内での吸収，分布，代謝の過程が関連しているが，特に代謝過程が重要な場合が多い．生体内での代謝・分解に関する知見は，化学物質の選択性や抵抗性のメカニズムを解明する生化学的な研究にとっても不可欠のものである．

7.1 生物が関与する代謝・分解

農薬の環境中や生体内での代謝・分解には多くの要因が関与しているが，化学反応として見ると生物が関与する分解（酵素的分解）と生物が関与しない分解（非酵素的分解）とに分けることができる．生物が関与する酵素的分解として主な反応は以下のものがある．

7.1.1 酸　　化

酸化的代謝は生体における異物代謝の最も主要なものであり，その中心的役割を果すのがシトクロム P 450 である．動物では肝臓で最も活性が高い．細胞内の小胞体の脂質二重膜上に存在し，NADPH からの電子により活性化した酸素を基質に添加することにより酸化反応を行う．シトクロム P 450 には多くの分子種があり，内因性物質の生合成や代謝に関与するものと生体異物の代謝に関与す

るものに大別される．後者の場合，基質特異性は低く，比較的容易に酵素誘導される．ある種の薬物を投与すると薬物代謝活性が高まる現象が知られているが，この現象は異物代謝型シトクロム P 450 酵素系が誘導されたことによって説明される．この酸化的代謝酵素群は脂溶性異物に酸素を導入し，より極性の高い物質へ変換するが，異物の毒性を低下させ，かつ異物が生体外へ排泄されやすくすることをねらった生体の機構の一つと見ることができる．動物だけでなく植物や微生物もこれらの酵素活性を有している．シトクロム P 450 が関与する主な代謝は以下のとおりである．

a．水酸化

脂肪鎖や芳香環化合物の C-H 結合に対して酸素原子が導入され，アルコールやフェノールが生じる．

$$R\text{-}H \longrightarrow R\text{-}OH$$

b．N-脱アルキル化，O-脱アルキル化

窒素または酸素の隣の炭素は，シトクロム P 450 により酸素が導入されやすい位置である．生成した酸化代謝物は一般に不安定であり，引き続いてアルキル基が脱離する．脱メチルの場合，メチル基はホルムアルデヒドとして脱離する．エーテル類の開裂はこの反応が関与する．

$$R_2N\text{-}CH_3 \longrightarrow [R_2N\text{-}CH_2OH] \longrightarrow R_2N\text{-}H + HCHO$$

c．エポキシ化

脂肪族および芳香族二重結合に対する反応で，反応性に富むエポキシドが生じる．

$$\diagdown C=C\diagup \longrightarrow \diagdown \overset{O}{\overset{\diagup \diagdown}{C-C}}\diagup$$

d．アミンの酸化

アルキルアミンや芳香族アミンは窒素原子自身が酸化され，ヒドロキシルアミンが生成する．代謝物であるヒドロキシルアミンは，一般に化学的に不安定で反応性に富む．代謝による活性化（毒性が強くなる代謝）の一つと見られ，毒性

上，重要な意味を持つ場合がある．

[化学構造: ベンゼン環-NH₂ → ベンゼン環-NHOH]

e．脱 硫 反 応

硫黄原子が酸化を受ける．有機リン系殺虫剤の一つであるチオリン酸エステル類は，昆虫体内で酸化を受けオキソ体へ酸化されて殺虫活性を示す．

[化学構造式: (CH₃O)₂P(=S)-O- → [(CH₃O)₂P(S-O)-O-] → (CH₃O)₂P(=O)-O-]

7.1.2 加 水 分 解

カルボン酸誘導体を加水分解するエステラーゼ，ペプチダーゼは哺乳類の消化管，血中および肝臓などの組織に存在し，異物のエステルやアミドの加水分解を行う．エポキシド類は，エポキシヒドラーゼによりジオール類へ加水分解される．

7.1.3 還　　元

生体内での代謝で還元反応が見られる例は酸化反応に比べると極めて少ない．哺乳類での還元反応は肝臓や嫌気的条件下にある腸内細菌により引き起こされる．土壌では微生物による反応が主であり，湛水状態の水田土壌表層より下層の土壌では嫌気的条件となりやすく，還元反応が進みやすい．還元的代謝を受ける官能基はニトロ基，アゾ基，N-オキシド，カルボニル基，二重結合，C-ハロゲンなどである．

7.1.4 抱　　合

酸化や加水分解などの代謝は脂溶性物質への極性基の導入である（第1相反応）．これに続く代謝として抱合反応がある（第2相反応）．基質の水酸基やアミノ基に対して哺乳類ではグルクロン酸抱合，硫酸抱合，グルタチオン抱合，グリ

シン抱合などが知られ，植物ではグルコース抱合が知られている．反応にはそれぞれの転移酵素が関与する．グルクロン酸抱合の場合は，UDP グルクロニルトランスフェラーゼの作用で基質は活性グルクロン酸と抱合反応する．これらの抱合反応により基質の極性は大きく増大し，水溶性が増すことにより動物では体外へ排泄されやすくなり，ほとんどの場合，化合物の毒性は大きく低下する．

R-OH ⟶ {
グルクロン酸抱合体（動物）
R-OSO₃H　硫酸抱合体（動物）
グルコース抱合体（植物）
}

7.2　生物が関与しない分解（光分解）

農薬の環境中における非酵素的分解で主なものは，太陽光による光分解および熱分解である．太陽光にはエネルギーの強い短波長の紫外線が含まれるがオゾン層に吸収されるため，地上に到達する光で化学物質の化学変化を引き起こすのは 290〜450 nm の波長域の光といわれる．光エネルギーにより基底状態にある分子軌道電子が励起され，分子内または分子間の反応が起きる．光エネルギーにより酸素分子が励起され反応性に富む一重項酸素が生成し，基質に対し酸素添加反応が起こることを，光酸化という．ベンゾフェノンやアセトンなどの物質は光により励起されるが，それ自身は変化せず，光エネルギーを基質に転移し，間接的に光反応を導くことがある．このような物質は光増感物質と呼ばれる．自然界に存在する光増感物質としてクロロフィル，腐植酸などが知られている．農薬の水中

光分解を蒸留水と田面水とで行うと通常，田面水での分解が速いが，これは田面水中に存在する光増感物質によるものと考えられる．他の光分解反応には異性化，転位，エステル結合の開裂，脱ハロゲン化，多量化などがある．光分解反応は，光の波長や強度，基質の状態，酸素や光増感物質や消光物質の有無などにより異なり一般に複雑である．

7.3 農薬の代謝・分解例

農薬の代謝・分解は，その安全性評価の観点から，化学物質の化学変換だけでなく生体内への吸収移行性，代謝・分解の速度，組織中濃度などを合わせて考える必要がある．ここでは数種の農薬について報告された環境中，土壌，植物，動物での代謝研究の中から，どのような化学変換が起きたかを中心に紹介する．

7.3.1 フェニトロチオン

フェニトロチオン（図7.2）は有機リン殺虫剤である（3.1.4項参照）．リン酸エステル構造は中性付近では安定であるが，アルカリ性側では塩基触媒の加水分解すなわちP-O-アリール結合の開裂が起きる．水中光分解では，ベンゼン環メチル基がカルボン酸にまで酸化されたカルボキシフェニトロチオン，P=S結合が酸化されP=Oとなったフェニトロオキソン，O-脱メチル体であるデスメチルフェニトロチオンおよびP-O-アリール結合の開裂が観察された．

好気的（酸化的）土壌では，P-O-アリール結合の開裂が主で3-メチル-4-ニトロフェノールを生じる．一方，嫌気的土壌では，ニトロ基のアミノ基への還元反応が起きている．

植物（リンゴ，豆）代謝では，フェニトロオキソン，デスメチルフェニトロチオン，3-メチル-4-ニトロフェノールとそのグルコース抱合体が検出されている．植物の茎葉に散布したときの代謝分解は，植物代謝よりむしろ光分解の寄与が大きいと考えられた．

ラット，マウスに投与した場合，多くの代謝物が検出されているが，主要代謝物はデスメチルフェニトロチオン，デスメチルフェニトロオキソン，3-メチル-4-ニトロフェノールとその硫酸抱合体およびグルクロン酸抱合体であり，主に尿中に排泄された．一方，反芻動物であるヤギに投与した場合はニトロ基がアミノ

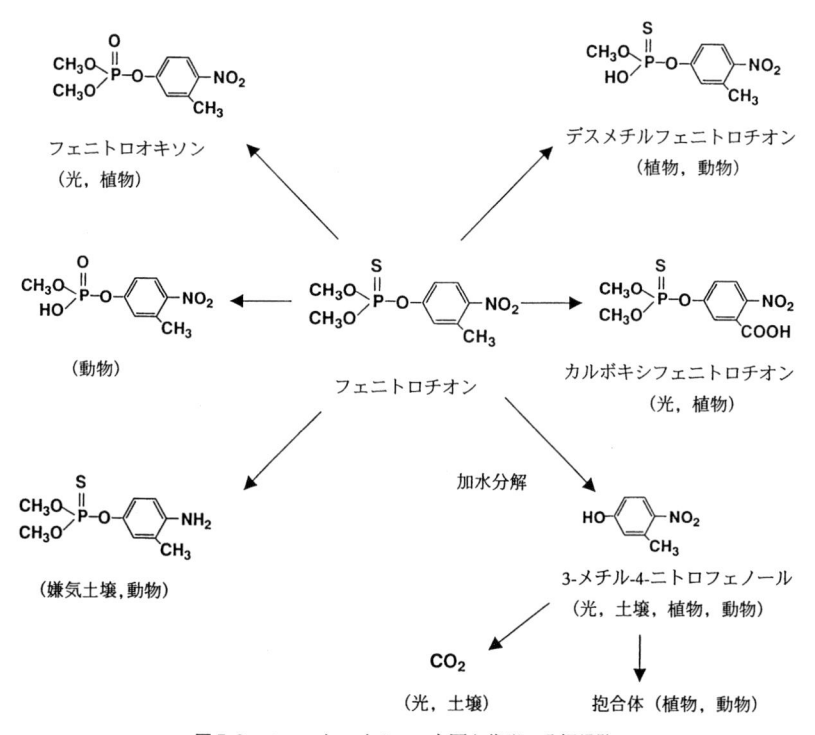

図 7.2 フェニトロチオンの主要な代謝・分解経路

基やアセチルアミノ基へ還元された代謝物が生成した．還元された代謝物は動物の腸内細菌によるものと考えられた．

7.3.2 フェンバレレート

フェンバレレート（**図 7.3**）は合成ピレスロイド系殺虫剤の一つであり，天然ピレトリンが持つシクロプロパン環を有しないという特徴を持つ（3.1.2 項 a. 参照）．

フェンバレレートは中性では安定であるが，アルカリ側ではエステルの加水分解が起き 2-(4-クロロフェニル)-3-メチル酪酸（CPIA）と 3-フェノキシ安息香酸（3-PBA）が生じる．光分解物としては脱炭酸したものや加水分解物が検出されている．

土壌中の主な代謝はエステル加水分解，フェノキシフェニルの 4′ 位の水酸化，

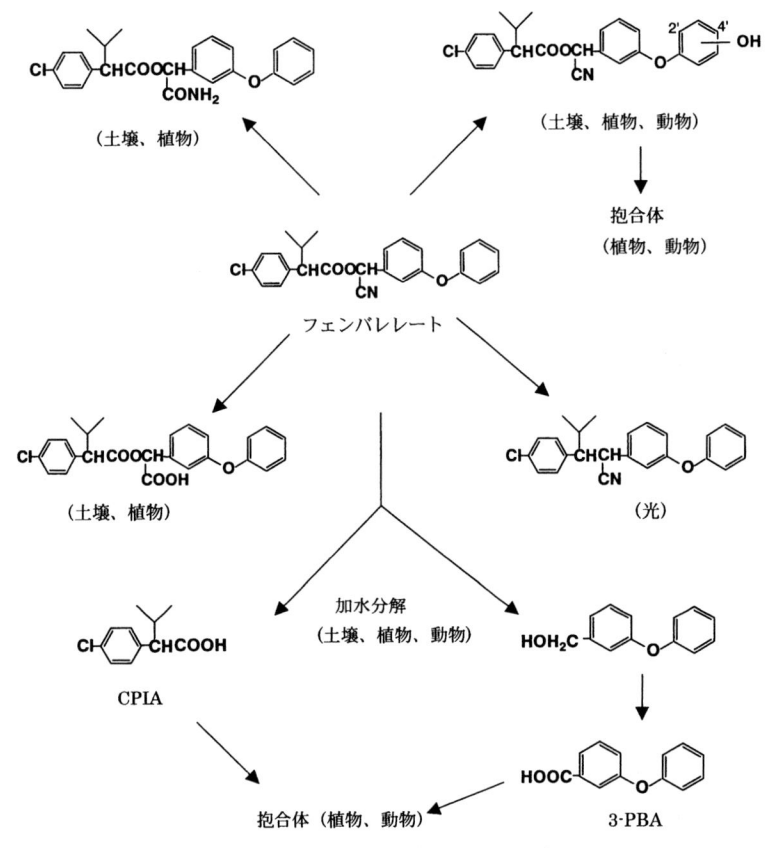

図7.3 フェンバレレートの主要な代謝・分解経路

シアノ基のアミド基やカルボキシル基への酸化が認められた．

　植物においては，処理部位からの移行性は少なく，代謝としてエステル加水分解，フェノキシフェニル基の2′位または4′位の水酸化，シアノ基のアミド基やカルボキシル基への加水分解が起きている．屋外での試験では脱炭酸した分解物が検出されているが，これは光分解によるものであると考えられた．生じたカルボン酸やフェノール類はさらにグルコース抱合を受けた．

　哺乳動物においては，フェノキシフェニル基の2′位または4′位の水酸化およびそのグルクロン酸抱合や硫酸抱合，エステル加水分解が，またアルコール側の代謝物である3-PBAはグリシン抱合，タウリン抱合，硫酸抱合が認められた．

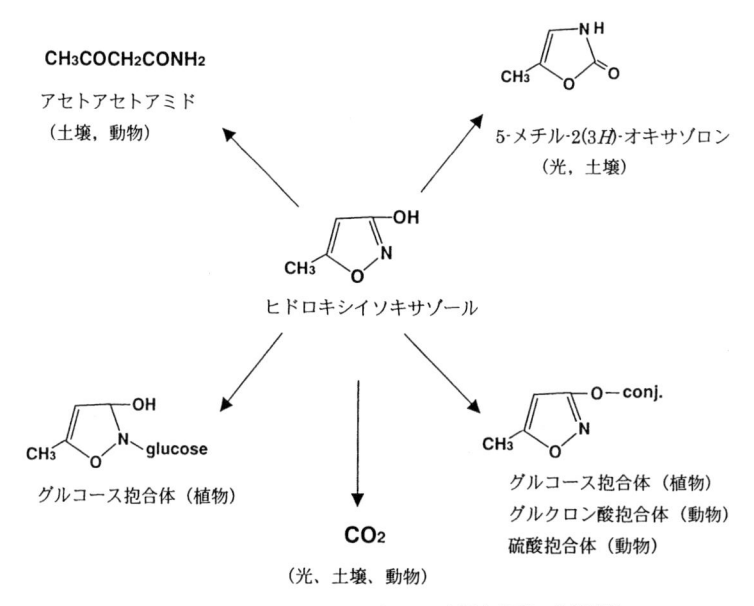

図7.4 ヒドロキシイソキサゾールの主要な代謝・分解経路

7.3.3 ヒドロキシイソキサゾール

殺菌剤ヒドロキシイソキサゾール（ヒメキサゾール；4.2.6項参照）は，酸やアルカリに対して比較的安定であるが，蒸気圧が高く揮散する傾向がある．光により転移反応が起き，5-メチル-2(3H)-オキサゾロンを与えた（**図7.4**）．

土壌中においては主に微生物により緩やかに分解し，アセトアセトアミド，オキサゾロンや炭酸ガスの生成が認められた．

植物（稲，キュウリ，トマト）の水耕液に処理したところ，植物の根より速やかに取り込まれ葉茎部へ移行した．代謝物としてはO-グルコース抱合体とN-グルコース抱合体が検出された．

哺乳類に投与したところ，そのほとんどは尿中に排泄され，主要代謝物はヒドロキシイソキサゾールのグルクロン酸抱合体および硫酸抱合体であった．炭酸ガスの生成も認められており，ヒドロキシイソキサゾールが開環後，無機化していくものと考えられた．植物代謝物であるO-グルコース抱合体とN-グルコース抱合体のラット代謝についても調べられており，O-グルコース抱合体はラット体内で加水分解されやすくヒドロキシイソキサゾールになったのに対し，N-グ

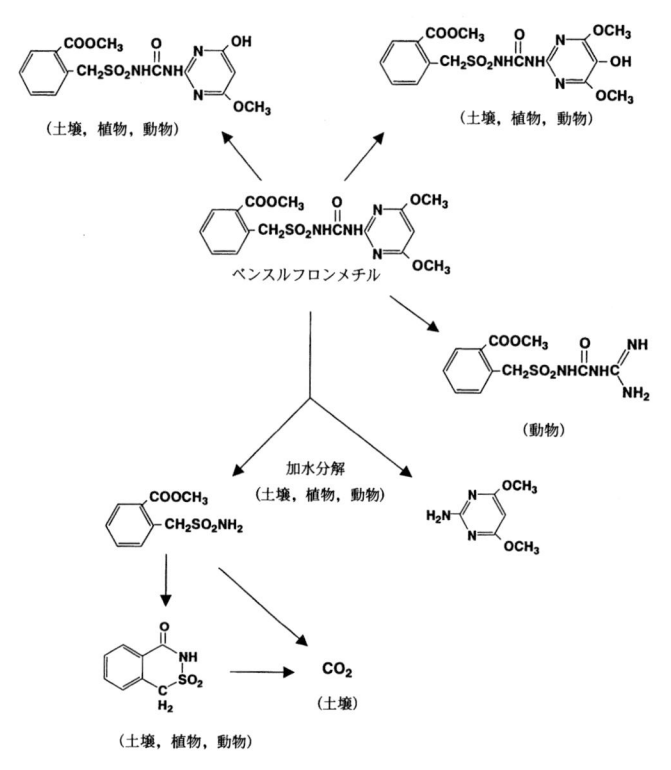

図7.5 ベンスルフロンメチルの主要な代謝・分解経路

ルコース抱合体は加水分解されにくかった．N-グルコース抱合体の代謝には腸内細菌の関与が考えられる．

7.3.4 ベンスルフロンメチル

ベンスルフロンメチルは，稲と雑草との間に高い選択性を有しているスルホニル尿素系除草剤（SU剤）であり，低薬量で有効である（5.2.3項a.の2）参照）．

ベンスルフロンメチルは中性からアルカリ性では安定で，酸性条件では加水分解されやすい．加水分解物は，スルホニル尿素結合が開裂してできるメチル2-(アミノスルホニルメチル）ベンゾエートと4,6-ジメトキシ-2-アミノピリミジンである（図7.5）．土壌中では化学的分解と微生物により，尿素結合の開裂や

ベンゾチアジンへの環化，ピリミジン環5位の水酸化，ピリミジン環O-脱メチル化などが起きている．

　稲においては，ピリミジン環O-脱メチル化物，尿素結合の加水分解物，ベンゾチアジン誘導体などに代謝されたが，O-脱メチルが主要な代謝であった．この代謝により除草活性は大きく低下するが，代謝速度は雑草より水稲のほうが速く，水稲と雑草間の種間選択性は代謝速度の差によって説明される．ベンスルフロンメチルと構造の類似したSU剤としてメツスルフロンメチルがあるが，この薬剤は小麦に対して選択性がある．小麦におけるメツスルフロンメチルの主要な代謝は，ベンゼン環4位の水酸化とこれに続くグルコース抱合であったが，選択性の機構はこれらの代謝活性の違いによって説明されている．

　ベンスルフロンメチルの動物（ラット，ヤギ）代謝ではピリミジン環の水酸化，ピリミジン環O-脱メチル，尿素結合の開裂などが起き，速やかに排泄されている．鶏においてはピリミジン環が開いたグアニジン型代謝物が検出されたが，排泄は速やかであった．

7.3.5　ピラゾレート

　ピラゾレート（図7.6）は，クロロフィル生合成阻害型の除草剤で，水稲と雑草間で高い選択性を有する水田用除草剤である（5.2.2項b.参照）．

　ピラゾレートは水中で容易にデストシルピラゾレート（DTP）とp-トルエンスルホン酸とに加水分解され，DTPが除草活性を有する．

　土壌中においてもピラゾレートはDTPへ加水分解され，さらにDTPは緩やかに代謝され，N-脱メチル体，3位メチルの水酸化体，3位メチルのカルボン酸体へと代謝された．また，ベンゾイル結合の開裂が起き，2,4-ジクロロ安息香酸が検出された．

　DTPを含む水耕液中で稲を育てたところ，稲体中にはDTPのほかにN-脱メチル体，3位メチルの水酸化体，3位メチルのカルボン酸体，2,4-ジクロロ安息香酸が検出された．DTP，N-脱メチル体，2,4-ジクロロ安息香酸は，さらにグルコース抱合体へと代謝された．

　ピラゾレートをラットに投与した場合，DTPへ加水分解された後，吸収されるようであった．排泄物中にはDTP，N-脱メチル体，3位メチルの水酸化体，3位メチルのカルボン酸体，DTPおよびN-脱メチル体のグルクロン酸抱合体が

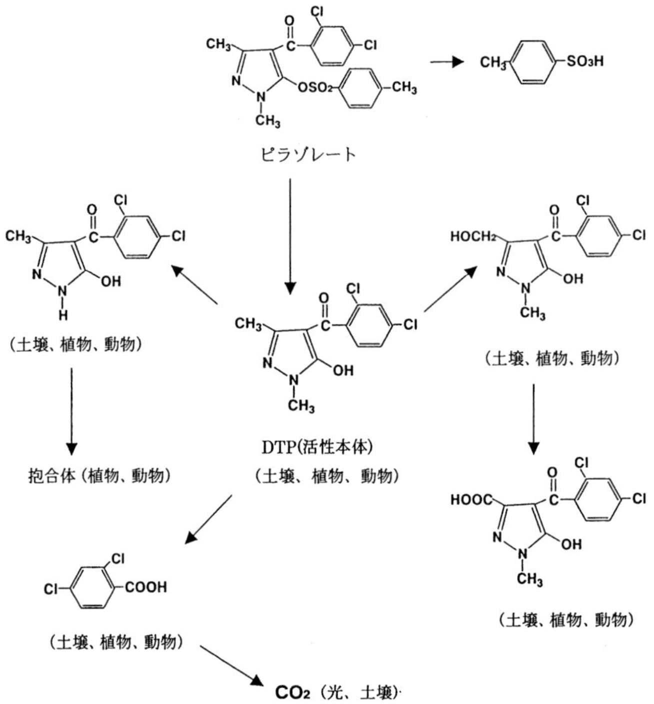

図7.6 ピラゾレートの主要な代謝・分解経路

検出された.

7.3.6 ミルベメクチン

ミルベメクチン (図7.7) は，16員環マクロライド構造を持つ化合物であり，微生物により生産される物質である．ミルベメクチンはミルベメクチン A_3 (M. A_3) およびミルベメクチン A_4 (M. A_4) の2成分からなる混合物で，果樹，野菜類のハダニ類の防除に使用される (3.1.5項b.参照).

ミルベメクチンは太陽光により速やかに分解する．分解物として5-オキソ体，27-ヒドロキシ体，27-オキソ体，フラン環開環体，3-4位，8-9位，14-15位二重結合のエポキシド体などが検出されたが，これらは中間の分解物であり，さらに分解が進みマクロライド構造が壊れたと考えられる数多くの極性物質や炭酸ガスにまで分解された．

7.3 農薬の代謝・分解例

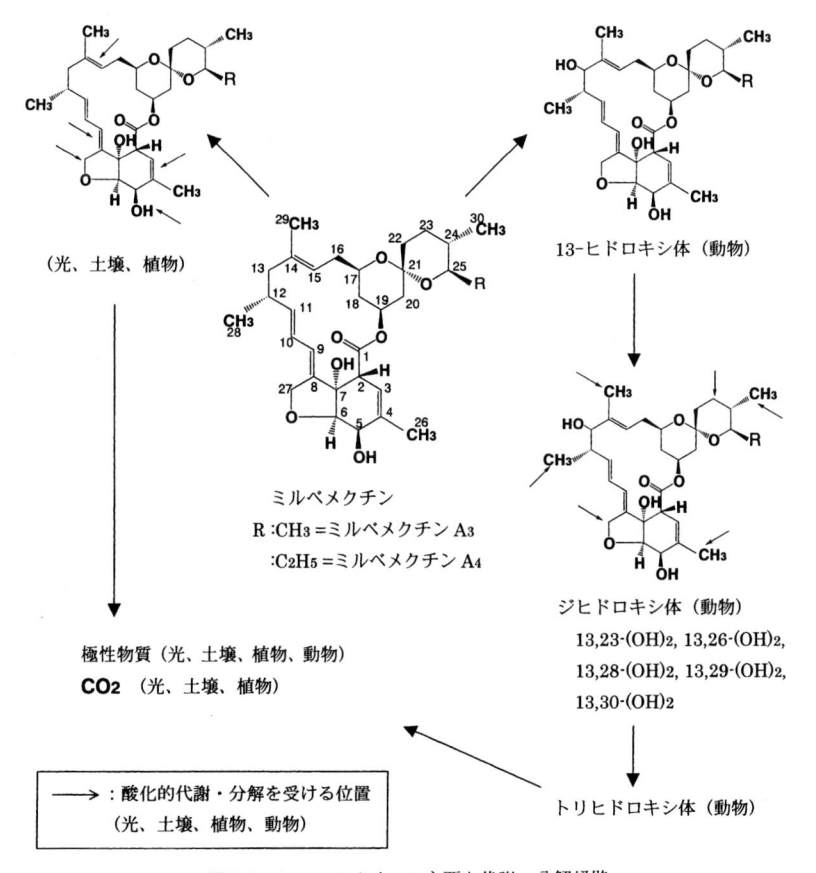

図 7.7 ミルベメクチンの主要な代謝・分解経路

（図中ラベル）
- （光、土壌、植物）
- 13-ヒドロキシ体（動物）
- ミルベメクチン
  - R : CH_3 = ミルベメクチン A_3
  - : C_2H_5 = ミルベメクチン A_4
- ジヒドロキシ体（動物）
  13,23-$(OH)_2$, 13,26-$(OH)_2$,
  13,28-$(OH)_2$, 13,29-$(OH)_2$,
  13,30-$(OH)_2$
- トリヒドロキシ体（動物）
- 極性物質（光、土壌、植物、動物）
  CO_2 （光、土壌、植物）
- ⟶ : 酸化的代謝・分解を受ける位置（光、土壌、植物、動物）

土壌においては，主代謝物として27-ヒドロキシ体，27-オキソ体，5-オキソ体が検出されたが，そのほかに数多くの微量成分が検出された．

植物においては，植物体内への移行性は少なく，代謝・分解は主に葉表面での光分解であった．代謝・分解物は，光分解の場合と同様に数多くの極性物質であった．

ラットに投与したところ，M.A_3およびM.A_4は最初に13位が水酸化された．引き続き26位，27位，28位，29位，30位の位置が水酸化され，ジヒドロキシ体，トリヒドロキシ体へと代謝され排泄された．排泄物中にはこれらの代謝物のほかに，さらに分解が進んだ数多くの極性物質が検出された．

参考文献

1) 江藤守総（編）：農薬の生有機化学と分子設計，ソフトサイエンス社（1985）
2) 北川晴雄，花野 学（編）：薬物代謝・薬物速度論，南江堂（1985）
3) M. Ando: Sankyo Kenkyusho Nenpo, Vol. 45, pp. 53-65 (1993)
4) 宮本純之：反論！ 化学物質は本当に怖いものか，化学同人（2003）
5) 佐藤 了，大村恒雄（編）：薬物代謝の酵素系，講談社サイエンティフィク（1988）
6) T. R. Roberts and D. H. Huston: Metabolic Pathways of Agrochemicals, The Royal Society of Chemistry Part 1 (1998)
7) T. R. Roberts and D. H. Huston: Metabolic Pathways of Agrochemicals, The Royal Society of Chemistry Part 2 (1999)
8) 高畠英伍，吉村英俊（編）：衛生化学新論，南山堂（1980）
9) 山本 出，深見順一（編）：農薬——デザインと開発指針——，ソフトサイエンス社（1979）

8. 農薬製剤

 世界規模の安定した食糧供給を行うために，農薬の使用は必要不可欠である．その一方で，環境への負荷をできる限り少なくすることが求められているために，より安全性が高く，より低薬量で効力を示す農薬が開発されてきている．

 近年，表8.1に示すように農薬有効成分の10a当たりの施用量が数〜数十gのものが多くなってきており，このような少量の有効成分を広大な農耕地の作物や雑草に均一に到達させるためには，有効成分を製剤化する必要がある．また，気温，湿度，降雨，風，光，土壌などのさまざまな環境条件下においても，常に安定した効力を発揮させ，長期間にわたりその効力を持続させるためには，高度の製剤設計の技術が必要となる．さらに，製剤化においては，対象作物への薬害を少なくすること，施用者や環境に対する安全性を高めること，防除費用を低くすることなどが必要であり，また，日本では特に就農人口の減少と高齢化が進行しているため，省力化できる製剤が望まれている．

表8.1 除草剤の化学構造分類と施用量

有効成分名	化学構造分類	施用量 (有効成分 g/10 a)
塩素酸ナトリウム	無機系	6000〜15000
ペンタクロロフェノール（PCP）	フェノール系	750〜1000
クロルニトロフェン（CNP）	ジフェニルエーテル系	270〜360
シマジン（CAT）	トリアジン系	25〜250
2,4-D	フェノキシ酢酸系	30〜60
ベンスルフロンメチル	スルホニルウレア系	5〜10
クロルスルフロンメチル	スルホニルウレア系	0.5〜2

8.1 農薬製剤の分類

 農薬有効成分の特性（融点，水溶解度，蒸気圧など）や用途によってさまざまな剤型に製剤される．主な農薬製剤の剤型と特徴を表8.2に示した．

表 8.2 主な農薬製剤の剤型と特徴

主な施用方法	製剤の形態	名称 和名	名称 英名	略称	長所	短所
水に希釈しない	固状	粉剤	Dustable powder	DP	・水が不要	・漂流飛散（ドリフト）が多い
		粉粒剤	Microgranule	MG	・漂流飛散（ドリフト）が少ない ・株元への到達性がよい	・粉剤に比べて製造コストが高い
		粒剤	Granule	GR	・漂流飛散（ドリフト）が少ない ・株元への到達性がよい	・粉剤に比べて製造コストが高い ・土壌処理に適した有効成分にのみ適用可
		くん煙剤	Smoke generator	FU	・施用が簡便	・熱による有効成分の分解
	液状	ペースト剤	Paste (Water-based)	PA	・施用する場所が限定される	・広範囲の施用に労力がかかる
			Lacquer (Solvent-based)	LA		
水に希釈する	固状	水和剤	Wettable powder	WP	・広範囲の原体で高濃度化が可能 ・有機溶媒を用いない	・希釈時に粉立ちがある ・乳剤などと比べて作物が汚れる
		顆粒水和剤	Water dispersible granules	WG	・希釈時に粉立ちが少ない ・有機溶媒を用いない	・水和剤などと比べて作物が汚れる
		水溶剤	Water soluble powder	SP	・水和剤と比べて作物の汚れが少ない	・希釈時に粉立ちがある ・水和剤などと比べてコストが高い
		顆粒水溶剤	Water soluble granule	SG	・希釈時に粉立ちが少ない	・水溶剤と比べてコストが高い
		錠剤	Water dispersible tablet	WT	・施用が容易である	・均一に拡散しにくい
			Water soluble tablet	ST		
	液状	フロアブル（ゾル）	Suspension concentrate	SC	・希釈時に粉立ちがない	・容器に薬剤が残りやすい
		エマルション (EW)	Emulsion, oil in water	EW	・計量が容易	・保存中に固まるものがある
		サスポエマルジョン	Suspo-emulsion	SE	・粒子径を細かくできる	・保存中に粒子が成長するものがある
		乳剤	Emulsifiable concentrate	EC	・水和剤と比べて浸透力が強い	・非水溶性有機溶剤を用いる
		液剤	Soluble concentrate	SL	・水溶性溶媒を用いる	・水溶性の有効成分にのみ適用可
		マイクロカプセル	Capsule suspension	CS	・放出制御が可能	・他の液状の剤に比べてコストが高い

8.1.1　粉　　　剤

　粉剤（dustable powder；DP）は，製剤そのものを直接 10 a 当たり 1〜4 kg 散布される．0.1〜10% 農薬原体，担体（増量剤），ドリフト（漂流飛散）防止剤，有効成分の分解防止剤，帯電防止剤などを加えて混合粉砕する．45 μm 以下の粒子が 95% 以上の粉末製剤で，ドリフトを防止するために担体の 10 μm 以下の部分を取り除いた DL（ドリフトレス）粉剤が主流になってきている．

8.1.2　粒　　　剤

　粒剤（granule；GR）は，製剤そのものを直接，育苗箱や本圃に施用する．300〜1700 μm の粒度を有し，0.1〜30% 農薬原体，結合剤，崩壊剤，分散剤，担体（増量剤），必要に応じ放出制御剤，有効成分の分解防止剤で構成される．

　粒剤は，作物の地上部に接触しにくいため，除草剤によく用いられる剤型である．近年は，殺菌剤や殺虫剤の育苗箱処理剤として用いられることも多くなってきている．

　粒剤は 100 μm 以下の担体を用いて転動造粒，噴霧造粒，押し出し造粒により製造される場合が多いが，500〜1500 μm 前後の担体に農薬原体を含浸や表面被覆（コーティング）により製造される場合もある．

8.1.3　水　和　剤

　水和剤（wettable powder；WP）は，通常，体積中位径が 3〜10 μm の粉末製剤である．水で 500〜5000 倍程度に希釈・懸濁して用るため，水になじみやすく，懸濁安定性を良くする工夫がなされている．通常 5〜80% の農薬原体，界面活性剤，担体（増量剤），その他必要に応じ有効成分の分解防止剤，固結防止剤（吸油性のホワイトカーボンなど）を加え混合し，空気粉砕機（ジェットミル）などで粉砕して製造される．

8.1.4　乳　　　剤

　乳剤（emulsifiable concentrate；EC）は，澄明な液体製剤であり，水に難溶な農薬原体や有機溶剤（増量剤），乳化剤などからなる製剤で，通常は水で 500〜5000 倍程度に希釈して使用し，白濁した乳化液となり，粒子径は 0.1〜1 μm となるものが多い．低融点もしくは高蒸気圧の農薬原体も容易に製剤化で

き，植物や虫などへの浸透力が高いため，固形粒子製剤と比べて速効性が高くなることがある．一方で，有機溶媒に起因する引火性や薬害の発生，人畜や環境に対する安全性が低いという欠点も持っている．

8.1.5 フロアブル，エマルション，サスポエマルション

水を連続相とする製剤の中には，固体の農薬原体を水に懸濁したフロアブル (suspension concentrate；SC)，極性の低い有機溶媒に農薬原体を溶解し水に乳化したエマルション (emulsion, oil in water；EW)，フロアブルとエマルションを混合したサスポエマルション (suspoemulsion；SE) がある．これらに共通する構成成分としては，界面活性剤，増粘剤，消泡剤，防腐剤，凍結防止剤などがあり，長期間にわたる粒子の沈降を防止する工夫がなされている．

フロアブルは水を溶媒として用い，ビーズミルなどの湿式粉砕機にて 2 μm 前後まで粉砕され，乾式粉砕にて製造される水和剤よりも農薬粒子を細かくすることができる．

エマルションは，有機溶媒に農薬原体を溶解し界面活性剤を加えた油相に，水溶性成分を水に溶かした水相を徐々に加えていき（ホモジナイザーとかき取り型のかく拌機などを用いる），連続相を油相から水相に変えていく転相法によって作られることが多い．乳剤を水に濃厚に希釈した場合と同じ状態となり，0.3 μm 前後の乳化粒子が得られる．

サスポエマルションは，フロアブルと EW 剤を別々に製造し，それらを混合することによって得られる．

8.1.6 マイクロカプセル剤

マイクロカプセルは農薬有効成分が膜物質によって数 μm～数百 μm の粒子に内包されたもので，成分は液状のものだけでなく固体の場合もある．農薬のマイクロカプセル剤はマイクロカプセル粒子を水に懸濁した CS (Capsule Suspension) の状態で市販されるものが多い．蒸気圧が高く，極性が低い殺虫剤がマイクロカプセル化される例が多い．農薬のマイクロカプセルの皮膜形成には，界面重合法，*in situ* 重合法，コアセルベーションなどが多く用いられている．

8.1.7 くん煙剤

　農薬有効成分を加熱して5 μm以下の煙霧粒子とするもので，水を使用しないことからビニルハウス内の湿度を最低限に抑えることができ，作物の病気の発生を少なくできる．農薬原体，発熱剤，助煙剤などが構成成分であり，缶詰状，錠剤状または顆粒状に成型され，添加することによりくん煙が持続する自燃式と外部の熱源で加熱する外部加熱方式とがある．加熱による有効成分の分解や燃え残った部分における有効成分の残存などで，有効成分の一部が利用できない欠点も持っている．

8.2 製剤化による効果

8.2.1 付着量の増加

　植物保護を目的として農薬を散布する場合，標的とする植物表面への薬液付着量を多くすることが必要不可欠である．

　植物の表面は，炭素数30前後の炭化水素，エステル，アルコールや脂肪酸などを主成分とするエピクチクラワックスで覆われており，水滴をはじく性質を持つものが多い．農薬散布液に界面活性剤を添加して表面張力を下げ，ぬれを良くすることにより，農薬を均一に付着させることができる．

　界面活性剤の水中濃度を高くしていくと，界面活性剤は徐々に会合していき，ある濃度に達したとき急激に分子が集まってミセルを形成する．このときの界面活性剤の濃度を臨界ミセル濃度（CMC：Critical Micelle Concentration）という．界面活性剤によって固有の臨界ミセル濃度を示し，この濃度以上になると表面張力が一定となる．

　イネ葉への付着量と薬液の表面張力との間には負の相関が見られ，薬液の表面張力が低いほど付着量が多くなっている（**図8.1**）．界面活性剤の濃度とイネ葉の付着量との関係は，臨界ミセル濃度付近で付着量が最大となり，無添加に比べて著しい増加が見られている．イネ，キャベツなどのぬれにくいタイプの植物に対しては，付着量を多くするために，表面張力を下げる界面活性剤が必要である．一方で，柑橘などのぬれやすい植物に対しては付着量と薬液の表面張力との間には正の相関が見られ，表面張力を下げる界面活性剤を添加すると付着量が減少する．このように植物への付着量を多くするためには，対象となる植物のぬれ

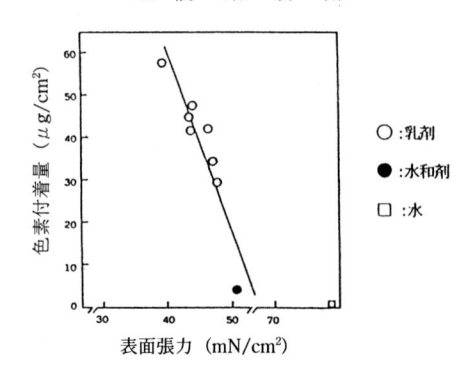

図8.1 各種農薬製剤の表面張力とイネ葉への色素（メチルレッド）付着量[1]

性を考慮し，界面活性剤の種類と濃度を最適化することが重要である．

8.2.2 植物への浸透量の増加

　農薬の効力を増強するために用いられる添加物を総称してアジュバント（adjuvant）といい，農薬の付着量や浸透量を増加させたり，固着性を良くする性能を持つものがある．アジュバントは，あらかじめ農薬製剤の中に組み込まれたもの（インカン；in-can）や，農薬希釈時に農薬製剤とは別に展着剤として混合添加（タンクミックス；tank mix）されるものがある．農薬の付着量や浸透量を増加するアジュバントとしては界面活性剤，鉱物油や植物油などが多く，固着性を良くするアジュバントとしては高分子化合物などが多く用いられている．

　農薬の効力を増強するために，植物への浸透が必要か否かは防除対象が雑草，菌，虫のいずれであるかによって変わってくる．除草剤は雑草への浸透をできるだけ多くする必要があり，殺菌剤は予防的な効果があるか，治療的な作用があるかによって，殺虫剤は虫に食餌または経皮から取り込まれるかによって，植物に浸透させるか否かが決められる．これらをもとにして浸透性を制御した製剤設計を行う必要がある．

　界面活性剤を利用することにより植物体への薬剤の浸透量を制御することができる．酵素処理により単離したクチクラ膜を用いて薬剤の透過量を測定することにより，植物への浸透量を容易に推定する方法もある．

　リンゴ葉から単離したクチクラ膜を用いてベンズイミダゾール系化合物の透過試験を行った結果，チオファネートメチルが最も透過性が良く，その代謝物であ

表8.3 ベンズイミダゾール系薬剤の
リンゴ葉表皮組織透過性[4]

薬　剤	クチクラ透過量率（％）	
	葉表	葉裏
チオファネートメチル	56	87
チオファネート	44	64
ベノミル	28	65
MBC	8	17
チアベンダゾール	6	42

るMBCは透過性が悪かった（**表8.3**）．チオファネートメチルの植物内への浸透により，優れた治療効果が得られる．

8.2.3　粒子径による効力増強

　固体の農薬有効成分を施用する場合，その粒子径が効力に影響を与える場合が多く，特に水に難溶な化合物の場合は顕著である．

　各種殺菌剤の粒子径とキュウリ炭疽病に対する効果の関係を見たところ，クロロタロニルやチオファネートメチルでは粒子径の差によって防除効果に変化は見られなかったが，ジネブやフルオロイミドは粒子径が細かくなるほど防除効価が高くなった．また，殺ダニ剤のプリクトラン水和剤は，粒径を6.0から2.8 μmに小さくすると，ミカンハダニ成虫に対する効力が約2倍になることが報告されている．

　これらのほかにも粒子径を細かくすることによって効力を増強した例は多く見られるが，光により分解しやすい農薬や蒸気圧が高い農薬は，効力が低下する場合があるので，化合物の特性に合った製剤の粒径設計をする必要がある．

8.3　省　力　化

　施用の省力化をするためには，① 施用回数や施用量を減らす，② 施用する面積を狭くする，③ 移植機・施肥機などを使った施用などが考えられる．

　水田（本田）除草剤の剤型は，1キロ粒剤により施用量を減らしたり，フロアブル剤，ジャンボ剤により水田に入らずに畦畔（けいはん）から散布できる省力化タイプの製剤が多く使用されるようになってきた．

8.3.1 施用量の減少

施用する総量を減少させることによって，施用時間を短縮する方法である．たとえば，粉剤や粒剤の施用量を10a当たり3kgから1kgに減らす方法や水で希釈する製剤を高濃度で少量の薬液にして少量散布をするなどがあげられる．また，粒剤や粉剤のように水で希釈せずに施用する製剤は，複数の農薬有効成分を混ぜた混合剤にして施用量・回数を減らす工夫がなされている．

8.3.2 育苗箱処理

移植前の育苗箱に散布するため，施用面積を小さくすることができる．一方で，本圃（定植後の田畑）への施用よりも薬害が強く出る薬剤もあるため，有効成分の放出を制御したものが多く，それにより長期間の残効（効力の持続）が期待できる．

8.3.3 種子処理

種子を薬液に浸漬するもしくは粉衣する処理方法であり，広範囲の本圃に施用する必要がない．廃液の処理は活性炭，凝集剤などを加えてろ過する方法がとられている．本圃への施用よりも薬害が強く出る薬剤もある．

8.3.4 水田投げ込み処理

水田投げ込み型製剤は，粒剤を水溶性フィルムに包装したものや50g程度の錠剤の形態をとり，5～20個/10aを水田の畦畔から投げ込む製剤（例：ジャンボ剤）である．本剤は水田の中に入らずに畦畔からの施用が可能であり，①ドリフトがない，②施用する機械が不要，③希釈が不要，④施用時間が短い，という長所がある．水田では湛水により分散・拡散が起こり，均一にするための高度な製剤設計の技術が要求される．

8.3.5 水田への原液散布

原液散布は，散布器具を使わず，容器からフロアブル剤原液を直接散布する．このことによって，水田投げ込み処理と同様の利点がある．通常10a当たり500mlのボトルを約25回程度振り散布する．薬剤によっては水田の水口に滴下できるものや田植機に取り付けて全面散布できるタイプの製剤もある．

8.4 高機能性製剤

農薬の有効成分を必要な場所に選択的に集中させる手法（ターゲティング）の例として，水面浮上性粒剤と，必要な時期に必要な量だけ薬剤を供給する製剤として放出制御製剤がある．

8.4.1 水面浮上性粒剤

水面浮上性粒剤は，水溶性担体と結合剤を配合した製剤で，水面施用するといったん沈降し，核の中に含まれる比重1以上の水溶性の担体が水に溶解するにつれ，コーティング層によって粒剤中に保持された空気により，数分以内に水面に浮上する製剤である（図8.2）．ピレスロイド系殺虫剤シクロプロトリンの水面浮上性粒剤（シクロサールU粒剤2®）を水田に施用した場合，有効成分であるシクロプロトリンは，散布2時間後に約75％が水面および水中に分布しているのに対して，沈降型の粒剤では20％しか分布していなかった[7]．水面に浮上することにより，土壌微生物によるシクロプロトリンの分解を避け，害虫が生息する水面付近に薬剤を集中させることができる．シクロプロトリンは水溶解度が

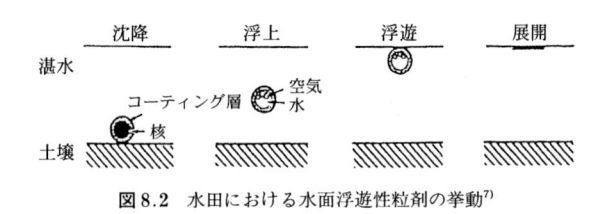

図8.2 水田における水面浮遊性粒剤の挙動[7]

表8.4 イネミズゾウムシ成虫に対する防除効果[8]

供試薬剤	薬量 (kg/10 a)	残存虫数 (100株)				
		処理前	1日後	3日後	6日後	10日後
シクロサールU粒剤2（浮上型）	1	102	1	3	1	33
	2	92	0	1	0	14
シクロサール粒剤2（沈降型）	2	67	7	23	32	70
無処理区	—	85	140	142	170	140

90 ppm と低く，蒸気圧もほとんどないことから従来の沈降型の粒剤では十分な殺虫効果が得られなかったが，水面浮上性粒剤にすることによって沈降型粒剤の半分の薬量でも十分な殺虫効果が得られた（**表 8.4**）．

8.4.2 放出制御製剤

放出制御の技術は，有効成分を必要なときに，必要な場所に，必要な量だけ到達させることによって，効力の増強（残効期間の延長），薬害の軽減，環境および人に対する安全性の向上，省力化を実現するものであり，数多くの研究がなされている[9]．農薬の分野では，放出を遅くする徐放化が一般的であるが，温度，光，水分，微生物，pH，酵素，金属イオンなどの刺激により放出を制御できる刺激応答型製剤の開発も試みられている．

放出制御の方法を**表 8.5**に示した．これらの中で，マトリックス型とマイクロカプセルが多く実用化されている．

a．マトリックス型の放出制御

マトリックス型の放出制御製剤とは，薬剤を高分子やワックスなどの基材中に均一に分散または溶解したもので，比較的安価であるために農薬製剤に多く使用されている．植物の成長に合わせて有効成分の供給量を徐々に増やしていく放出パターンが望ましいが，通常は施用の初期に放出速度が速く，徐々に速度が遅くなる傾向を示し，理想とは逆の放出パターンの製剤が多い．PVC（ポリビニリ

表 8.5 放出制御の方法[9],[10]

材　料	機　構	特　徴
高分子媒体中での薬剤の拡散	均一系	高分子またはワックスなどの中に薬剤が均一に分散または溶解している製剤（マトリックス型の粒剤など）
	内包系	膜によって薬剤が包含されている製剤（ラミネート，カプセル，コーティング，リポソームなど）
化学修飾	高分子との化学結合	薬剤を高分子に結合させた製剤（高分子化農薬）
	化学的修飾	薬剤が分解して活性体に変換することにより効力が発揮される製剤（プロドラッグ；プロペスティサイド）
包接化合物の利用	包接	シクロデキストリンなどのホストに薬剤を包接化
多孔性物質の利用	吸着	毛細管現象で薬物を保持して放出制御した製剤（モンモリロナイト，アタパルジャイトクレー，活性炭，中空繊維，多孔性プラスチック，発泡体，紙などの構造体）

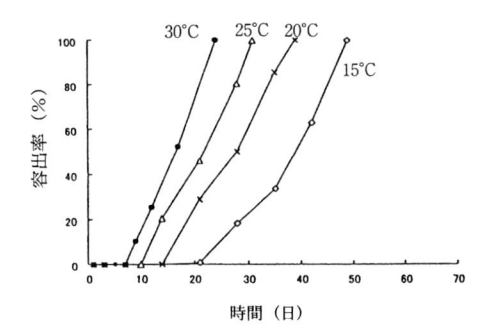

図8.3 水中におけるメトミノストロビンの放出挙動の温度による影響[11]

デンクロリド) 皮膜の水透過性の違いを利用して，低温で植物の成長が遅いときには有効成分の放出開始時間を遅くすることができる粒剤が開発されている．図8.3は，薬剤放出開始後の溶出速度の傾きは温度により差がないが，温度が低くなるほど放出開始時間が遅くなることにより，有効成分が長く粒剤の中に滞留していることを示している．

b. マイクロカプセル剤

マイクロカプセル剤は放出制御が可能なため，残効期間の延長，作物への薬害，毒性，臭気およびドリフトなどを軽減する剤として注目されている．

カプセルの粒径を一定にして膜厚のみを変化させると厚いものほど残効が長くなり，膜厚を一定にし粒径を変化させると小さいものほど残効が長くなる．粒径(D)/膜厚(T)の比はカプセル強度を示す指標となり，ゴキブリに踏みつぶされた破壊率とD/T比の間に正の相関関係があることが報告されている（図8.4）．同報告ではさらに，速効的な殺虫効果があり，しかも残効が長いD/T比は約150付近であると推定し，カプセル強度の最適化の指標としている．

通常，カプセルの膜厚が厚くなり粒径が大きくなるほど放出速度は遅くなる．そのためカプセルの（粒径×膜厚）が薬剤の放出速度を表す指標となり，魚毒性やラットの経口急性毒性はこの$D \times T$に依存する（図8.5）．このようにマイクロカプセル化することによって，高度の薬剤放出制御ができ，目的に応じた製剤設計を可能にしている．

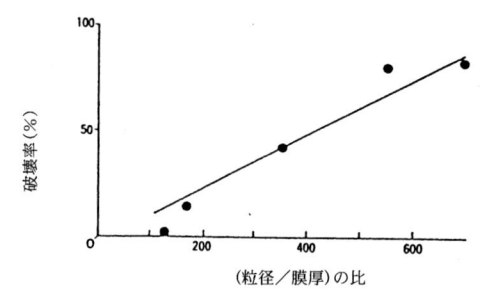

図 8.4 フェニトロチオンマイクロカプセルの D/T 比（粒径/膜厚）とチャバネゴキブリによるマイクロカプセルの破壊との関係[12]

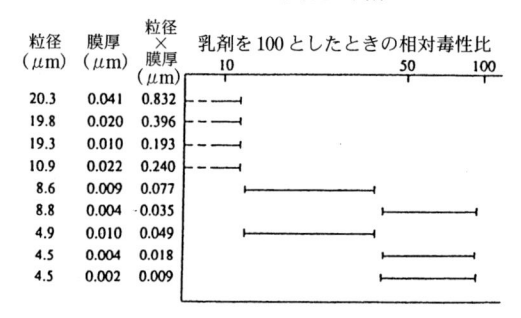

粒径 (μm)	膜厚 (μm)	粒径 × 膜厚 (μm)
20.3	0.041	0.832
19.8	0.020	0.396
19.3	0.010	0.193
10.9	0.022	0.240
8.6	0.009	0.077
8.8	0.004	0.035
4.9	0.010	0.049
4.5	0.004	0.018
4.5	0.002	0.009

図 8.5 フェンプロパトリン10%マイクロカプセルの（粒径×膜厚）とラット経口急性毒性との関係[13]

8.5 散布方法の動向

8.5.1 少量散布

　欧米での農薬散布方法は，ドリフトを少なくするために，①噴霧圧力を低くし，噴霧粒径を大きくする，②薬液の有効成分濃度を高くし，散布水量を少なくする傾向がある．しかし，これらの方法は，植物の葉裏への薬液付着が少なくなる欠点を持っているため，ノズルの形状や配置を見直したり，散布機にエアーアシストを装着するなどの工夫を施したり，また散布液に植物への付着性や浸透性を良くするアジュバントを添加するなどの対策がとられている（**表 8.6**）．

　今後さらに，ドリフトが少なく，植物の葉裏にも均一に薬剤を付着させることができる製剤技術や散布機械の改良が必要である．

表8.6 日本と欧米におけるブームノズル付き散布機による散布技術の差[14),15)]

	日 本	欧 米
散布水量*	多い (100～300 L/10 a)	少ない (10～50 L/10 a) が主体
噴霧圧力	高い (1.0～2.0 Mpa)	低い (0.1～0.5 Mpa)
噴霧粒径*	微細 (平均 70～90 μm)	大きい (平均 120～200 μm 以上)
ブーム長	6～20 m 程度	20 m 以上が主体
散布速度	低速 (1～3 km/h) が主体	高速 (6 km/h 前後) が主体
ノズル間隔	30 cm	50 cm 以上が主体
特徴	・噴霧粒子の舞い上がりにより,作物体を細霧に包み,葉裏へも付着する.	・付着の無駄が少ない. ・ドリフトが少ない. ・高能率
問題点	・低能率 ・散布液の無駄が多い. ・ドリフトが大きい→環境影響大 ・投下エネルギーが大 ・機器の高耐圧性が必要→高価格化	・葉裏への薬液の到達性がやや劣る.
対応策*	・特になし	・付着性を向上するアジュバントの添加 ・ノズルとその配置の最適化 ・速度連動 ・エアーアシスト ・シールド
その他	—	・国によっては構造要件やドリフトの規制がある.

* 殺菌剤・殺虫剤散布の場合

8.5.2 常温煙霧法

常温煙霧法は,薬液を高温にさらすことなく,コンプレッサで作られる圧縮空気を利用して薬液を煙霧化させて,少量散布する方法である.この方法は,安全で省力化が可能であり,加熱をしないため理論的には液体状態で散布するすべての農薬に適用できる[16)].一方で,専用の噴霧機が必要であり,濃厚液を少量散布するために,日本国内ではこの使用法に合わせた農薬登録が必要であり,現在15剤が登録されているだけである.

さらに,常温煙霧法は少量散布であるために,葉裏面への薬液付着量が少なくなる.この欠点を補うために,常温煙霧法のノズルに環状の電極を装着し,煙霧粒子に電荷を帯びさせ,植物体に引き寄せられやすくした静電付加式常温煙霧法

が開発された．施設栽培のみならず，露地栽培への応用も期待されている．

　薬液の付着，耐雨性，耐光性，浸透性などから考えると，散布された農薬が作用点まで到達しているのはごくわずかであり，利用効率を上げる研究がさらに重要である．
　製剤処方，施用方法，防除機械の技術を集結して，農薬の安全性や環境負荷を軽減するとともに，有効成分の効力を最大限に発揮できるような防除技術の開発が期待される．

参考文献

1) G. Kadota and S. Matsunaka : J. Pestic. Sci., Vol. 11, pp. 597-603 (1986)
2) 切貫武代司：「農薬の散布と付着」，pp. 111-126, 日本植物防疫協会 (1990)
3) 山本省二：第4回農薬製剤・施用法シンポジウム講演要旨，p. 27 (1984)
4) Z. Solel and L. V. Edgington : Phytopathology, Vol. 63, p. 505 (1973)
5) A. Sakamoto, et al. : Pesticide Chemistry (IUPAC), Vol. 4, p. 323, Pergamon Press (1983)
6) 坂本　彬：植物防疫，Vol. 28, No. 9, pp. 363-368 (1974)
7) 関口幹夫，高橋　巌，桝井昭夫，小島敏克：日本農薬学会誌，Vol. 16, pp. 325-334 (1991)
8) 関口幹夫：「今月の農業」11月号，pp. 34-38, 化学工業日報社 (1998)
9) 大坪敏朗，辻　孝三：「農薬製剤ガイド」，pp. 63-71, 日本植物防疫協会 (1997)
10) 辻　孝三：「今月の農業」11月号，pp. 18-23, 化学工業日報社 (1998)
11) S. Tashima, S. Shimada, K. Matsumoto, R. Takeda, and T. Shiraishi : J. Pesticide Sci., Vol. 26, pp. 244-247 (2001)
12) T. Ohtsubo, S. Tsuda, H. Kawada, Y. Manabe, N. Kishibuchi, G. Shinjo, and K. Tsuji : J. Pesticide Sci., Vol. 12, pp. 43-47 (1987)
13) 辻　孝三：「今月の農業」11月号，pp. 39-43, 化学工業日報社 (1998)
14) 戸崎紘一：シンポジウム「21世紀の農薬散布技術の展開」講演要旨集，pp. 75-80, 日本植物防疫協会 (2000)
15) 宮原佳彦：日本農薬学会誌，Vol. 28, pp. 386-391 (2003)
16) 浜口隆文：「今月の農業」10月号，pp. 40-47, 化学工業日報社 (1999)
17) 住田明子，浜口隆文，八木下徹也，小野盾男，市川　健，藤田俊一，高橋義行：植物防疫，Vol. 55, No. 10, pp. 482-486 (2001)

9. 遺伝子組換え作物

　遺伝子組換え技術がコーエンとボイヤーによって開発されてから20年が経過した1994年に，遺伝子組換え（genetically modified；GM）作物トマト「Flavr Savr®」が商品化された．それに引き続いて登場した除草剤耐性作物や害虫抵抗性作物は，生産性の向上が急務であった米国の生産者に受け入れられ，急激に普及することになった．

　GM作物の開発の主体は農薬部門を持つ多国籍アグリビジネス企業である．農薬市場での厳しい経営戦略の選択を強いられていたこれらの企業は，害虫抵抗性作物を開発して殺虫剤マーケットを置き換える戦略や，除草剤耐性作物を開発して自社の除草剤とセットで販売するといった戦略を展開した．GM作物の出現によって，人類はバイオテクノロジーによる食糧生産向上の可能性を提示して見せたが，同時に遺伝子組換え生物に由来する新しい食品の摂取と，遺伝子組換え生物の環境中への放出という，これまで経験しなかった二つの課題に直面することになった．GM作物については，技術的な側面や社会的側面から議論すべき多くの課題があるが，本章ではGM作物開発の最近の技術動向，技術課題と今後の展望について述べる．

9.1　GM作物の普及状況

　国際アグリバイオ技術事業団（ISAAA）によれば，2003年度のGM作物の作付面積は6770万haであり，前年度の5870万haに対して約15%の増加となった．1996年の本格的商業化以来，8年連続して10%以上の増加率を維持している．なかでも中国の伸びは大きく，BT毒素タンパク質（BT菌：*Bacillus thuringiensis* が生産する昆虫に対する毒素タンパク質）導入ワタの作付けで前年度の33%増の280万haとなり，中国国内のワタの50%以上がBT品種に置き換わったことになる．また，開発途上国における作付けの増加も顕著である．作物

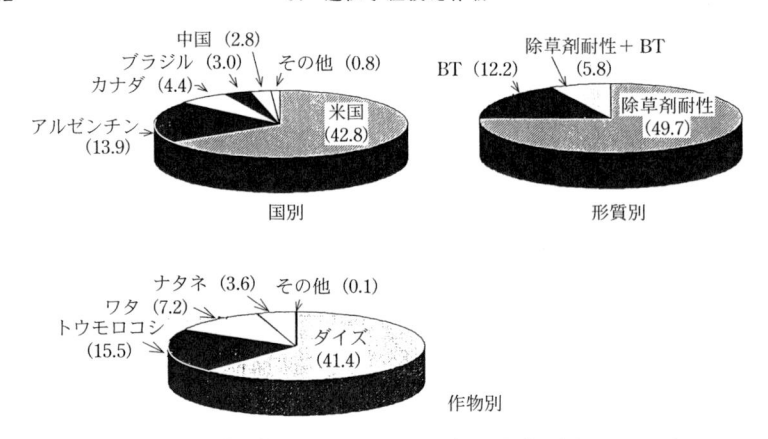

図 9.1 GM 作物作付け面積の分野別内訳（2003 年度；単位 100 万 ha）

別では，ダイズが 4140 万 ha（61％）と圧倒的に多く，トウモロコシ 1550 万 ha（23％），ワタ 720 万 ha（11％），ナタネ 36 万 ha（5％）の順となっている．

形質別では，除草剤耐性 4970 万 ha（73％），BT 害虫耐性 1220 万 ha（18％），除草剤耐性と BT 害虫耐性の複合 580 万 ha（6％）であり，これら 2 つが主要形質であることは 1996 年以来変化していない．

9.2 開 発 動 向

除草剤耐性や害虫抵抗性といった形質は，インプットトレイト（input trait；挿入特性）と呼ばれる．これらの形質を導入した GM 作物は，生産者には利点があるが，非 GM 作物と比較して生産物に付加価値がなく，生産コスト低下が価格に反映されることもほとんどないために，消費者にとっては実質上の価値がない．一方，開発者にとっては，除草剤耐性作物であれば自社の主力除草剤と耐性作物種子のセット販売による安定した利益確保という価値がある．害虫抵抗性作物であれば，化学殺虫剤の売上減少を種子販売でカバーできる利点がある．このような GM 作物を第 1 世代 GM 作物と呼ぶ．これに対して，消費者が利点を享受することのできるアウトプットトレイト（output trait；表出特性）を導入した次世代（第 2 世代）の GM 作物を開発する動きも活発になってきている．

9.2.1 除草剤に対する抵抗性を付与した作物

Monsanto 社が開発したグリホサート耐性作物は，ダイズ，トウモロコシ，ワタ，ナタネを中心に多くの品種が商品化されており，除草剤耐性作物全体の80％以上を占める．グリホサートは芳香族アミノ酸の合成にかかわる5-エノールピルビルシキミ酸-3-リン酸合成酵素（EPSPS）を特異的に阻害するので，芳香族アミノ酸（チロシン，フェニルアラニン，トリプトファン）の生合成が抑制されて植物は枯死する（5.2.3項a.の3）参照）．除草剤グリホサート非感受性の微生物のEPSPS遺伝子を導入して，耐性が付与された植物が得られた（図9.2）．

ホスフィノスリシン（グリホシネート）は，同じくアミノ酸生合成に関係するグルタミン合成酵素（GS）を阻害する．グリホシネートによってグルタミンの合成が阻害を受けると，植物細胞内に有毒なアンモニアが蓄積するなどにより，植物は枯死する（図9.3；5.2.3項a.の1）参照）．

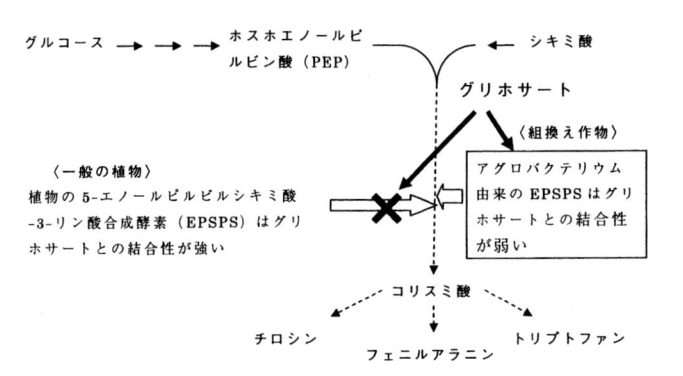

図9.2 グリホサートの作用点と耐性植物となる原理

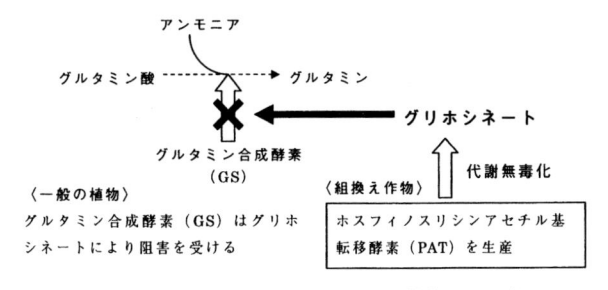

図9.3 グリホシネートの作用点と耐性植物となる原理

表9.1 各社の主力除草剤と耐性GM作物開発状況[5]

除草剤 (系統)	作用機作	耐性作成法 (導入遺伝子)	耐性作物開発企業 (商標)
グリホサート	芳香族アミノ酸合成系 (EPSP合成酵素) 阻害	細菌型非感受性EPSP 合成酵素の導入	Monsanto (RoundupReady®)
グリホシネート	グルタミン合成酵素阻害	アセチル化酵素 (PAT) による不活化	Bayer CropScience (Liberty Link®)
ブロモキシニル	光合成阻害	微生物由来ニトリル分 解酵素による不活化	Beyer CropScience Monsanto (BXN®)
ジフェニルエーテル系, N-フェニルフタルイミ ド系など	クロロフィル生合成(プ ロトックス)阻害	開発中	Syngenta
イソキサゾール系	カロテノイド合成系 (HPPD) 阻害	開発中	Bayer CropScience
クロロアセトアミド系	細胞分裂阻害	開発中	Syngenta

　土壌微生物 *Streptomyces viridochromogene* のホスフィノスリシンアセチル基転移酵素 (PAT) は, グリホシネートをアセチル化して不活化する作用を有する. このPAT遺伝子を導入することによりグリホシネート耐性品種が得られた. 同様に, 微生物由来のニトリル分解酵素遺伝子を導入することにより, 作成されたブロモキシニル耐性ワタが商品化されている.

　各企業の主力除草剤とその耐性作物開発状況を表9.1に示す.

　哺乳類の肝臓ミクロソームに局在して薬物代謝にかかわっている種々のP450酵素を植物に導入することにより, 複数の除草剤に対して交差耐性を付与する試みも行われている. たとえば, ヒトのP450遺伝子をジャガイモに導入することにより, 構造と作用機構が異なるアトラジン, ピリミノバックメチルといった除草剤に対する耐性を付与した例や, ヒトの3種類のP450遺伝子を同時に導入したジャガイモがアセトクロル, ピリブチカルブなどの複数の除草剤に対して交差耐性を示した例などがあげられる.

9.2.2 害虫抵抗性を付与した作物

　これまでGM技術を用いて商品化された害虫抵抗性品種は, 土壌微生物 *Bacillus thuringiensis* (BT菌) の毒素タンパク質を産生する遺伝子が組み込まれたBT品種に限られており, 最も成功したGM作物といえる.

9.2 開発動向

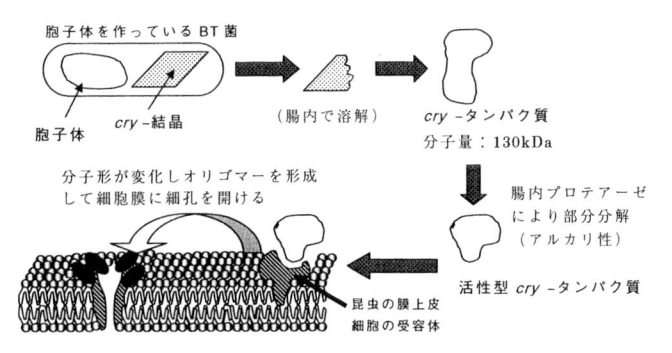

図9.4 BT毒素活性発現の経過(模式図)

　BT菌そのものは1961年に米国で最初に農薬登録され,世界で最も一般的な微生物殺虫剤となった.BT菌は胞子体を作る際に結晶性タンパク質(δ内毒素:cry-タンパク質)を産出する.cry-タンパク質はチョウ目昆虫の食物とともに昆虫腸内に入り,昆虫のプロテアーゼによって一部のペプチド配列が切断されて活性型(成熟型)に変化する.活性型cry-タンパク質は昆虫上皮細胞に存在する受容体タンパク質の助けを借りて,オリゴマーを形成することで細胞壁に穴を開け,殺虫効果を示す(**図9.4**).

　ハエ目やコウチュウ目といった他の昆虫に殺虫効果のある毒素を産生する亜種も見つかっている.cry-タンパク質は分子種の違いを番号にて表記し(cry 1,cry 2など),同じ分子種でもさらに細かいアミノ酸配列の違いがあるものの区別を番号の次にアルファベットの大文字,小文字で表記する.チョウ目害虫に対しては,Cry 1 Ab(Cry 1 Abは *B. thuringiensis*. subsp. *kurstaki* から得られ,トウモロコシを対象作物として米国で登録されている)だけでなく,Cry 1 Ac,Cry 9 C,Cry 1 Fなどが導入された.しかし,Cry 9 C遺伝子を導入したトウモロコシの商品名「スターリンク」は米国で飼料用に限って登録されていたが,加工食品に混入し,問題となった.Cry 9 Cタンパク質を導入したBTトウモロコシが食品用に認められなかったのは,Cry 9 Cタンパク質が90℃の高温条件や酸性条件での酵素分解処理に安定であり,アレルギー源となる疑いを否定しきれなかったためである.一方,Cry 1 Ab,Cry 1 Acなどのcry-タンパク質にはこのような性質はない.

　BT菌は化学殺虫剤に比較して,耐性害虫が出現しにくいと思われていたが,

コナガなどで耐性が認められ，程度の差こそあれ基本的には耐性害虫の出現において BT 菌も例外ではないことが認識されている．BT 遺伝子導入 GM 作物についても耐性出現が懸念され，その予防策として，複数の BT 遺伝子の導入や，栽培に際して非 GM 作物を緩衝帯として一定割合植え付ける方法などが取られている．

　BT タンパク質遺伝子導入 GM 作物品種は，トウモロコシを筆頭にワタ，ジャガイモで商品化されてきたが，次のターゲットとして有望な作物はイネであろう．イネの茎中に進入して食害する *Scirpophaga incertulas*（サンカメイガ），*Chilo suppressalis*（ニカメイガ），あるいは筒状に綴った葉身に潜んで食害する *Cnaphalocrocis medinalis*（コブノメイガ）といったメイガ科の害虫による被害は，東南アジアなどでは大きな減収要因となっている．フィリピンの国際イネ研究所（IRRI）の Tu らは，BT 遺伝子導入イネを作出した．BT イネでの BT 毒素発現量は，BT トウモロコシのそれに比較して低いが，中国で行われた野外評価試験では，ニカメイガやコブノメイガによる被害をほとんど受けず，非組換え体に比べて増収となった．

9.2.3　病害抵抗性を付与した作物

　植物に病気を起こさせる主な病原体は菌類，細菌，ウイルス，線虫である．その被害は少なく見積もっても生産量の 1 割といわれ，病原体の防除は農業生産上重要である．このうち菌類，細菌，線虫に対しては，農薬の施用と耐性品種の育種，利用が主な防除手段となっている．ところが，ウイルスに対しては有効な感染予防，治療農薬がなく，耐性品種の育成や媒介虫の防除が主な対策となってきた．しかし，70 年ほど前からウイルスに感染すると，同じウイルスあるいは近縁のウイルスには感染しないという干渉効果が知られ，この干渉効果を利用して，GM 技術によるウイルス病耐性植物が報告された．今日まで数多くのウイルス病耐性植物の作成が報告されている．

　商業生産されているウイルス病耐性作物としてはパパイヤとジャガイモがある．これらは，米国で栽培されているので，輸入国の日本では安全性審査が申請され，一部は承認されている．パパイヤでは，パパイヤ輪点ウイルス（PRSV）によって葉や果実に輪点症状が出る．遺伝子組換えにより弱毒系統の PRSV の外被タンパク質（CP）遺伝子を品種サンセットに導入して耐性を付与したパパ

イヤを得た．これを品種カポホと交配して新品種レインボーが作成された．

もう一つの商業生産されているウイルス病耐性作物はジャガイモである．ジャガイモ葉巻ウイルス（PLRV）の遺伝子の一部を組み込んだ品種や，ジャガイモYウイルス（PVY）耐性とした品種が生産されている．

病原菌の侵入・感染をシグナルとして，植物はさまざまな代謝系の変動を引き起こし，これらに対して抵抗性を示す．野生植物の栽培化により，植物が本来持っている病虫害抵抗性機構の多くが失われたと考えられており，GMによる病害抵抗性育種は，多くの場合，これら本来の抵抗性反応の強化を目的としている．GM育種による各種病害抵抗性作物の開発が期待されており，多くの研究が行われている．しかし，除草剤耐性や害虫抵抗性に比較して対象とすべき形質（遺伝子）が多様であり，効果が見えにくく，実用的なレベルには至っていない．

GM技術により作出された抗菌性作物の多くは，細胞壁を加水分解するキチナーゼやグルカナーゼのような植物由来の防御タンパク質を導入植物に過剰に発現させて，病原微生物に対する抵抗性を付与している．

溶菌酵素遺伝子導入作物の場合，細胞壁にキチンや β-1,3-グルカンなどの多糖を持つ多くの植物病原菌に対して，それらの多糖分解酵素であるキチナーゼやグルカナーゼを恒常的に蓄積している組換え作物は，侵入しようとする病原菌をいち早く溶菌して，抵抗性を示すと考えられている．また，これらの溶菌酵素によって低分子化されたキチンや β-1,3-グルカンが非特異的エリシターとして働く可能性もあり，ファイトアレキシンなどの産出も誘導されると西澤らは報告している．β-1,3-グルカナーゼも病原菌感染に伴って発現が誘導される溶菌酵素である．この酵素遺伝子を導入するメリットは，細胞壁成分にキチンを持たない疫病菌などのクロミスタ界卵菌門に属する植物病原菌類に対しても有効な点である．

植物が本来持つ病原抵抗性を増強する戦略も検討されている．その一例として，Caoらは，サリチル酸による抵抗性誘導にかかわる転写因子の発現を増強させた植物が，細菌，糸状菌などの広いスペクトラム病原菌抵抗性を示すことを報告している．

開放循環系を持つ昆虫類は病害防御機構として，その体液中にさまざまな種類の抗菌性ペプチドを誘導・分泌することが知られている．この抗菌ペプチドを生産する能力を付与して，抗菌性植物を作出する戦略もある．光原らは，センチニ

クバエの産生する抗菌ペプチド・ザルコトキシン1Aを植物に導入した．ザルコトキシン遺伝子導入植物は *Pseudomonas sylingae*（タバコ野火病菌）や *Erwinia carotovora*（ハクサイ軟腐病菌）の感染に対する抵抗性が高まったことを報告している．同様に，植物由来の抗菌ペプチドのチオニン遺伝子を導入したGM作物の作出例がある．

9.2.4 ストレス耐性を付与した作物

すでに実用化されたGM作物は，主に省力化により生産性向上を実現するものであるが，地球規模での砂漠化や人口増加に伴う食糧不足といった問題を克服するためには，不良土壌や厳しい気候条件下でも一定レベルの食糧生産を確保できるものがGM作物に要求されている．GM育種による各種のストレス耐性作物の開発が期待されており，多くの研究が行われているが，実用的なレベルには至っていない．以下，最近のいくつかの試みについて述べる（表9.2）．

植物は，乾燥地や塩類集積土壌などでは浸透圧ストレスやイオンストレスを受け，さらに気孔の閉鎖に伴う炭酸固定能低下により生じた余剰光エネルギーが活性酸素を発生させ，二次的な光・酸素ストレスを受ける．浸透圧ストレスやイオンストレスに対して，植物が細胞内に適合溶質と呼ばれる浸透圧調節物質を生産することを利用し，適合溶質の産生能を付与・強化したり，あるいは，ストレス応答反応をつかさどる転写調節因子を過剰発現させることで，塩・乾燥ストレス耐性植物を作出する試みが行われている．

表9.2 ストレス耐性付与に関する研究開発事例[19]

ストレス	抵抗性育種の方法	対象植物
塩・乾燥	適合溶質産生系の導入・強化	タバコ，シロイヌナズナ，イネ
塩・乾燥	ストレス応答に関与する転写調節因子の過剰発現	シロイヌナズナ
低温	プラスチド膜を構成する不飽和脂肪酸含量の向上	タバコ，イネ
高温	プラスチド膜を構成する不飽和脂肪酸含量の低下	シロイヌナズナ
光・酸素ストレス	活性酸素消去系酵素の導入・強化	タバコなど
酸性土壌・リン欠乏	有機酸合成能（および根からの分泌能）の強化	タバコ，パパイヤ

低温に比較的強い植物は，膜を構成する脂肪酸の不飽和度を変化させ，流動性を維持する機構を備えている．葉緑体の脂肪酸不飽和化酵素を強化することで低温耐性を付与した植物が作成された．逆に，脂肪酸の飽和度を高めることで高温耐性の植物が得られている．光・酸素ストレスに対しては，大腸菌由来のカタラーゼをタバコ葉緑体に導入した例や，チラコイド膜結合型アスコルビン酸ペルオキシターゼを強化した例において耐性向上が認められている．

酸性土壌は全世界の耕作可能地の30～40%を占めるといわれている．酸性土壌における主なストレス要因は，アルミニウムイオン（Al^{3+}）による根の成長阻害とリン欠乏である．一般に植物は，根からクエン酸やリンゴ酸などの有機酸を多量に分泌して，Al^{3+}をキレート錯体化するなどによるAl^{3+}毒への耐性機構を備えている．GM作物による酸性土壌／リン欠乏耐性付与の試みとしては，細菌由来，あるいは植物ミトコンドリア由来のクエン酸合成酵素を過剰発現させ，Al^{3+}耐性を向上した例があげられる．なお，コムギではAl^{3+}ストレスにより有機酸（リンゴ酸）の合成活性ではなく分泌活性が高まることが知られており，耐性付与には分泌能強化が重要であると考えられている．

9.3　組換え作物の生態系への安全性評価

農林水産省が公表しているGM植物の試験栽培状況では，195品目についての安全性の確認状況が掲載されており，うち食品および飼料としての安全性が確認されたものが，それぞれ42および36品目となっている．GM作物は農場のような開放系において栽培されるので，生態系への安全性に関する問題は避けて通れない課題である．

9.3.1　GM作物における遺伝子拡散

GM作物とその近縁植物との間で交配による導入遺伝子の伝播が起こるには，いくつかの条件を満たす必要があり，作物・近縁植物の組合せや環境条件などによって異なる．要素として，有性生殖の有無，花粉飛散範囲に交雑可能な近縁植物の有無，交雑可能な近縁植物との開花時期の一致，交雑種の稔性および繁殖力などがあげられる．北アメリカにはダイズの近縁野生種は自生しないし，トウモロコシの近縁野生種や在来種も存在しないので，これらの遺伝子拡散の可能性は

ないとされている．しかし，メキシコでは在来種が自生していて，GM トウモロコシから在来種への遺伝子拡散が起こっているとの報告があり大きな話題となった．日本においては，トウモロコシの在来種近縁野生種の問題はないが，ダイズ，ナタネ，イネ，メロンの場合には近縁野生種が自生しているので注意が必要である．

9.3.2 微生物への水平伝播

GM 作物から自然界の微生物に遺伝子が移り，予期しない組換え微生物ができるのではないかという懸念が当初からあった．たとえば，GM 作物を選抜するために標識（マーカー）に用いられている抗生物質耐性遺伝子が，環境中の細菌に拡散することによる薬剤耐性菌の出現のリスクが指摘された．検証が行われ，伝播の確率は低いと結論されている．

9.3.3 GM 作物における遺伝子拡散以外の影響

GM 作物の栽培普及により引き起こされる問題として，本来意図したものとは異なる作用が最も懸念されている．たとえば，BT タンパク質の遺伝子組換え作物の花粉が駆除目的でない蝶（オオカバマダラは BT タンパク質に感受性）に対して有害との報告が Losey らによりなされた．しかし，米国環境保護庁（EPA）は米国で栽培されている BT トウモロコシの花粉飛散によるオオカバマダラへのリスクを評価した結果，全体として非常に低く無視できる程度であると評価している．

9.3.4 リスク評価

リスクとは，ある有害な原因によって損失を伴う危険な状態が発生するとき，その損失と損失の発生する確率を掛け合わせたものとして定義される．有害性を限定したうえで，組換え生物の環境導入に関するリスク評価の定量化を行った Sears らの報告を紹介する．

$$(生態リスク：R) = (Pe) \times (Pt)$$

ここで，Pe は多化性であるオオカバマダラの特定世代の幼虫が BT 花粉に暴露される確率で，Pt は幼虫が成育阻害を起こすレベルの花粉密度に暴露される確率である．米国で普及しているトウモロコシ品種 MON 810 系統や BT 11 系

統の花粉の最小毒性発現量（LOEL）は1 000粒/cm²だから，農地内の食草トウワタ葉の上に落下堆積するBT花粉密度（平均171粒/cm²）ではオオカバマダラ幼虫への影響は小さく，Event 176系統は生物活性が強くてLOELは5～10粒/cm². (Pe)については，$(Pe)=L\times O\times A$で表され，(L)は非農耕地も含めトウモロコシ農地から発生するオオカバマダラの割合，(O)はBT花粉に感受性の1～2齢幼虫期と花粉飛散時期が重なる確率，(A)は全トウモロコシに対するBTトウモロコシの栽培面積割合である．これらから，アイオワ州での2000年のBT花粉によるオオカバマダラへのリスク(R)は約0.4%と評価された．そして，Event 176系統が栽培されないと(R)は0.05%に低下することを示した．Event 176系統は花粉で特異的に働くプロモーターが使われていて，同じcryAb遺伝子が導入されたMON 810系統やBT 11系統よりも花粉中のBTタンパク質発現量が多く，低密度の花粉でもオオカバマダラ幼虫に生育阻害を起こす．米国でのEvent 176系統の栽培面積シェアは2000年に2%だったが，2001年には1%に減少し，再登録は行われていない．

9.4　組換え技術の課題と展望

　9.1節で述べたように，商品化されているGM作物はほとんどが除草剤耐性か害虫抵抗性である．GM作物がさらなる成功を収めるには，操作形質の多様化に加えて生態系での安全性を高めることが重要である．たとえば，GM作物と在来植物との交雑による遺伝子拡散を防ぐために，葉緑体で外来遺伝子を発現させ組織特異性を付与する方法や，花粉形成阻害または花粉生殖能を欠損させて雄性の不稔化などで不稔種子のGM作物を作成し，種子形成を直接阻害して遺伝子拡散を防ぐ方法などの実用化が待たれる．微生物に移行させないために，不要な導入遺伝子断片の削除や原核生物では発現しない方法などの技術確立が望まれ，選択マーカー遺伝子など不要なDNAをGM作物の染色体DNAから除去する方法や，真核生物の遺伝子構造上の特徴であるイントロンに薬剤耐性遺伝子やレポーター遺伝子を組み込んだ利用が試みられている．

　GM作物の開発は米国企業の独壇場であったが，これらの企業が保有する植物バイオテクノロジー関連の基本特許の多くは数年のうちに消滅する．数は少ないもののMATベクターシステムなど国産の基本特許も現れている．次世代の

GM技術の進展において，わが国独自の作物開発が期待される．

参考文献

1) H. Cao, X. Li and X. Dong : Proc. Natl. Acad. Sci. USA, Vol. 95, pp. 6531-6356 (1998)
2) H. Ebinuma, K. Sugita, E. Matsunaga, and M. Yamakado : Proc. Natl. Acad. Sci. USA, Vol. 94, pp. 2117-2121 (1997)
3) 平塚和之：遺伝子組換え植物の光と影II，佐野浩監修，pp. 69-83，学会出版センター (2003)
4) 乾　秀之，大川秀郎：農薬学辞典，本山直樹編，pp. 212-242，朝倉書店 (2001)
5) 久野秀二：アグリビジネスと遺伝子組換え作物，pp. 102-106，日本経済評論社 (2002)
6) J. E. Losey, L. S. Rayor, and M. E. Carter : Nature, No. 309, p. 214 (1999)
7) 益永茂樹：遺伝子組換え植物の光と影II，佐野浩監修，pp. 147-155，学会出版センター (2003)
8) 松井正春：農業技術，Vol. 58, pp. 1-5 (2003)
9) 光原一郎，大島正弘，大橋祐子：化学と生物，Vol. 37, pp. 205-209 (1999)
10) 鍋島成泰：植物代謝工学ハンドブック，新名惇彦，吉田和哉監修，pp. 318-326，エヌ・ティー・エス (2000)
11) 長田敏行：植物工学の基礎，pp. 36-58，東京化学同人 (2002)
12) 中村達夫：遺伝子組換え植物の光と影II，佐野浩監修，pp. 35-46，学会出版センター (2003)
13) 西澤洋子，鈴木　匡，日比忠明：化学と生物，Vol. 37, pp. 295-305 (1999)
14) 西澤洋子，阿久津克己，日比忠明：植物防疫，Vol. 46, p. 500 (1992)
15) D. Quist and I. H. Chapela : Nature, Vol. 414, pp. 541-543 (2001)
16) M. K. Sears, et al. : Proc. Natl. Acad. Sci. USA, Vol. 98, pp. 11937-11942 (2001)
17) 鈴木　匡：遺伝子組換え植物の光と影II，佐野浩監修，pp. 47-68，学会出版センター (2003)
18) J. Tu, G. Zhang, K. Datta, C. Xu, Y. He, Q. Zhang, G. S. Khush, and S .K. Datta : Nat. Biotechnol., Vol. 18, pp. 1101-1104 (2000)
19) 吉田存方，福原信裕：新農薬開発の最前線，山本出監修，pp. 274-292，シーエムシー出版 (2003)
20) 農水省のホームページ　http://www.s.affrc.go.jp/docs/sentan/guide/develp.htm
21) ISAAAのホームページ　http://www.isaaa.org/
22) http://www.epa.go.pesticides/biopesticides/reds/brad_bt_pip 2.htm
23) http://pewagbiotech.org/newsroom/releases/053002.php 3

10. 挙動制御剤（フェロモン剤）

10.1 フェロモン

　昆虫の成育・行動にかかわる主要な生理活性物質として，ホルモンとフェロモンがある．ホルモンは個体の中で分泌され作用を発揮する内生の生理活性物質である（3.3節参照）のに対して，フェロモンは体外に分泌され，同種の他の個体に，ある一定の行動を誘起したり，特定の発育過程を誘発する生理活性物質である．

　フェロモンは，集団で生活する昆虫種においてはコミュニケーション手段の一つであり，集団の維持に重要な役割を果たすと考えられる．それ以外の昆虫でも，種を維持するためには広い生態系の中で同種の異性を認識し交尾をする必要があり，その交信手段として働いている．すなわち，昆虫にとって，フェロモンは化学的な言葉としての役割を持つと考えられ，生物間交信物質（信号物質，semiochemicals）と呼ばれる物質の一つとして位置づけられる．それぞれの作用の違いにより，性フェロモン，警報フェロモン，道しるべフェロモン，集合フェロモン，密度調節フェロモン，階級分化フェロモンなどに分類されている．

図10.1　性フェロモンによる誘引

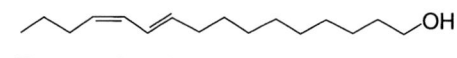

図10.2 カイコガ性フェロモン，ボンビコールの構造

フェロモンの化学的な研究は，ブテナントらによるカイコガの性フェロモンの研究に始まった．ブテナントらは，日本から100万匹のカイコガ繭を輸入し，その半数の雄を用いて脱皮ホルモンの研究を行い，同時に残りの雌から性フェロモンを単離し，ボンビコールと命名した．その後，その構造を10,12-ヘキサデカジエン-1-オールであると決定し，図10.2のような幾何構造を持つことを明らかにした．その活性は，10^{-12} μg で雄カイコガに感応を起こさせることができる．このように超微量で，しかも種特異的に昆虫に作用することから，害虫防除の研究者たちに新たな防除法となりうるという夢を与えた．

それ以降現在までに，チョウ目昆虫を中心に800種以上の昆虫で，性フェロモンが明らかにされている．これら性フェロモンの構造的特徴は，二重結合を1～3個含む炭素数12～20個の直鎖状アルコール，そのアセテート，アルデヒド体であり，少数であるがケトン体，メチル鎖が分岐したもの，エポキシ体などの化合物も知られている．また，多くの昆虫で，複数の成分を性フェロモンとすることが明らかにされているが，そのような場合にはその混合割合が重要である．特に，近縁の昆虫種で同じ化合物を性フェロモンとしている場合には，混合比によって種特異性がもたらされ，生殖隔離がなされている．

10.2 性フェロモンの生合成

チョウ目昆虫の性フェロモンは，腹部末端にあるフェロモン腺で，飽和脂肪酸の合成，不飽和化，アシル基の還元，さらに官能基を導入するなどの一連の化学反応により生合成されているが，どのような調節機構で産生・放出されているかはまだ十分理解されていない．しかし，最近フェロモン腺に特有のタンパク質の遺伝子がクローニングされ，チョウ目昆虫における性フェロモン産生機構について分子レベルでの解明が進んでいる．

多くのチョウ目昆虫における性フェロモンの生合成は，頭部内分泌器官である食道下神経節より放出される神経ホルモン PBAN（Pheromone Biosynthesis Activating Neuropeptide）により調節されている．単離されている PBAN は

アミノ酸33個（一部の昆虫では34個）からなるペプチドであり，種間でも70％以上の相同性を持っている．特にアミド化されているC末端の5残基は同一の配列（Phe-Ser-Pro-Arg-Leu-NH$_2$）であり，活性発現に必須であると考えられている．昆虫によりフェロモンの構造や組成が異なるにもかかわらず，他の昆虫のフェロモン合成にも活性を示すことより，類似した構造のPBANがさまざまなフェロモンの生合成過程の制御にかかわっていると考えられる．一方で，その作用点は種により異なっていることも知られている．たとえば，トウモロコシヨトウやヨトウではフェロモン合成における脂肪酸合成過程を調節しているが，カイコガ，ハスモンヨトウ，タバコスズメガではフェロモン合成の最終的な反応であるアシル基の還元反応が調節され，またイラクサギンウワバではフェロモン腺からの発散が活性化されている．いずれにしても，それぞれの昆虫での制御系により，炭素鎖の長さ，官能基の種類，二重結合の配置などが異なるさまざまなフェロモン成分が合成され，さらに各成分の厳密な成分比などが規定されることにより，種特異的なフェロモンが作られていると考えられる．

一方，受け取る側の昆虫において，フェロモンは特異的なフェロモン受容体に結合すると考えられている．その実体はまだ十分理解されてはいないが，20種を超える昆虫でフェロモン結合タンパク質PBP（Pheromone Binding Protein）が発見され，その構造と機能の解明が行われている．いずれのPBPも共通な位置に6個のシステイン残基を含んでおり，それらによる三つのS-S結合でフェロモン分子を取り込む立体構造をとっている．また，同一種から複数のPBPが単離されており，個々のPBPが各フェロモン成分と特異的な結合をすることが示唆されている．

まだ不明な点が多く残されているが，これらの点が解明され，分子および細胞レベルで昆虫フェロモン産生・受容機構が理解されると，10.3節で述べるようなフェロモンを直接利用する防除法だけでなく，その生産や受容を制御することによる害虫の管理も可能になると考えられる．

10.3 性フェロモンの利用

性フェロモンは，微量で同種の雄を誘引する種特異性の高い生理活性物質であり，それ自体には殺虫活性はない．したがって，他の生物に対する毒性もなく，

10. 挙動制御剤（フェロモン剤）

表 10.1 農薬登録されているフェロモン剤

登録農薬名	成分	対象害虫	使用目的	登録年次
リトルア剤	$CH_3-CH=CH-(CH_2)_8-O-CO-CH_3$ $CH_3-CH=CH-(CH_2)_8-O-CO-CH_3$	ハスモンヨトウ	誘引捕殺	1977
テトラデセニルアセテート剤	$C_2H_5-CH=CH-(CH_2)_{10}-O-CO-CH_3$	チャノコカクモンハマキ チャハマキ	交尾阻害	1984
ピーチフルア剤	$C_6H_{13}-CH=CH-CH_2CH_2-CO-C_9H_{19}$	モモシンクイガ	発生予察 交信かく乱	1985
サーフルア剤	$C_4H_9-CH=CH-(CH_2)_8-O-CO-CH_3$ $C_2H_5-CH=CH-(CH_2)_{10}-O-CO-CH_3$	リンゴコカクモンハマキ	発生予察 捕殺	1985
フィシルア剤	$CH_3-CH=CH-(CH_2)_8-O-CO-CH_3$	チャマダラメイガ	発生予察 捕殺	1985
チェリトリア剤	$C_4H_9-CH=CH-(CH_2)_8-CH=CH-CH_2CH_2-O-CO-CH_3$ $C_4H_9-CH=CH-(CH_2)_8-CH=CH-CH_2CH_2-O-CO-CH_3$	コスカシバ ヒメコスカシバ	交尾阻害	1988
オキメラノルア剤	$C_{12}H_{25}-O-CO-CH_3$	オキナワカンシャクシコメツキ	誘引	1989
ダイアモリア剤	$C_4H_9-CH=CH-(CH_2)_{10}-O-CO-CH_3$ $C_4H_9-CH=CH-(CH_2)_9-CHO$	コナガ	交尾阻害	1989
ビートアーミルア剤	$CH_3-CH=CH-(CH_2)_8-O-CO-CH_3$ $C_4H_9-CH=CH-(CH_2)_8-OH$	シロイチモジヨトウ	交尾阻害	1990
スイートビルア剤	$CH_3-(CH_2)_7-CH=CH-CH_2CH_2-O-CO-CH=CH-CH_3$	アリモドキゾウムシ	誘引	1991
ブルウエルア剤	$CH_3-(CH_2)_5-CH=CH-(CH_2)_7-CHO$ $CH_3-(CH_2)_3-CH=CH-(CH_2)_9-CH_2OH$	シバツトガ スジキリヨトウ	交信かく乱	1993

（次頁へ続く）

10.3 性フェロモンの利用

登録農薬名	成分	対象害虫	使用目的	登録年次
ロウカルア剤	$CH_3-CH=CH-CH_2-CH=CH-(CH_2)_8-O-CO-CH_3$ $CH_3-(CH_2)_3-CH=CH-(CH_2)_9-CHO$ $C_4H_9-CH=CH-(CH_2)_8-O-CO-CH_3$	シバツトガ スジキリヨトウ	交信かく乱	1993
サキメラノルア剤	$CH_3-CH=CH-CH=CH-(CH_2)_8-O-CO-(CH_2)_2CH_3$ $CH_2=CH-(CH_2)_8-O-CO-(CH_2)_4CH_3$	サキシマカンシャクシコメツキ	誘引	1994
アリマルア剤	$C_3H_7-CH=CH-(CH_2)_9-O-CO-CH_3$ $C_3H_7-(CH_2)_4-CH=CH-(CH_2)_3-O-CO-CH_3$	キンモンホソガ	交信かく乱	1996
オリフルア剤	$C_3H_7-CH=CH-(CH_2)_7-O-CO-CH_3$	ナシヒメシンクイ	交信かく乱	1996
ピリアルマ剤	$CH_3(CH_2)_3-CH(CH_3)-(CH_2)_{11}-CH=CH_2$	ナシヒメシンクイ ハマキムシ類 モモシンクイガ モモハモグリガ	交信かく乱	1998
トートリルア剤	$C_2H_5-CH=CH-(CH_2)_{10}-O-CO-CH_3$ $C_4H_9-CH=CH-(CH_2)_8-O-CO-CH_3$ $C_2H_5-CH=CH-(CH_2)_8-O-CO-CH_3$ $C_2H_5-CH(CH_3)-(CH_2)_9-O-CO-CH_3$ $CH_2=CH-(CH_2)_{10}-O-CO-CH_3$ $C_2H_5-CH=CH-(CH_2)_{10}-OH$	リンゴコカクモンハマキ チャノコカクモンハマキ チャハマキ	交信かく乱	2001

また，揮発性で分解も容易であり，環境中での残留もほとんど問題にならないことより，新たな害虫防除剤として利用する試みが1960年代から行われてきた．合成フェロモンを用いた害虫防除への利用法として，発生予察，大量誘殺，交信かく乱などの方法がある．これらの目的のために，現在わが国で，17種の合成フェロモン剤が農薬として登録されている（**表10.1**）．

10.3.1 発生予察

発生予察とは，トラップによる捕獲数から周辺地域における昆虫の生息状況を知り，防除適期を知るための手段である．以前は誘蛾灯などが用いられていたが，走光性のない害虫も少なくなく，その感度は必ずしも高いものではなかった．フェロモンは特定の害虫種のみを誘引するので，その害虫種の発生状況を知るには最適な手段である．特に，昆虫密度が低いときに有効であることより，害虫の発生の初期に察知することができるという利点がある．種特異性が高いため他の昆虫種の状況を知ることはできないが，作物が限定される圃場では害虫種も限られるので効果的な手段となりうる．いわゆる総合的害虫管理システム（IPM）における一つの手段としても重要な位置づけがなされている．効果的な発生予察を行うためには，生息数変動と環境条件のデータ蓄積が必要であり，定期的に長期間にわたって調査を行う必要がある．

10.3.2 大量誘殺

大量誘殺は，文字どおりフェロモンにより誘引して，粘着板や殺虫剤などを仕掛けたトラップで捕殺する方法である．殺虫剤を用いる場合でもトラップ内での使用であるため，広い圃場に殺虫剤を散布する害虫防除法と比べると，飛散や残留といった散布による問題はなく，薬剤の使用量も少なくてよいなど優れた防除法と考えられる．しかし，誘引されるのは雄の昆虫だけであり，雌は残る．また，雄も完全にトラップすることは困難であり，しかも生き残った雄は複数回交尾が可能なため，次世代の生息密度を減少させるのは困難な場合も多い．特に，野外圃場などに生息するハスモンヨトウなどのチョウ目の蛾類昆虫では一般に成功していない．しかし，オキナワカンシャクシコメツキや，貯蔵庫内の貯穀害虫であるコクヌストモドキやタバコシバンムシなどのコウチュウ目昆虫においては有効性が認められ，合成フェロモントラップが防除に利用されている．

10.3.3 交信かく乱

交信かく乱は，性フェロモンを人為的に大量放出することにより，雄成虫による雌成虫の探索，発見を困難にし，交尾を抑制することを目的としている．羽化直後に交尾した雌に比べ，交尾が遅れた雌の産卵孵化の有効性は著しく低下することが知られている．この現象はフェロモンによる交尾遅延効果と呼ばれてお

り，最終的に交尾率が高くても，交尾を遅らせることにより標的害虫の次世代の個体数を低下させることができる．十分な防除効果を得るためには，空気中のフェロモン濃度を高く，むらなく維持できるようなフェロモン剤の量と配置に留意することが重要であり，また，交尾済みの雌が周囲から侵入するのを防ぐことも必要である．圃場全体を合成フェロモンで充満させる必要があるため，安価に大量供給が可能であることも実用化への重要な要因となっている．現在，交信かく乱法が確立されているのはチョウ目昆虫のみである．

10.4 フェロモン剤による実際の防除および問題点

　フェロモン剤を10.3節で述べたそれぞれの方法で実際に使用する場合，安定した効果を得るためにはいくつかの問題を考慮しなければならない．第一は，フェロモンを均一に長期間持続的に揮散させるための方法である．初期に開発されたフェロモン剤は，スプレー式の散布剤がほとんどであったため効果が持続せず，また気温などの変化でフェロモン濃度の変動も大きく，安定した効果が得られなかった．その後，製剤化での工夫がなされ，気温の変化にも対応でき，しかも長期間使用できるチューブ式の製剤が開発された．これにより安定した効果が得られるようになり，対象害虫が増え，使用面積も拡大してきた．また，成分として化学的に不安定なアルデヒドや共役ジエン類を含む場合は，酸化，異性化，重合などが起きやすいため，製剤中の成分の安定性を保つことも重要であり，紫外線吸収剤や酸化防止剤などが添加されている．

　第二として，フェロモン剤の効果は使用する地域の地形，気象条件などの影響を受けやすいため，それらを十分考慮した処理が必要である．特に，風が強い地域では，安定した効果を得るためには使用量を多くするなど施用法を工夫しなければならない．さらに，処理面積が狭いとフェロモン濃度の維持が困難であるだけでなく，周辺から害虫が飛来するなどの影響を受けやすく，効果が安定しなくなるので，十分広い地域で使用することが重要である．また，害虫密度が高いときは効果が不安定となるため，フェロモン剤を使用する時期を慎重に選ばなければならず，そのような場合は他の殺虫剤との併用を考慮する必要がある．

　ところで，性フェロモンは昆虫の種に特異的で，しかも種の維持にかかわる生理活性物質であることから，抵抗性の出現はあり得ないと考えられていた．しか

し，わが国で1983年に農薬登録され，チャハマキ，チャノコカクモンハマキを対象とした交信かく乱剤として効果的な防除効果を上げていたフェロモン剤（ハマキコン）は，次第に効果が低下した．その原因として，複数成分の性フェロモンを持つチャノコカクモンハマキに単一成分のフェロモン剤を使用したため，抵抗性が発現したと考えられている．昆虫の種によっては，異なった地域個体群の個体が，性フェロモン成分の比率に異なった反応を示すことが知られている．このような性フェロモン成分比の変異の存在は，交尾かく乱法による強い選択圧が加わることによって，いわゆる性フェロモン抵抗性が発達する潜在的な可能性を示している．このような場合，フェロモン剤に含まれる構造の類似した不純物の影響も大きいと考えられ，特に複数の成分の比が重要である場合や不斉炭素を持つ化合物をフェロモンとする場合などでは，使用する製品の純度にも注意する必要がある．

10.5 これからの展望

　フェロモン剤は，従来の殺虫剤を用いた防除法に比べ，効果がすぐに見えない，高価であるなどの点で使用がなかなか受け入れられなかった．しかし，被害を与える幼虫が果実などに侵入し，殺虫剤での防除が難しい場合，繁殖力が高く殺虫剤に対する抵抗性が問題になっている場合，収穫前の作物で殺虫剤の残留が問題となるような場合，あるいは作物に安全性という付加価値を与えたい場合など，さまざまな状況で使用されるようになってきている．

　また，性フェロモンを用いた防除法では，目的の害虫の防除効果以外に，従来使用されていた殺虫剤の散布量を減少させることにより，天敵類が保護される結果として，他の害虫の発生が抑制されることがある．さらに，ある種の寄生バチは，害虫が放出するフェロモンを利用して寄主探索を行っているが，このような場合，フェロモン剤がこれら寄生バチを圃場に誘引して，防除効果を上昇させることが知られている．このように，土着天敵がより有効に活躍できることにより，ダニ，アザミウマ，カイガラムシ，コナジラミなどのフェロモン対象外害虫の防除面でも有効な効果が得られることは，フェロモン剤による防除の優れた点であり，今後その利用を拡大できる要因と考えられる．

　優れた特徴を多く持つフェロモン剤は，IPMなどにおける総合的な防除の主

要な手段の一つとして,今後さらに有効に利用されるであろう.さらに,10.2節で述べたように,フェロモンの生産や受容などの制御による害虫の防除も興味深いものであり,その開発が期待される.

参考文献

1) 安藤　哲:次世代の農薬開発,日本農薬学会編,pp. 105-118,ソフトサイエンス社 (2003)
2) 石井象二郎,他:昆虫行動の化学,培風館 (1978)
3) 小川欽也:新農薬開発の最前線,山本　出編,pp. 226-256,シーエムシー出版 (2003)
4) 中筋房夫:総合的害虫管理学,pp. 157-183,養賢堂 (1997)
5) 松本正吾,古賀豊司:化学と生物,Vol. 39,pp. 4-6 (2001)
6) 農薬ハンドブック2001年版,日本植物病疫協会 (2001)
7) 山下興亜,佐藤行洋:無脊椎動物のホルモン,日本比較内分泌学会編,pp. 85-104,学会出版センター (1998)

11. 生物的防除

　化学農薬を用いた病害虫防除技術なしには，増加し続ける人類の食料を確保するのは不可能である．しかし，化学農薬の多用は，環境や農産物の農薬汚染だけでなく，リサージェンスなどのさまざまな弊害を引き起こしている．そこで，環境にやさしい農業と安全な食糧の生産のために，できるだけ化学農薬に頼らない害虫防除技術の確立が求められ，その一つとして，生物的防除に注目が集まっている．生物的防除とは天敵を利用して有害生物を防除する技術であり，その歴史は化学農薬の歴史より古く，すでに4世紀の中国で，樹上生活のツムギアリを柑橘害虫の防除に積極的に用いたという記録がある．

　しかし，生物的防除が，近代農業における害虫防除技術として確立されたのは，アメリカ合衆国カリフォルニア州に侵入し，柑橘類に大きな被害を与えていたイセリアカイガラムシの防除の目的で，1888年にベダリアテントウが導入され，劇的な成功を収めてからである．当時は，有効な化学農薬もなかったので，この侵入害虫，イセリアカイガラムシは，カリフォルニアのオレンジ産業を壊滅の危機に追い込んだ．しかし，オーストラリアで発見されたベダリアテントウを導入した結果，イセリアカイガラムシはその姿を見るのさえ困難になった．

11.1 生物的防除の方法

　生物防除の方法は大きく分けて3通りある．まず第1に，外国から天敵を導入し定着させてその永続的効果を期待する方法で，これを伝統的生物的防除 (classical biological control) と呼んでいる．第2の方法は，大量増殖した天敵を放飼して天敵の効果を増強する方法で，天敵の放飼増強 (augmentation of natural enemies) という．また，第3の方法として，潜在的に優れた能力を持っている土着天敵や大量放飼した天敵の働きを高めるために，これらの天敵が働きやすいように環境改善などを行うことで，これが天敵の保護利用 (conservation of natural enemies）である．

11.1.1 伝統的生物的防除

イセリアカイガラムシの生物的防除の成功後，伝統的生物的防除の試みが，アメリカ合衆国をはじめとして世界各地で盛んに行われた．日本でも，ルビーロウムシに対するルビーアカヤドリコバチ，クリタマバチに対するチュウゴクオナガコバチ，ヤノネカイガラムシに対するヤノネキイロコバチとヤノネツヤコバチの導入が試みられ，その防除に成功した．このような外国から天敵を導入する事業は個人レベルで行うのは困難で，国家的事業や，場合によっては国際機関の事業として行われる．近年では，アフリカのキャッサバベルト地帯に侵入し猛威を振るったキャッサバコナカイガラムシの防除に，欧米の研究者が国際的なチームを組んで臨み，数種の天敵を南アメリカから導入して大成功を収めている．

世界的に見た場合，過去の伝統的生物的防除の成功率は，必ずしも高くない．これは，伝統的生物的防除に最も熱心に取り組んだアメリカ合衆国で，かつては，可能性のある天敵を手当たり次第に導入するという方策が採られていたためである．したがって，侵入害虫が難防除害虫化した場合に，その害虫の原産地で天敵探索を行い，発見された天敵の生態を十分に吟味して取り組む必要があり，それにより劇的な効果を上げる可能性は高い．

11.1.2 天敵の放飼増強

伝統的生物的防除の試みが必ず成功するわけではない．失敗の原因としては，導入した天敵が定着できない場合もあるが，定着しても期待したほど防除効果が上がらないことも多い．一方，土着天敵で潜在的に優れた能力を持っていても，害虫密度の増加に天敵個体群の増加が伴わないなどの理由で，うまく働かない場合がある．そこで，これらの天敵昆虫を大量増殖し，季節の初めに放飼したり，施設害虫の防除の目的で何度も放飼する方法がある．これが天敵の放飼増強である．施設害虫に対する天敵の放飼増強はオランダをはじめとするヨーロッパで確立され，大量増殖し商品化された天敵昆虫やカブリダニが広く利用されている．

天敵の放飼増強の目的には，大量放飼したその世代の天敵の害虫殺傷効果に期待する大量放飼（inundative release）と，放飼した天敵が定着，増殖した次世代以降の効果に期待する接種的放飼（inoculative release）がある．農家側から

すれば，接種的放飼のほうが理想的であり，次に述べる天敵の保護利用により放飼した天敵の効果が持続するのであれば，天敵農薬の価格が化学農薬に比べて少し高くても利用価値が高い．

11.1.3 天敵の保護利用

生物的防除で用いる天敵は，それ自体も生物なので，防除効果は施設や圃場の環境条件に大きく影響を受ける．したがって，天敵の利用にあたって，環境条件の改善によりその効果を上げたり持続させることが天敵の保護利用である．捕食寄生性天敵の幼虫は害虫に寄生するが，成虫の多くは餌として蜜などの炭水化物が必要である．そこで，果樹園の下草として，あるいは圃場の周辺に花を植え，蜜源とすることで，天敵の働きを高めることができる．果樹園の防風樹は，種類によっては害虫の低密度時に代替寄主を提供したり，天敵の隠れ家となる．また，アルファルファの牧草地で，一斉に全面を刈るのでなく，刈取機で一列ずつ残して刈り取る条刈りが行われるが，これは牧草地から天敵が逃げないように工夫されたものである．

天敵の働きを高めるためにいろいろ工夫がなされているが，農生態系において天敵の働きを最も阻害しているものは，非選択性殺虫剤である．したがって，天敵に影響の少ない選択性殺虫剤をうまく組み合わせて，害虫防除体系を組み立てることが，天敵の保護利用にとって最も効果が高い．総合的害虫防除において，IGR 系殺虫剤（昆虫成育制御剤；3.3節参照）のような天敵に優しい殺虫剤が推奨されるのは，このような理由からである．

11.1.4 生物農薬

生物的防除に利用される天敵は天敵資材と呼ばれる場合もあるが，これは，天敵の利用が無農薬および減農薬栽培でも認められており，一般的な農薬と区別するために，あえて「資材」と呼ぶのである．しかし，ダニを含む天敵昆虫や天敵微生物などを日本で製剤化し販売するためには，農薬取締法に従ってその天敵を製剤化し，農薬登録する必要がある．このように農薬登録し販売されている天敵が生物農薬で，その分類を表 11.1 に示した．これら生物農薬のうち，寄生バチや捕食性昆虫，それにカブリダニなどを製剤化したものが天敵昆虫・ダニ製剤で，一般に天敵農薬と呼んでいる．一方，ウイルスや細菌，糸状菌などの天敵微

表 11.1 生物農薬の分類

分 類	内 容
天敵昆虫・ダニ製剤	天敵昆虫，カブリダニを製剤化したもの
微生物製剤	天敵微生物（ウイルス，細菌，糸状菌，原生動物など）を製剤化したもの（含む，毒素だけを製剤化したもの）
線虫製剤	昆虫寄生性線虫を製剤化したもの

生物を製剤化して農薬登録したものが微生物製剤で，一般に微生物農薬と呼んでいる．したがって，伝統的生物的防除や土着天敵の保護利用に用いる天敵を天敵農薬と呼ぶのは正しくない．また，土着天敵を農家自身が野外で集めて使用する場合も天敵農薬には含まず，法的には特定農薬という扱いになる．なお，欧米では，大量増殖され製剤化された天敵でも単に天敵（natural enemy）と呼ばれており，商業的に販売する場合でも化学農薬と同じレベルの厳しい基準に従って登録する必要はない．

11.2 天 敵 農 薬

わが国で最初に農薬登録された天敵昆虫は，1951年に登録された柑橘類の害虫ルビーロウカイガラムシの天敵，ルビーアカヤドリコバチである．また，天敵農薬として本格的に製剤化されたのは，1970年のリンゴの害虫クワコナカイガラムシの天敵，クワコナカイガラヤドリコバチであったが，これも実際の農家で利用されるには至らなかった．その後，日本では天敵農薬はなかなか実用化されなかった．一方，オランダをはじめとするヨーロッパで実用化され，施設栽培の害虫防除に広く用いられていた天敵農薬を輸入販売する形で，わが国でも天敵農薬が農薬登録されるようになった（図 11.1）．その後，日本産の天敵を開発商品化する試みも行われている．表 11.2 には現在登録されている天敵農薬を示した．

11.2.1 天敵昆虫の大量増殖

天敵昆虫を天敵農薬として商品化するには，低コストで質の高い天敵を大量増殖する必要がある．そのためには，まず，天敵の餌や寄主を大量に供給する必要がある．しかし，本来の餌や寄主を大量増殖するのが困難な場合が多く，そのときは代替寄主や人工餌を開発する必要がある．スジコナマダラメイガやバクガな

図 11.1 現在，わが国で市販されている天敵農薬

表 11.2 天敵昆虫・ダニ製剤の登録状況（2003 年 10 月現在）

天敵の和名	天敵の学名	天敵の目と科	対象害虫	初年度登録
イサエアヒメコバチ	Diglyphus isaea	ハチ目　ヒメコバチ科	ハモグリバエ類	97.12.24
ハモグリコマユバチ	Dacnusa sibirica	ハチ目　コマユバチ科	ハモグリバエ類	97.12.24
オンシツツヤコバチ	Encarsia formosa	ハチ目　ツヤコバチ科	コナジラミ類	95. 3.10
サバクツヤコバチ	Eretmocerus eremicus	ハチ目　ツヤコバチ科	コナジラミ類	02. 5.17
コレマンアブラバチ	Aphidius colemani	ハチ目　コマユバチ科	アブラムシ類	98. 4. 6
ショクガタマバエ	Aphidoletes aphidimyza	ハエ目　タマバエ科	アブラムシ類	98. 4. 6
ヤマトクサカゲロウ	Chrysoperla carnea	アミメカゲロウ目　クサカゲロウ科	アブラムシ類	01. 3.14
ナミテントウ	Harmonia axyridis	コウチュウ目　テントウムシ科	アブラムシ類	02.11.26
ナミヒメハナカメムシ	Orius sauteri	カメムシ目　ヒメハナカメムシ科	アザミウマ類	98. 7.29
タイリクヒメハナカメムシ	Orius strigicollis	カメムシ目　ヒメハナカメムシ科	アザミウマ類	01. 1.30
アリガタシマアザミウマ	Franklinothrips vespiformis	アザミウマ目　シマアザミウマ科	ハダニ類	03. 4.22
チリカブリダニ	Phytoseiulus persimilis	ダニ目　カブリダニ科	ハダニ類	95. 3.10
ククメリスカブリダニ	Amblyseius cucumeris	ダニ目　カブリダニ科	アザミウマ類	98. 4. 6
デジェネランスカブリダニ	Amblyseius degenerans	ダニ目　カブリダニ科	アザミウマ類	03. 6. 3
ミヤコカブリダニ	Amblyseius californicus	ダニ目　カブリダニ科	ハダニ類	03. 6. 3

（日本植物防疫協会，2002 に一部追加）

どチョウ目貯穀害虫の卵は狭いスペースで容易に大量増殖できるので，代替寄主や人工餌として広く用いられている．これらチョウ目の卵は，産卵直後の新鮮なときはタマゴバチ類の寄主として利用できるし，冷凍保存したものはクサカゲロウやハナカメムシの餌として優れている．

　天敵昆虫の人工寄主や人工餌が開発され，工業的に安定した供給が安価にできるのであれば，天敵農薬の生産コストは格段に切り下げることができる．天敵昆虫の人工寄主や人工餌に関する研究は，世界的にも精力的に取り組まれており，タマゴバチの人工寄主やテントウムシなど捕食性昆虫の人工餌はすでにいくつか開発されている．しかし，これらの人工寄主や人工餌は，天然物に比べて質的に劣る場合が多く，商業的な天敵の大量増殖に本格的に用いられている例はまだ少ない．

　天敵昆虫を長期にわたって累代飼育すると遺伝的に劣化が生じたり，大量増殖した天敵は自然のものに比べ小型化したり，性比が雄に偏る場合がある．その結果，製品化して出荷した天敵農薬がまったく効果のないものだったり，品質にばらつきが生じることがある．このような事態を避けるために，品質管理と，累代飼育系統の遺伝的劣化を最低限に抑えるための工夫が必要である．一方，同じ種の天敵でも，地域個体群の違いによっては，増殖能力や休眠性に違いがあることがある．天敵農薬の商品化にあたっては，より利用価値のある系統を選抜する必要がある．さらに，薬剤に対する抵抗性が高い系統を積極的に選抜するなど，商品化する天敵昆虫の育種という新たな展開が始まりつつある．

11.2.2　天敵農薬として利用されている天敵昆虫とダニ
a．カブリダニ類
　チリカブリダニ *Phytoseiulus persimilis* は，ハダニ類の天敵農薬として世界的に広く利用されている．本種の原産地は南米のチリといわれているが，偶然ヨーロッパに侵入していた．その後，ヨーロッパと北米で大量増殖され，世界中に輸出されるようになった．インゲンを用いてハダニを大量増殖し，それを餌として効率的に増殖させるシステムが確立している．わが国では，塩化ビニルパックにインゲンの葉とハダニを同時に封入した形で製剤化されたが，現在では，プラスチックボトルにバーミキュライトと一緒に入れた形で製剤化された欧米製のものが日本にも輸入され，イチゴなどのナミハダニやカンザワハダニの防除に効果を

図11.2 チリカブリダニの放飼とカンザワハダニを攻撃するチリカブリダニ

発揮している（図11.2）．

　チリカブリダニ以外のカブリダニとしては，ミヤコカブリダニ *Amblyseius californicus* が天敵農薬として実用化されている．本種は日本にも分布するが，天敵農薬として販売されているのはヨーロッパ産のものである．チリカブリダニがあまり効果を発揮できない果樹のハダニなどにも利用できる．一方，土着のカブリダニとしては，ケナガカブリダニがハダニ類に対する天敵農薬としての利用が検討されている．さらに，カブリダニの中にはククメリスカブリダニやデジェネランスカブリダニなど，アザミウマ類の天敵として製剤化され，販売されているものがある．これらのカブリダニは，花粉やコナダニ類などを餌として容易に大量増殖できる．しかし，アザミウマ類の幼虫に対しては効果があるが，アザミウマ成虫は捕食しない．

b．コナジラミ類の寄生蜂

　トマトやキュウリなどの施設栽培における重要害虫，オンシツコナジラミの天敵農薬として，ヨーロッパではオンシツツヤコバチ *Encarsia formosa* が古くから実用化されており，現在は，世界中の施設栽培で広く利用されている．タバコで飼育したオンシツツヤコバチを寄主として大量増殖し，寄生された寄主マミーをタバコの葉からはがし，紙に貼り付け，このカードを植物に吊るす．そこから寄生バチの成虫が自然に羽化してくる．近年，新たに問題になったシルバーリーフコナジラミには，オンシツツヤコバチの効果が十分でないので，もともとシル

バーリーフコナジラミに寄生していたサバクツヤコバチ *Eretmocerus eremicus* が天敵農薬として製品化されている．

c． タマゴバチ類

チョウ目害虫の防除に，大量増殖した卵寄生バチを用いるという試みは，第二次世界大戦前の日本で行われた．当時，イネの最重要害虫であったニカメイガの防除を目的として，スジコナマダラメイガ卵を寄主として大量増殖したズイムシアカタマゴバチ *Trichogramma japonicum* の利用が検討され，本格的な試験が行われたが成功しなかった．その理由としては，放飼したハチが分散していなくなってしまうことや，寄生率が高くなると過寄生率が高くなることなどがあげられている．

しかし，タマゴバチ類は，飼育が簡単な貯穀害虫のスジコナマダラメイガやガイマイツズリガなどの卵を代替寄主として大量増殖が容易なので，旧共産圏諸国や開発途上国を中心に，現在でも世界中で天敵農薬として利用されている．中国では，ポリエチレンフィルムに人工寄主液を封入した人工寄主が開発され，実用化されている．

タマゴバチ類は，卵期という害虫の発育初期段階に働くので，かなり高い寄生率を達成できても，経済的被害許容密度（EIL）が低い野菜害虫などでは，なかなか満足できる防除効果を達成できない．しかし，サトウキビや飼料用のトウモロコシなど，それほど低い EIL を要求されない農作物や，高額な化学農薬の購入が困難な開発途上国の害虫防除には，ある程度効果が期待できると思われる．

d． カイガラムシ類の寄生バチ

リンゴの害虫，クワコナカイガラムシの寄生バチ，クワコナカイガラヤドリコバチ *Pseudaphycus malinus* は日本の比較的暖かい地方に分布するが，北日本のリンゴ栽培地帯では越冬できない種であった．そこで，本種を大量増殖し天敵農薬として製品化し，季節の初めに放飼する試みが行われた．しかし，この試みは，生産コストが高すぎたことや，他の害虫への殺虫剤散布の悪影響により効果が確認できなかったなどの理由で，1年で中止された．

一方，アメリカ合衆国では柑橘類の害虫アカマルカイガラムシの防除のために，キイロコバチの一種 *Aphytis melinus* が天敵農薬として製品化され，使用されている．本種は，バナナシュカッシュという大きなカボチャを寄主植物として飼育したキョウチクトウカイガラムシを寄主とする大量増殖システムが確立して

いる．簡単に飼育できる代替寄主を用いた大量増殖システムが確立していることと，アメリカ合衆国では天敵の販売に農薬登録が必要でないことなどが，本種が天敵農薬として使用され続けられている理由であろう．

e．アブラムシの天敵類

各種作物の重要害虫であるアブラムシ類に対して，いろいろな天敵昆虫を天敵農薬として利用することが試みられてきた．まず，アブラムシ類の天敵としてよく知られているテントウムシ類は，人工餌の開発など多くの研究が蓄積されているが，天敵農薬として実際の農家で広く利用されているわけではない．テントウムシ類が天敵農薬として効果を上げられない理由は，共食いしやすいことや餌密度が低くなると成虫はすぐ移動分散してしまうことなどがあげられる．また，害虫に比べて増殖能力があまりにも低いことも原因の一つであるといわれている．

アブラムシ類の天敵農薬としては，むしろ，クサカゲロウ類が世界的に利用されている．クサカゲロウ類も共食いをするが，バクガ卵を餌としての大量増殖システムが確立されている．そのほかに，アブラムシ類の捕食者として，ショクガタマバエが実用化されている．

捕食者と並んでアブラムシ類に対する有力な天敵として，アブラバチ類とアブラコバチ類などの多くの寄生バチがいる．アブラバチの仲間としては，コレマンアブラバチ *Aphidius colemani* が天敵農薬としてワタアブラムシとモモアカアブラムシの防除に利用されている．しかし，本種がアブラムシをあまりにも低密度に抑えてしまうと，天敵にとっての寄主が不足する事態を引き起こすことになり，効果が持続しない．そこで，施設内にコムギを植え，これをバンカー植物としてムギクビレアブラムシを増殖し，代替寄主として供給することにより，天敵の効果を持続させるという技術が開発されている．

f．ハモグリバエの寄生バチ

マメハモグリバエやトマトハモグリバエなどの天敵農薬としては，ハモグリヒメコバチ *Dacnusa sibirica* とイサエアヒメコバチ *Diglypaus isaea* が実用化されている．イサエアヒメコバチはわが国にも分布するが，現在登録されているものは，2種ともヨーロッパ産のものである．一方，国産種として，カンムリヒメコバチ，イサエアヒメコバチ，ハモグリミドリヒメコバチがいる．これらのうち，南九州産および沖縄産のハモグリミドリヒメコバチは産雌単為生殖の系統で，効率的な大量増殖が可能なので，天敵農薬としての商品化が進んでいる．

g．捕食性カメムシ類

アザミウマ類の天敵として，ヒメハナカメムシ類 *Orius* spp. が開発され，ナミヒメハナカメムシとタイリクヒメハナカメムシが天敵農薬として製品化されている．欧米ではアイハナカメムシやエルハナカメムシが使われているが，わが国では，日本産のタイリクヒメハナカメムシのピーマンやナスの施設栽培での利用面積が拡大しつつある．外国からの導入生物の環境への影響に対する配慮から，できるだけ土着種を利用しようとする考えである．しかし，温帯産の種は，短日条件で雌成虫が生殖休眠に入るので，冬期の施設では効果があまり高くない．外国産の種のほうが非休眠性であり生産コストも安く，より高い効果が期待できるが，農薬登録するには環境へ与える影響についてリスク評価を行う必要がある．

11.3 微生物的防除

有害生物の防除には，化学合成農薬が主に使用されているが，地球環境の保全および生態系の維持に対する意識が世界的に高まり，微生物農薬の開発が盛んになっている．微生物農薬は有害生物に対する選択性が高く，有害生物の抵抗性の獲得は少なく，環境への負荷が少ないという特徴を有している．微生物農薬として利用される微生物の多くは自然界に存在するもので，長所として，人畜や魚貝類に危害が少なく，植物に病気や薬害などの被害を起こさないことが経験的に知られている．短所として，一般に効果が緩慢で，施用適期の幅が狭く，適期をはずすと効果が現れにくい．

11.3.1 微生物による害虫防除

昆虫病原微生物にはウイルス，細菌，糸状菌，原生動物などがあり，これらはそれぞれ天敵ウイルス，天敵細菌，天敵糸状菌などとも称され，害虫防除に積極的に利用されている（**表 11.3**）．

a．ウイルス

さまざまな性質の昆虫病原ウイルスが 1000 種以上の昆虫から発見されている．それらは主に Baculoviridae, Reoviridae, Poxviridae, Iridoviridae, Parvoviridae, Picornaviridae の 6 科に所属する．この中で害虫防除に利用されるのは，Baculoviridae 科の核多角体病ウイルスと顆粒病ウイルス，Reoviridae 科

表11.3 主な微生物殺虫剤の種類

病原菌	製品名	対象害虫	使用国
ウイルス製剤			
Spodoptera exigua NPV	Biotrol-VSE	ヨトウムシの一種	アメリカ
Heliothis zea NPV	Elcar	オオタバコガ	アメリカ
Trichoplusia ni NPV	Biotrol-VTN	イラクサギンウワバ	アメリカ
Lymantria dispar NPV	Gypchek	マイマイガ	アメリカ
Pieris rapae GV	Virin-GKB	モンシロチョウ	旧ソ連
Homona magnanima GV と *Adoxophyes orana* GV の混合	ハマキ天敵	チャハマキ チャノコカクモンハマキ	日本
Dendrolimus spectabilis CPV	マツケミン	マツカレハ	日本
細菌製剤			
Bacillus thuringiensis var. *kurstaki*	Thuricide, Dipel	チョウ目昆虫	世界各国
Bacillus thuringiensis var. *galleriae*	Certan	チョウ目昆虫	世界各国
Bacillus thuringiensis var. *israelensis*	Teknar, Vectobac	ボウフラ，ブユ類幼虫	アメリカ 中南米諸国
Bacillus popillia	Doom	マメコガネ	アメリカ
糸状菌製剤			
Beauveria bassiana	Botani Gard	コナジラミ	アメリカ
Beauveria bassiana	Ostrinil	アワノメイガ近縁種	フランス
Beauveria brogniartii	バイオリサ・カミキリ	カミキリ類	日本
Metarhizium anisopliae	Bio Green	コガネムシ類	オーストラリア
Metarhizium anisopliae	Metaquuino	アワフキムシ類	ブラジル
	Metapol, Combio	ヨコバエ類	ブラジル
Paecilomyces fumosoroseus	PFR-97	コナジラミ類	欧州
Verticillium lecanii	Vertalec	アブラムシ類	イギリス，日本
Verticillium lecanii	Mycotal	オンシツコナジラミ	イギリス

の細胞質多角体病ウイルス，および Poxviridae 科の昆虫ポックスウイルスである（表11.3）．これらのウイルス粒子は，特殊なタンパク質からなる包埋体中に存在しタンパク質分解酵素や不活化物質から保護されているため，非常に安定しており害虫防除に利用される（表11.3）．

1) 核多角体病ウイルス（nucleopolyhedrosis virus；NPV）

本病は特異的な病徴を呈するために，古くから詳細に研究され，害虫防除への応用例も多く，天敵ウイルスの代表的存在である（表11.3）．アメリカでは1967年に *Heliothis zea* NPV が Elcar の商品名で登録され，ウイルス製剤の開発に先

駆的な役割を果たした．NPV はチョウ目，ハチ目，ハエ目およびアミメカゲロウ目などの昆虫より報告されているが，その多くはチョウ目昆虫からである．本病への感染は普通，多角体の付着した餌を幼虫が食下することによって起こる．中腸に入った多角体は消化液の作用を受けて溶解し，その中に包埋されているウイルス粒子が遊離する．これが円筒細胞の微絨毛に付着すると，細胞膜とウイルスのエンベロープの融合が起こり，中腸細胞に感染し，全身的感染へと進行する．感染が進行すると血体腔内の組織では細胞核中に多数の多角体が形成される．そのため，感染4～5日後には体液が乳白色を呈する．罹病虫は，このころから食欲減退や行動不活発の症候を示し，植物体の上部に移動して運動を停止する．虫体は著しく軟化し，脚の保持力を次第に失って1～2脚のみを植物体に付着させ，だらりと垂れ下がってへい死するのが特徴である．NPVの多角体には数十から数百個のウイルス粒子が含まれており，核酸は複鎖 DNA である．

2) **顆粒病ウイルス（granulosis virus；GV）**

本病は約150種のチョウ目昆虫から記録され，宿主特異性が極めて高い．ウイルス包埋体（顆粒体）の大きさは 300～500×120～350 nm で，楕円形あるいは長楕円形であるが，立方形や不整形の顆粒体もある．顆粒体には通常は1個まれに2個以上の桿状ウイルス粒子が並んで包埋されている．ウイルス粒子の形，大きさ，核酸の性状などは NPV とほぼ同様である．

GV に感染すると食欲は減退し，体色は黄白色に変わり，血液は乳白色となる．感染幼虫も発育を続け脱皮を行うので，体長は健全虫と大差はないが若干水ぶくれ状となる．感染末期には腹脚を枝，葉に固定して死亡する．本病では皮膚が侵されにくく，幼虫体形を保ったまま褐色から黒色へと変わる．通常は幼虫期に死亡するが，蛹期に死亡することもある．わが国で現在最も散布面積の大きいウイルス製剤はチャハマキ GV とチャノコカクモンハマキ GV である（表11.3).

3) **細胞質多角体ウイルス（cytoplasmic polyhedrosis virus；CPV）**

本病は約240種の昆虫から検索されている．その多くはチョウ目昆虫からであるが，ハエ目，ハチ目およびアミメカゲロウ目からも発見されている．昆虫ウイルスの中では比較的交差感染を起こしやすい．CPV の宿主部位は特異的で中腸皮膜の円筒細胞の細胞質に多角体が形成される（**図11.3**)．多角体の形や大きさは昆虫種で，また同一個体でも変異があって，直径は $0.5～15\,\mu m$，球形，外観

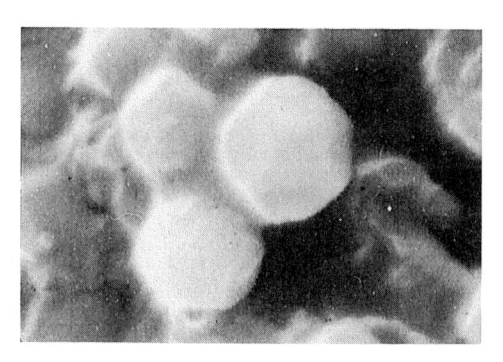

図11.3 カイコのCPVの多角体

は六角形，四角形，不整形など，さまざまである．ウイルス粒子は直径50〜65 nmで，球形に見える正二十面体である．核酸は複鎖RNAで分子量の異なる10個のセグメントからなっている．

CPVに感染すると食欲が低下し，発育が遅れて健全虫より小さく，白色味を帯びてくる．摂食から死亡までの日数は気温，昆虫種，幼虫齢によって異なり，幼虫末期に感染した場合は普通に蛹化，羽化し，致死しない．わが国でマツカレハCPVはマツケミンの商品名で登録された．

4) 昆虫ポックスウイルス (entomopox virus; EPV)

本病は約40種の昆虫から報告されている．主にコウチュウ目とチョウ目の幼虫からであるが，少数例がハエ目やバッタ目から発見されている．EPVは脂肪組織，血球細胞，真皮細胞などの細胞質で増殖する．感染組織には球形と紡錐形(ぼうすい)の封入体が観察されるが，前者のみの場合もある．前者は多数のウイルス粒子が包埋されたウイルス包埋体で，大きさは$5 \times 8\ \mu m$，後者は感染に伴って形成される結晶体で，$4.5 \times 7\ \mu m$である．ウイルス粒子は$320 \sim 480 \times 230 \sim 270$ nmのれんが状で最も大型である．核酸は複鎖DNAである．

EPVに感染したチョウ目幼虫は体が白色化し，幼虫はゆっくり発育して，健全虫の2倍の大きさと体重を示すことがあり，蛹化が著しく遅れる．感染末期には腹部のけいれん，吐液，下痢を起こして死亡する．コウチュウ目幼虫では，体は白色化し，幼虫の尾部に白い斑点が現れたり，白濁してくる．致死に要する日数は環境，昆虫種，幼虫齢，個体によって差が大きく，数十日から100日を超えることがある．本ウイルスはカナダにおいて森林害虫に応用された．

b. 細 菌

昆虫体から分離される細菌の種類は多いが，その多くは死体に寄生するもの，昆虫体や寄主植物を一時的に汚染しているもので，天敵細菌は比較的少ない．その主要な属は *Bacillus*, *Clostridium*, *Seratia*, *Proteus*, *Pseudomonus*, *Streptococcus*, *Wolbachia*, *Rickettiella* および *Spiroplasma* 属などである．*Bacillus* 属は昆虫に病原性が強い細菌を多数含んでいる重要な属で，熱および不良環境に耐久性の内生胞子を形成する．*B. popilliae* は偏性病原体を，*B. thuringiensis* は通性病原体を代表する細菌であり，両者は害虫防除に利用されている．ほかに *B. larvae*, *B. moritai*, *B. sphaerious* などが知られている．

1) *Bacillus thuringiensis*

昆虫病原細菌の代名詞的存在である *Bacillus thuringiensis*（BT）は，1901年に石渡博士が世界で初めて分離し，卒倒病菌（*Bacillus sotto*）と命名した．この発見はドイツの Berliner（1911）によるスジコナマダラメイガからの分離より10年早かったが，石渡博士は所定の手続きに従った学名の記載を行わなかったため，Berliner（1911）記載の学名が現在使用されている．BT 製剤はアメリカで1960年に農薬登録され，市販されたのを初めとして，フランス，イギリス，カナダなど諸外国では早くから害虫防除に使用された．わが国では1970年頃から野外試験が始められた．養蚕業に対する影響および品質管理面などから使用許可までに長年を要したが，1981年以降農薬登録が行われ，盛んに害虫防除に利用されるようなり，現在では18社，25種類以上の BT 剤が登録されている．

BT は土壌中に存在する通常の細菌である．芽胞形成期に結晶性物質を形成するのが特徴で，昆虫に殺虫作用があるタンパク質が含まれている．BT が発見されてしばらくの間は，チョウ目昆虫だけに活性を持つ菌だと考えられていたが，カやブユに殺虫活性を持つもの（血清型 *israelensis*）およびハムシ類を殺す血清型 *tenebrionis* の発表により，現在ではチョウ目昆虫を中心にした狭い範囲の昆虫だけに活性を持つものではないと考えられている．殺虫タンパク質は昆虫の消化液中のプロテアーゼによって活性化されるもので，昆虫が食下した場合にのみ殺虫作用がある．活性化された殺虫タンパク質は，中腸の上皮細胞上にある受容体分子に特異的に結合しイオンチャネルを作り，イオンや水の流入を引き起こす．このことにより宿主昆虫は摂食を停止するか敗血症を起こして死に至ると考えられている．BT の結晶性タンパク質（δ-内毒素：*cry*-タンパク質）は今後，

新しいタンパク質殺虫剤に発展する可能性があるとともに，害虫抵抗性組換え植物の作成において最も有効な素材である（9.2.2項参照）．

BTは80種以上の血清型に分けられる．血清型と殺虫活性および結晶性毒素との関係については，まだ網羅的には解析されていない．しかし，これらの間には緩いながらも関連性があることが報告されている．たとえば，カに対して高い活性を持つBTの血清型は多くの場合，*israensis*, *monterrey*, *darmstadiensis* *thompsoni* である．

2) *Bacillus popilliae*

Bacillus popilliae（BP）は，ダイズや芝の根を食害して枯死させるマメコガネの強い病原体である．生物農薬として最も早く，1948年にアメリカで農薬登録され，DoomおよびMilky-sporeの商品名で市販されている．本細菌はBTのように菌体内に結晶性タンパク質を産生せず，小楕円体の芽胞（がほう）の存在が病原性の発現に重要である．芽胞がマメコガネ幼虫の消化管に入ると，そこで発芽し栄養型細菌となって増殖する．一部の細菌は後腸の部位からマルピーキ管を通過して血体腔内に移行し，体液中でいっそう激しく増殖する．体液は乳白色に変わり，その病徴からmilky disease（乳化病）と称される．BPの栄養型細菌は人工培地で増殖するが，芽胞形成率が低いので量産にはマメコガネ幼虫が使用されている．

c．糸状菌

害虫防除における昆虫病原糸状菌の利用は，19世紀中頃にパスツールらによって提唱された．メチニコフはその考えを発展させて，昆虫に病原性のある黒きょう病菌*Metarhizium anisopliae*を使用してコガネムシの防除試験を行った．このように，昆虫の糸状菌病は害虫の微生物的防除に最も早く利用され，現在も盛んに開発されている（表11.3）．わが国では，1940年代からカイコノウジバエに*Paecilomyces fumosoroseus*，マツカレハに*Beauveria bassiana*，コガネムシ類に*Beauveria brogniartii*と*Metarhizium* sp.を利用する研究が行われ，コガネムシ類に対しては防除法が開発された歴史を持つ．なお，昆虫病原糸状菌には鞭（べん）毛菌類あるいは接合菌類なども含まれるが，実用性の観点より，本書では不完全菌類に限定する．

昆虫に病原性のある糸状菌分生子（ぶんせいし）は，機械的な圧力とクチクラ分解酵素（各種プロテアーゼ，キチナーゼおよびリパーゼなど）の作用により昆虫のクチクラを

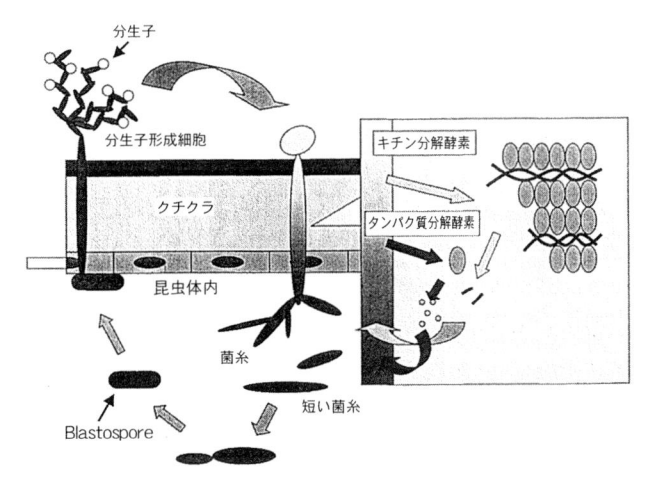

図 11.4 *Beauveria* 属糸状菌分生子の昆虫体内への侵入と体内増殖

突破する．これらの酵素群は一種のカタボライト・リプレッションとフィードバック機構により制御されていると推定され，それらの発現には飢餓ストレスが必要である．侵入した菌糸から出芽的に blastospore が形成され体液中で増殖する．この過程で糸状菌から分泌される毒素の作用もしくは水分と栄養分が急速に体液から奪われることで，昆虫は死亡に至ると考えられている（**図 11.4**）．

1) *Beauveria bassiana*

分生子柄は気中菌糸から生じ，基部は球形あるいはフラスコ状，先端は分生子形成に従ってジグザグ状あるいは歯牙状となる．分生子はシンポジオ型で無色または微黄色で球形である．宿主域は広く，500 種に近い昆虫に感染する．本菌はコロラドハムシ，コナジラミ，アワノメイガなどの多くの害虫の防除に利用されている．動物の病気が微生物によって起こることを本菌を用いてカイコで初めて実証した Bassi(1773-1856) の功績をたたえ，学名として *Beauveria bassiana* が与えられている．

2) *Beauveria brogniartii*

分生子柄は気中菌糸から直接あるいは短い枝より生じる．基部は球形あるいはフラスコ状，先端は分生子形成に従ってジグザグ状あるいは歯牙状となる．分生子はシンポジオ型で無色または微黄色，卵形あるいは楕円形である．本菌は大部分の系統は培地中に赤色色素を産生する．本菌にはコガネムシ類あるいはカミキ

リ類に強い病原力を持つ2系統が含まれ，両昆虫類の微生物的防除に用いられている．本菌に感染した昆虫は死後硬化し，白色の菌糸に覆われ，分生子形成に伴って淡黄色を呈する．

3) *Metarhizium anisoplia*

分生子柄は2～4本のフィアライド（分生子形成細胞）を形成するが最終的に層状になる．分生子はフィアロ型で集塊は緑黒色を呈する．分生子の大きさにより本種は2系統に分けられる．大型系（var. *majus*）の分生子の大きさは9.0～18.0×3～4.5 μm，小型系（var. *anisopliae*）のそれは3.5～9.0×2～3.5 μm である．本菌は200種以上の昆虫に寄生するが，土壌中からも高率に分離される．チョウ目昆虫への病原力は小型分生子系が大型系よりも強いが，カブトムシ類に対しては大型系が小型系よりも強い（図11.5）．本菌は殺虫性の毒性物質デキストランを産生する．

4) *Paecilomyces fumosoroseus*

分生子柄は気中菌糸から直接あるいは短い枝より生じる．分生子はフィアロ型で，楕円形の単細胞で，多数が集合すると桃紅色を呈する．モモシンクイガ，アメリカシロヒトリ，カイコノウジバエなどに高い病原性を示す．

5) *Verticillium lacanii*

分生子は数個が粘塊状にフィアライド先端に形成され，水滴にさらされると容易にフィアライドより離脱する．分生子は純白，長円形から円筒形である．本菌はアブラムシやオンシツコナジラミに強い病原力を持つことから，両害虫の微生物農薬として利用されている．

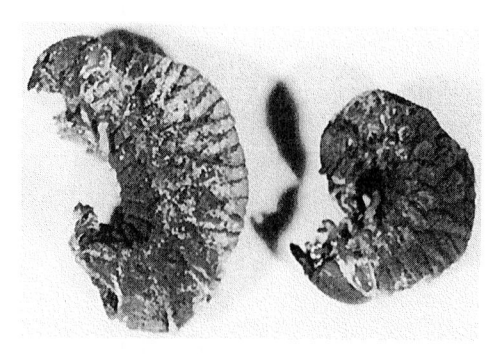

図11.5 *M. anisopliae* var. *majus* に罹病したタイワンカブトムシの幼虫

11.3.2 微生物による病害防除

　微生物による病害防除の基本理念は，病原微生物に対して有害な生理活性物質（抗生物質）を産生したり，病原微生物の菌体に寄生したり，病原微生物と栄養や空間の競合を起こすことにより，あるいは微生物の寄生により宿主植物体に抵抗性を誘導するなど，微生物の機能を利用して葉面や土壌中の病原微生物に悪影響を与え，病気が発生しないようにしようというもので，**表11.4**に示したような殺菌剤が開発されている．

　抗生では，バクテリオシンを産生する *Agrobacterium radiobacter* による根頭がんしゅ病防除の事例はあまりにも有名である．*Pseudomonas* についてはキレート物質シデロフォアを産生する蛍光性 *Pseudomonas* の *Fusarium* 病菌に対する防除効果について，非常に多くの報告がある．

　寄生では *Pseudomonas syringae* に対して細菌 *Bdellovibrio* が，さまざまな病原糸状菌に対して *Phythium*，*Gliocladium*，*Trichoderma* などの防除効果が認められている．

　競合では *Alcaligenes*，*Pseudomonas* などの細菌の *Fusarium* や *Phythium* など病原糸状菌に対する防除効果，また，非病原性糸状菌 *Phythium* による病原 *Phythium* に対する防除効果が競合によるものと説明されている．

　Pseudomonas syringae はキュウリに対して *Colletotrichum lagenarium* による炭疽病抵抗性を誘導する．また，*Pseudomonas* や *Serratia* にもカーネーションの *Fusarium* 病に対する抵抗性誘導による防除効果が認められている．

表11.4　日本で市販されている微生物殺菌剤

防除用微生物	系統等	商品名	対象	
			作物	病害
Agrobacterium radiobacter	strain 84	バクテローズ	バラ	根頭がんしゅ病
Erwinia carotovora	非病原菌	バイオキーパー	ハクサイ，ダイコン，ジャガイモ	軟腐病
Bacillus subtilis		ボトキラー	トマト，ナス	灰色かび病
Trichoderma lignorum		トリコデルマ生菌	タバコ	白絹病，腰折病

11.4 線虫による害虫防除

　昆虫と線虫との関係には絶対的寄生性から日和見的な関係がある．絶対的寄生性の種では宿主が存在しないと生存できない．日和見的な線虫の場合は，宿主昆虫が存在する場合には寄生型の，存在しない場合には自活性の生活環を行う．

　絶対的寄生性の Steinernema 科と Heterorhabditis 科線虫は幅広い宿主範囲と宿主探索能力を有し，特に土壌環境中に適合するとともに，一般化学合成殺虫剤の効力の及ばない土壌害虫や穿孔害虫に対しても高い致死能力を有している．

　Steinernema 科と Heterorhabditis 科の線虫の分類学的位置づけは動物界，線形動物門，双腺綱，ラブディティーダ目に属する．Steinernema 科は宿主に対して絶対病原性線虫であり，近縁の Heterorhabditis 科とは，暗所で蛍光性を発現しないこと，および感染態幼虫の排泄口が神経環より前に位置することで区別される．コガネムシ類，ゾウムシ類およびチョウ目昆虫の幼虫に寄生する Steinernema 科の線虫が実用化されている．

　昆虫病原性線虫の生活史は卵，四つの幼虫期および成虫である．感染体3期幼虫を除くすべてのステージは，感染死亡した昆虫体内でのみ認められる．

参考文献

1) P. DeBach and D. Rosen: Biological Control by natural enemies (2 nd ed.), p. 440, Cambridge Univ. Press (1991)
2) R. Van Driesch and T. Bellows: Biological Control, p. 539, Chapman and Hall (1996)
3) 矢野栄二：天敵―生態と利用技術―, p. 296, 養賢堂 (2003)
4) 村上陽三：クリタマバチの天敵―生物的防除へのアプローチ, p. 308, 九州大学出版会 (1981)
5) 根本　久：天敵利用で農薬半減, p. 198, 農文協 (2003)
6) 鮎沢啓夫：カイコの病気とたたかう, p. 218, 岩波書店 (1975)
7) 青木襄児：昆虫病原菌の検索, p. 280, 全国農村教育協会 (1989)
8) 福原敏彦：昆虫病理学, p. 234, 学会出版センター (1991)
9) 中筋房夫, 他編著：害虫防除, p. 161, 朝倉書店 (1997)
10) 鈴木孝仁, 他編著：微生物の資材化・研究の最前線, p. 364, ソフトサイエンス社 (2000)
11) 山田昌男：微生物農薬, p. 228, 全国農村教育協会 (2000)

巻末付録：農薬に関連する Web ページ

1) 農林水産省農薬コーナー： http://www.maff.go.jp/nouyaku/
2) 農薬登録情報： http://www.jpp.ne.jp/nouyaku/
3) 農林水産省農薬検査所： http://www.acis.go.jp/index2.htm
4) 化学物質データベース： http://w-chemdb.nies.go.jp/
5) 日本農薬学会： http://wwwsoc.nii.ac.jp/pssj2/
6) 毒性情報（国立医薬品食品衛生研究所安全情報部）：
   http://www.nihs.go.jp/law/dokugeki/dokugeki.html
7) 国立環境研究所環境ホルモンデータベース： http://w-edcdb.nies.go.jp/
8) 米国環境保護局（EPA）： http://www.epa.gov/iriswebp/iris/index.html
9) 環境毒性（EPA）： http://www.epa.gov/ecotox/
10) 環境毒性（ニュージーランド）： http://contamsites.landcareresearch.co.nz/
11) 化合物の名前（IUPAC 命名法）： http://www.chem.qmw.ac.uk/iupac/

索 引

欧 文

1日摂取許容量（ADI） 19
2世代繁殖試験 34
2,4-D 126, 146
4-CPA 146
5-エノールピルビルシキミ酸-3-リン酸（EPSP） 123
5-エノールピルビルシキミ酸-3-リン酸合成酵素阻害剤 122
5,6-デヒドロカワイン 138

ADI（1日摂取許容量） 19
Agrobacterium radiobacter 229
ALS（アセト乳酸合成酵素） 120
ALS阻害剤 120
alternative pathway 97
ATPシンターゼ 70
Bacillus popilliae（BP） 226
Bacillus thuringiensis（BT） 191, 194, 225
Beauveria bassiana 227
Beauveria brogniartii 227
BT剤 225
BT毒素タンパク質 191, 194, 225
BTの血清型 226
cis-デヒドロマトリカリアエステル 140
CoQ-シトクロムcレダクターゼ 69
cry-タンパク質 195, 225
CS（マイクロカプセル剤） 180, 187
DCPA（プロパニル） 133
DDT 42, 44
DL（ドリフトレス）粉剤 179
DMI剤 83
DP（粉剤） 179
D1タンパク質 114
EBI剤 82
EC（乳剤） 179
EPSP（5-エノールピルビルシキミ酸-3-リン酸） 123
EPSP合成酵素阻害剤 122
EW（エマルション） 8, 180
FU（くん煙剤） 181
F_1F_0-ATPアーゼ 70
Gタンパク質共役型受容体 37, 41
GABA（γ-アミノ酪酸） 38
GABA受容体 59
GM作物（遺伝子組換え作物） 191
GR（粒剤） 179
Hill反応 113
IPC 128
IPM（総合的害虫管理システム） 208
L-カナバニン 139
LD_{50}値 9, 22
Metarhizium anisopliae 228
NADH-CoQレダクターゼ 67
Paecilomyces fumosoroseus 228
PBAN 204
PBP（フェロモン結合タンパク質） 205
PDS（フィトエン不飽和化酵素） 118
plant activator 106
SC（フロアブル） 180
SE（サスポエマルション） 180
SH基阻害剤 112, 128
SH酵素阻害剤 102, 104
Steinernema 230
t-ゼアチン 152
Trichoderma 229
UDP-*N*-アセチルグルコサミン 88
Verticillium lacanii 228
WP（水和剤） 179

α-ケトグルタル酸脱水素酵素 104
β酸化 127
γ-アミノ酪酸（GABA） 38

ア 行

アイソザイム 136
アウトプットトレイト 192
アゴニスト 48, 63
アコニターゼ 104
アザディラクチン 78
アジュバント 182
アセキノシル 69
アセチルコリン 38
アセチルコリンエステラーゼ 52
アセチル-CoAカルボキシラーゼ 124, 136
アセト乳酸合成酵素（ALS） 120
アセト乳酸合成酵素阻害剤 120
アセフェート 52
アトラジン抵抗性 114
アバメクチン 63
アブシジン酸 154
アベルメクチン 61
アポカロテノイド 155
アミトラズ 64
アミノ酸生合成阻害剤 112
アラクロール 125
アリールオキシプロピオン酸系化合物 125
アルドラーゼ 103
アレスリン 43
アレロパシー 136
アンカップラー（脱共役剤） 70, 98

索　引

安全使用基準　20
安全性　21
安全性試験　15
安全性評価　18
アンタゴニスト　51, 59
アンチオーキシン活性　146
アンモニア同化阻害剤　119

硫黄　80, 96
育苗箱苗処理　81, 184
移行型除草剤　111
イサエアヒメコバチ　220
イソプロチオラン　86
一次作用点　112
一重項酸素　115
遺伝子組換え作物（GM作物）
　　191
　　——の安全性評価　199
　　——の遺伝子拡散　199
　　——の生態リスク　200
イネ馬鹿苗病菌　147
イベルメクチン　63
イマザピル　122
イミダクロプリド　47
いもち病菌　88
いもち病発生予察システム
　　107
インデノファン　126
インドキサカルブ　46
インドール酢酸　144
インプットトレイト　192

ウイルス病　79
ウイルス病耐性作物　196
ウラシル系除草剤　113

栄養代謝系阻害剤　112
エクジステロイド　74
エクジソン　74
エクジソンレセプター　74
エチクロゼート　145
エチレン　155
エテホン　156
エトフェンプロックス　44
エネルギー代謝阻害剤　66
エマメクチン　63
エマルション　180
エリシター　160

エルゴステロール　84
エルゴステロール生合成阻害剤
　　82
オオカバマダラ　200
オキサジアジン殺虫剤　46
オーキシン　126, 143
オーキシン関連植物生長調節剤
　　145
オクトパミン受容体　63
オルタネーティブオキシダーゼ
　　98
オンシツツヤコバチ　218

カ行

害虫抵抗性作物　194
カイネチン　152
核多角体病ウイルス　222
加水分解　166
カーバメート系殺虫剤　52
カーバメート系除草剤　87, 113
過敏感反応　106
芽胞　226
顆粒病ウイルス　223
カルタップ　51
カルフェントラゾンエチル
　　116
カルプロパミド　93
カロテノイド生合成阻害剤
　　117
環境ホルモン（内分泌かく乱化
　　学物質）　33
環境ホルモン戦略計画SPEED
　　'98　34
還元　166
還元酵素阻害剤　91
感染制御剤　89

キチン合成酵素　88
キチン合成阻害剤　75
急性経口毒性試験　16
急性毒性試験　9, 20
極性移動　146
挙動制御剤（フェロモン）　203
クエン酸（TCA）回路　94, 102
ククメリスカブリダニ　218

クサカゲロウ類　220
草型制御　157
クマリン　138
グラミン　140
グリセルアルデヒド-3-リン酸
　　脱水素酵素　103
グリホサート　123
グリホサート耐性作物　124, 193
グルクロン酸抱合　167
グルコース抱合　131, 167
グルタチオン抱合　132
グルタミン合成酵素阻害剤
　　119
グルホシネート　120
クロキシホナック　146
クロルフェナピル　71
クロロジメホルム　63
クロロフィル生合成阻害剤
　　115
クワコナカイガラヤドリコバチ
　　219
くん煙剤　181

ケイ皮酸　137
茎葉処理　81
劇物　21

高機能性製剤　185
抗菌性ペプチド　197
光合成　112
光合成阻害剤　112
交信かく乱　208
抗ストレスホルモン　154
交尾遅延効果　208
呼吸鎖電子伝達系　66
コハク酸脱水素酵素　104
ゴルフ場農薬問題　32
コレマンアブラバチ　220
昆虫成育制御剤　72
昆虫ポックスウイルス　224

サ行

催奇形性試験　34
最大無作用量　18
サイトカイニン　151
サイトカイニン関連化合物
　　152

細胞質多角体ウイルス 223
細胞分裂 100
細胞分裂阻害剤 112, 127
サスポエマルション 180
鎖長延長酵素 124
殺菌剤 79
殺線虫剤 36
殺ダニ剤 36
殺虫剤 36
サバクツヤコバチ 219
サリチル酸 106
酸化 164
酸化的リン酸化 66, 95, 98
暫定指導指針値 29
残留基準の設定 13
残留農薬 24
残留農薬基準 19

ジアフェンチウロン 70
シアン耐性呼吸 97
ジウロン抵抗性 114
ジエトフェンカルブ 101
ジカルボキシイミド 87
シキミ酸経路 123
シクロジエン殺虫剤 59
シクロジオン系 125
ジクロルプロップ 145
シタロン脱水酵素 92
シトクロム P 450 82, 84, 131, 164
ジフルフェニカン 118
シペルメトリン 44
ジベレリン 147
ジベレリン生合成阻害剤 149
脂肪酸生合成阻害剤 112, 124
ジャスモン酸 139, 158
種子処理 184
常温煙霧法 189
施用の省力化 183
少量散布 188
施用量の減少 184
省力化 183
「植調剤」 162
食品安全委員会 18
食品衛生法違反 23
植物生長調節剤 142
植物生長調節物質 142
植物の形態に基づく選択性 130
植物ホルモン 126, 143
除草剤 110
——の作用機構 111
——の選択性 129
——の分類 111
除草剤耐性作物 193
神経系作用性薬剤 36
神経伝達物質 40
神経伝達物質受容体 37
浸透移行性 81
浸透量 182

水酸化 131
水田投げ込み処理 184
水面浮上性粒剤 185
水和剤 8, 179
スターリンク 195
ストレス耐性作物 198
ストロビルリン 98
ストロビルリン系殺菌剤 96
スーパーオキシドラジカル 115
スピノサド 64
スルホニル尿素系化合物 122

ゼアチン 152
静菌剤 89
製剤設計 177
生殖隔離 204
生長抑制剤 149
静電付加式常温煙霧法 189
性フェロモン 203
——の生合成 204
性フェロモン抵抗性 210
生物間交信物質 203
生物の防除 212
生物農薬 214
接種的放飼 213
接触型除草剤 111
セルロース生合成阻害剤 112, 129
全身獲得抵抗性 106
選択性殺虫剤 214
選択性除草剤 111
線虫による害虫防除 230

総合的害虫管理システム (IPM) 208

タ 行

ダイオキシン 134
代謝活性化 134
代謝解毒に基づく選択性 131
代謝・分解 163
タイリクヒメハナカメムシ 221
大量放飼 213
大量誘殺 208
他感作用物質 136
脱共役剤（アンカップラー） 70, 98
脱水酵素阻害剤 91
脱皮ホルモン 72
脱皮ホルモン活性物質 74
脱メチル化 131
種なしブドウ 147
タマゴバチ類 219
短期毒性試験 20
担体 179

チオファネートメチル 99
チューブリン 100, 101, 128
長期毒性試験 18
超長鎖脂肪酸 126
チリカブリダニ 217
治療剤 82

低投入型農薬 32
デジェネランスカブリダニ 218
電位依存性ナトリウムイオンチャネル 42
電子伝達系 94, 97, 112
天敵農薬 214
——の大量増殖 215
天敵の放飼増強 212
天敵の保護利用 212
伝統的な生物の防除 212
テントウムシ類 220
天然化学物質の毒性 22

登録制度 13, 17
登録保留基準 19
毒性試験 15
特定農薬 215

毒物　21
土壌処理　81
ドーパ　138
ドライフロアブル剤　8
トリアジフラム　129
トリアジン系除草剤　113
トリシクラゾール　91
ドリフト　179
ドリフトレス（DL）粉剤　179
トリフルラリン　128
トルコギキョウ　162

ナ 行

内閣府食品安全委員会　18
内分泌かく乱化学物質（環境ホルモン）　33
ナギラクトンA　139
ニコチン　47
ニコチン性アセチルコリン受容体　47
乳剤　8, 179
尿素系化合物　114

ネオニコチノイド　47
ネマデクチン　63
眠り病　155
ネライストキシン　51

農作業の軽減化　111
農薬安全使用基準　20
農薬原体　179
農薬製剤　177
　――の分類　177
農薬摂取量調査結果　26
農薬登録　2
農薬登録制度　13
農薬取締法　1
農薬
　――の安全性　21
　――の安全性評価　18
　――の環境中における挙動　28
　――の代謝・分解　163
　――の定義　1
　――の登録制度　17
　――の分類　6
　――の歴史・変遷　3

ハ 行

白化　118
発芽後処理剤　111
発芽前処理剤　111
発がん性　27
発がん性試験　34
発生予察　208
ハモグリヒメコバチ　220
パラコート　115, 130
半減期〔植物体内における〕　132
半減期〔土壌中における〕　31
繁殖毒性　17

ビアラホス　119
光化学系I　112
光化学系II　112
光色素生合成阻害剤　112
光分解　167
ピクロトキシニン　60
非殺菌性殺菌剤　89
微小管　128
微生物による害虫防除　221
微生物による病害防除　229
微生物農薬　215, 221
非選択性除草剤　111
ヒドラメチルノン　69
ヒドロキシイソキサゾール（ヒメキサゾール）　109, 171
ビフェナゼート　65
ビフェノックス　115
ヒメキサゾール（ヒドロキシイソキサゾール）　109, 171
ピメトロジン　65
病害抵抗性作物　196
ピラゾレート　118, 173
ピリダベン　69
ピリミノバックメチル　122, 134
ピルビン酸脱水素酵素　104
ピレスロイド　42

ファイトアレキシン　93, 105, 160
フィゾスティグミン　54
フィトエン不飽和化酵素（PDS）　118

フィプロニル　59
フェニトロチオン　52, 168
フェリムゾン　107
フェロモン　203
　――を用いた害虫防除　207
フェロモン結合タンパク質（PBP）　205
フェロモン受容体　205
フェロモン腺　204
フェントラザミド　126
フェンバレレート　44, 169
フェンピロキシメート　69
不完全菌類　226
複合体I　67
複合体II　95
複合体III　69, 96
フサライド　90
負相関交差耐性　101
付着器　88
付着量　181
普通物　21
不飽和化酵素　125
ブラシノステロイド　156
ブラシノライド　156
ブラスチン　90
プラストキノンB　113
フルアジナム　99
フルアジホップブチル　125
フルスルファミド　108
フルミオキサジン　115
フロアブル　180
プロトポルフィリノーゲンIX酸化酵素（プロトックス）　116
プロトックス阻害型除草剤　115
プロドラッグ　134
プロパニル（DCPA）　133
プロヒドロジャスモン　160
粉剤　8, 179
分枝アミノ酸生合成阻害剤　120
分生子形成細胞　228

ヘキソキナーゼ　103
ベダリアテントウ　212
ヘム鉄　83
ペルメトリン　44

変異原性試験　16
ベンジルアデニン　154
ベンズイミダゾール　100
ベンスルフロンメチル　122, 172
ベンゾイルフェニル尿素　76
ベンフラカルブ　58

抱合　166
芳香族アミノ酸生合成阻害剤　122
放出制御製剤　186
紡錘糸　128
ポストハーベスト　2
ホスファチジルコリン　85
ポリオキシン　88
ポリケチド　159
ホルクロルフェニュロン　154
ホルモン作用かく乱型除草剤　112, 126
ボンビコール　204

マ 行

マイクロカプセル剤　8, 180, 187
マトリックス型放出制御　186
マラチオン　52, 58

ミトコンドリア　93, 95, 97
ミモシン　138
ミヤコカブリダニ　218
ミルベメクチン　63, 174

無毒性量　18
無農薬栽培　12

メソプレン　73
メタミドホス　58
メパニピリム　108
メラニン　89, 91, 93
メラニン生合成　93

モルフォリン　84

ヤ 行

薬害軽減剤　132
薬剤の吸収と移動に基づく選択性　130

有機合成農薬　4
有機リン殺虫剤　52
ユグロン　139
ユビキノン　94

幼若ホルモン　72

抑制性グルタミン酸受容体　59
予防処理　81

ラ 行

ラウンドアップ　123

リガンド依存性イオンチャネル　37, 38
リコリン　140
リノール酸　159
粒剤　8, 179
粒子径　183
臨界ミセル濃度　181
リン脂質　85

ルビーアカヤドリコバチ　215

レシチン　85

ロテノン　67

ワ 行

矮化剤　149
　——の阻害位置　151

編著者略歴

桑野栄一（くわの えいいち）
1947年　福岡県に生まれる
1974年　九州大学大学院農学研究科
　　　　博士課程修了
現　在　九州大学大学院農学研究院
　　　　生物資源開発管理学部門 教授
　　　　農学博士

首藤義博（しゅとう よしひろ）
1949年　福岡県に生まれる
1977年　九州大学大学院農学研究科
　　　　博士課程修了
現　在　愛媛大学農学部
　　　　生物資源学科 教授
　　　　農学博士

田村廣人（たむら ひろと）
1955年　佐賀県に生まれる
1981年　九州大学大学院農学研究科
　　　　修士課程修了
　　　　塩野義製薬株式会社を経て
現　在　名城大学農学部
　　　　生物環境科学科 教授
　　　　農学博士

農薬の科学
―生物制御と植物保護―

定価はカバーに表示

2004年10月 5 日　初版第 1 刷
2018年 1 月25日　　　第11刷

編著者	桑　野　栄　一
	首　藤　義　博
	田　村　廣　人
発行者	朝　倉　誠　造
発行所	株式会社　朝倉書店

東京都新宿区新小川町6-29
郵便番号　162-8707
電話　03（3260）0141
FAX　03（3260）0180
http://www.asakura.co.jp

〈検印省略〉

© 2004〈無断複写・転載を禁ず〉

中央印刷・渡辺製本

ISBN 978-4-254-43089-9　C 3061　Printed in Japan

JCOPY 〈(社)出版者著作権管理機構 委託出版物〉

本書の無断複写は著作権法上での例外を除き禁じられています．複写される場合は，そのつど事前に，（社）出版者著作権管理機構（電話 03-3513-6969, FAX 03-3513-6979, e-mail: info@jcopy.or.jp）の許諾を得てください．

好評の事典・辞典・ハンドブック

書名	編者	判型・頁数
感染症の事典	国立感染症研究所学友会 編	B5判 336頁
呼吸の事典	有田秀穂 編	A5判 744頁
咀嚼の事典	井出吉信 編	B5判 368頁
口と歯の事典	高戸 毅ほか 編	B5判 436頁
皮膚の事典	溝口昌子ほか 編	B5判 388頁
からだと水の事典	佐々木成ほか 編	B5判 372頁
からだと酸素の事典	酸素ダイナミクス研究会 編	B5判 596頁
炎症・再生医学事典	松島綱治ほか 編	B5判 584頁
からだと温度の事典	彼末一之 監修	B5判 640頁
からだと光の事典	太陽紫外線防御研究委員会 編	B5判 432頁
からだの年齢事典	鈴木隆雄ほか 編	B5判 528頁
看護・介護・福祉の百科事典	糸川嘉則 編	A5判 676頁
リハビリテーション医療事典	三上真弘ほか 編	B5判 336頁
食品工学ハンドブック	日本食品工学会 編	B5判 768頁
機能性食品の事典	荒井綜一ほか 編	B5判 480頁
食品安全の事典	日本食品衛生学会 編	B5判 660頁
食品技術総合事典	食品総合研究所 編	B5判 616頁
日本の伝統食品事典	日本伝統食品研究会 編	A5判 648頁
ミルクの事典	上野川修一ほか 編	B5判 580頁
新版 家政学事典	日本家政学会 編	B5判 984頁
育児の事典	平山宗宏ほか 編	A5判 528頁

価格・概要等は小社ホームページをご覧ください．